생태학적 삶을 위한

환경윤리와
교육

생태학적 삶을 위한

환경윤리와 교육

조용개 著

한국학술정보㈜

머 리 말

환경이 곧 생명이라는 의미를 알게 된 것은 교육을 통해서 였다. 스스로 알게 되었다기보다는 교단에서 아이들을 가르치면서 아이들을 통해 깨우쳤다고 할 수 있다. 아이들은 자연을 이야기하고 생명을 가르치면 스펀지에 물이 스며들듯 비록 힘들긴 해도 그것이 옳고 가치로운 것이라면 순수하게 잘 받아 준다. 하지만 환경은 때때로 우리에게 많은 것을 요구하기도 한다. 자연스럽지 못한 것에 대한 거부감을 보이기도 하고, 당장의 편리함이 미래의 불편함으로 되돌아온다는 교훈을 가르쳐 주기도 한다.

지금 우리 세대는 스스로의 삶뿐만 아니라 미래 세대의 지속성을 위협하는 상황을 만들어 내면서 심각한 '생존의 문제'에 직면하고 있다. 그것은 다름 아닌 환경문제로 기존의 제도나 틀로서는 도저히 해결할 수 없는 급박한 상황, 다시 말하면 '생태학적 위기'를 만들어 내고 있다.

이러한 생태학적 위기는 그간 우리가 옳다고 믿어 왔던 세계를 이해하는 방식에 커다란 문제가 생긴 것이라고 할 수 있으며, 우리의 사고와 지각과 사상 그리고 모든 판단의 위기, 곧 '인간 내면의 위기'로 볼 수 있다. 이는 결국 우리의 마음과 행동을 변화시키는 기능을 수행해 온 교육적 노력이 잘못되어 왔음을 의미하는 것으로, 그간 개인주의적이고 경쟁적이며, 반자연적, 비인간적 교육을 수행해 온 '교육의 위기'라고도 할 수 있다.

근본적으로 환경문제는 인간의 자연환경에 대한 잘못된 인식에서 비롯되었고, 이러한 그릇된 인식은 바로 올바르지 못한 교육에서 나왔다고 할수 있다. 따라서 이러한 인식을 바로 세우는 것 또한 교육적 해결방법이 가장 효과적이라고 할 수 있다.

오늘날 우리는 새로운 교육적 대안을 필요로 한다. 이러한 교육적 대안은 우리가 추구하는 정신적 패러다임의 전환을 통해 인간과 자연과의 조화를 추구하고 생명의 존엄성을 회복하는 새로운 가치체계로의 방향 설정을 의미한다. 그리고 이러한 패러다임 전환의 수단은 바로 환경교육이어야 한다.

본서를 통하여 생태학적 위기와 더불어 교육의 위기를 극복하기 위한 새로운 패러다임으로 환경윤리(environmental ethics)에 바탕을 둔 윤리가치에 의한 교육적 방법을 모색해 보고자 한다. 이를 위해 생태학적 관점에서 기존의 교육에 대한 반성을 통해 인간과 자연과의 조화와 관계 회복을 위한 환경윤리교육(environmental ethics education)에 초점을 맞추었다.

환경윤리교육은 '생태학적 세계관(ecological world-view)'에 바탕을 둔 생태주의적 환경윤리교육(ecological environmental ethics education)을 통해 이루어져야 한다. 생태주의적 환경윤리교육은 환경을 위한 인식과 태도를 변화시켜 환경문제 해결에 접근하려는 교육으로, 환경과 윤리의 교량적 역할을 하며, 인간과 자연에 대한 올바른 인식과 환경 친화적 가치관을 내면화하여 환경문제 해결에 자발적으로 행동하고 실천하는 데 역점을 두는 교육이라고 할 수 있다.

그러므로 오늘날 생태학적 환경위기와 더불어 교육의 위기를 극복할 수 있는 새로운 교육적 대안으로 생태주의적 환경윤리교육은 모든 생명의 가치를 존중하고, 인간과 자연의 생태학적 공동체를 도덕적, 윤리적 공동체와 결합할 수 있는 통합적인 전인교육의 일환으로 자리매김할 수 있다는 점에서 교육적 함의는 매우 크다고 할 수 있다.

필자는 이러한 관점에서 오늘날 우리가 직면한 생태학적 위기와 교육적 위기의 근원을 우리 자신의 내면의 위기로 규정하고, 이를 극복하기 위한 대안으로 환경윤리와 교육에 대한 성찰을 통해 생태주의적 환경윤리교육의 모형을 정립해 보고자 하였다. 아울러 본서의 마지막 장을 통해 앞으로 우리가 지향해야 할 새로운 교육적 패러다임으로서 환경윤리교육의 과제와 방향을 제시하였다.

본서는 필자의 학위논문을 다듬고 정리한 것으로 다시 활자화되어 빛을 보게 되었다. 아직도 여러모로 미흡하다는 생각을 떨쳐버리지 못하고 있는 터에 의미가 있다면 책으로 펴내 많은 이들과 나눔을 공유해 보자는 제의에 선뜻 호응하고 말았다. 이제 설익은 나의 작은 결실이 공개적으로 다시 검증을 받는다고 생각하니 처음 교단에 설 때처럼 두렵고 떨리기도 한다. 하지만 이를 계기로 한정된 나의 학문적 울타리를 넘어, 보다 넓은 세계에서 나와 함께 사유할 수 있는 많은 이들을 만나고 싶다.

2008년 4월
조 용 개

추 천 사

전 헌 호 신부
(대구가톨릭대학교 신학대학 교수)

일선학교에서 교사생활을 하면서 대구지역의 대표적 환경단체인 푸른평화운동본부에서 환경교육운동을 열심히 하던 조용개 박사와 함께 했던 지난 여러 해는 나에게 기쁨의 시간이었다.

지난 10여 년간 교사생활을 해 오면서 재치와 성실로 자신과 학생들 그리고 주변 사람들의 지혜와 삶을 증진시키는 데에 주력해 온 그가 나를 찾아와 박사학위 공부를 하고 싶다는 의사를 표명했을 때부터 이 기쁨은 시작되었다.

이때부터 함께 수업도 하고 논문의 테마를 정하고 연구하는 일로 머리를 맞대기도 했으며 장래 계획에 대해서도 고심하기도 했다. 그러면서 교육현장에 그대로 있으면서 공부를 계속하는 것이 좋겠다고 한 나의 의견을 존중하는 듯하더니, 공부를 제대로 한 후에 다시 교육현장으로 돌이기고 싶다는 뜻을 기어이 관철시키는 그의 모험을 지켜보아야 하기도 했다.

그의 박사학위논문은 그러한 집념과 집중의 결과이다. 나는 그가 연구하고 논문을 집필하는 과정을 묵묵히 지켜보기만 하면 되었을 뿐, 별다른 도움을 줄 일이 없었다. 그는 누구의 지도를 받기에는 환경교육의 이론이나 실무에 있어서 이미 전문가의 수준에 도달해 있었다. 그가 논문의 한 부분을 써 와서 설명을 하면, 나는 논문으로서의 요건을 갖추고 있는지를 확인해 주면 되었다. 그러면서 나는 그로부터 배우고 있었고 그에게 박수를 치고 있었다.

학위과정을 마친 그는 미국으로 훌쩍 건너가 환경철학 박사 후 연수 과정까지 이수하고 돌아왔다. 이러한 과정을 거친 그가 학교라는 제도권에서 더 이수해야 할 것이 남아 있지 않다. 그래서 그는 이제 제도권의 품으로부터 독립하여 스스로 꿈을 펼쳐 나갈 수 있는 자유인이 되었다.

그는 앞으로 지금까지 연마해 온 학업과 실무를 바탕으로 이상과 현실을 오가며 자신의 꿈을 펼쳐 나갈 것이다. 그가 앞으로 펼쳐 나갈 연구와 교육활동에 대한 믿음과 기대가 내 안에 자리잡고 있다. 이 과정에도 내가 함께 할 것이 있어 그를 지켜볼 수 있다면 좋겠다.

2008년 4월

차 례

생태주의적 삶을 위하여

1. 생태학적 환경위기와 환경윤리

오랜 문명의 역사 가운데 인류가 오늘날처럼 당혹감을 느낀 적은 없을 것이다. 그것은 오늘날 인류가 자신의 삶뿐만 아니라 미래 세대의 지속성 자체를 위협하는 상황을 만들면서 심각한 '생존의 문제'에 직면하고 있기 때문이다. 이 가운데 특히 우리 인류에게 가장 시급한 문제로 대두되고 있는 환경문제는 기존의 제도나 틀로서는 도저히 해결할 수 없는 급박한 상황이라는 점에서 오늘날의 위기를 한마디로 '생태학적 위기'로 표현하고 있으며, 이러한 생태학적 위기는 바로 '인간의 위기'이기도 하다.

『지구환경보고서 2001』에 따르면, 지구의 환경오염은 우리가 일반적으로 인식하는 것보다 훨씬 더 심각한 상황에 이르렀음을 경고하고 있다. 사회생태주의자의 창시자이며 녹색운동가인 머레이 북친 (M. Bookchin)은 200만 년에 걸친 인간 진화의 역사를 3단계[1]로 구분하면서 인류는 이제 3차 자연의 단계인 '자유 자연의 단계'로 들어서고 있다고 보았다. 따라서 지금의 시기는 이 자유 자연의 단계를 이루려는 흐름과 기존의 문명적 관행을 지속하려는 흐름이 치열

한 공방전을 벌이고 있는 때라고 할 수 있다. 이러한 역사적 과정에서 과연 우리 인류가 생태학적 환경위기를 극복하고 새로운 생태문명을 이루는 데 성공할 것인가, 아니면 지속불가능한 산업문명의 쓰레기더미에서 질식하고 말 것인가를 되묻지 않을 수가 없다.

이러한 시점에서 우리는 생태학적 환경위기 문제를 진단하고 이를 극복하기 위해서는 인간과 자연의 관계를 재정립할 필요가 있다. 역사적으로 볼 때 지난 20세기까지는 인간과 인간의 투쟁과 갈등의 이데올로기 시대였다면, 21세기는 인간과 자연이 새로운 관계를 정립해야 하는 시대라고 할 수 있다. 다시 말하면 우리는 오늘날 우리가 직면한 생태학적 위기의 본질을 올바로 파악하고, 이를 극복하기 위해서 자연을 보는 인간의 시각을 바로 세워야 하며, 앞으로 우리 인간의 삶이 어떠해야 하는지를 진지하게 성찰해 보아야 한다.

일찍이 레이첼 카슨(R. Carson, 1962)[2]과 베리 커머너(B. Commoner, 1971)[3]는 그들의 저서인 『침묵의 봄(Silent Spring)』과 『폐쇄 사이클 (The Closing Circle)』 등을 통해 생태학적 위기의 심각성을 인식시키는 데 중요한 역할을 하였다. 그들은 지역 차원, 국가적 차원, 세계적 차원에서 생태학적 위기를 설득력 있게 설명하면서 생태윤리와 생태적 가치관을 제시하였다. 그들은 "과학기술의 발전에 기반을 둔 산업화의 무분별한 진전을 어떻게 통제할 것인가?", "인간과 자연 사이의 관계를 어떻게 재정립할 것인가?", "인류의 생존을 위한 생태학적 전제조건을 어떻게 확보할 것인가?" 등 질문에 답하면서 산업문명을 대치할 수 있는 생태적 사회실현을 위한 대안적 가치관을 모색하기 시작했다.[4] 이후 이러한 생태학적 위기의식이 주요한 사회

적 이슈로 등장하여 마침내 국가적, 국제적 이슈가 되어 새로운 생
태학적 패러다임을 형성하기에 이르렀다.

그 가운데 특히 철학 분야에서 '생태윤리', '환경윤리'에 관한 연
구가 활발하게 진행되면서, 여기서 다루는 생태지향적, 환경친화적인
윤리는 도덕철학 혹은 윤리학의 목적 규정을 넘어서는 완전히 새로
운 윤리적 실천 규정의 가능성을 모색하고 있다. 또한 근래에는 환
경문제를 대중적 인식 계몽의 단계를 뛰어넘어서, 환경개량주의의
긍정적 측면을 살리면서도 보다 원천적으로 생명문제를 해결하고자
하는 심층생태주의(Deep Ecologicalism) 또는 사회생태주의(Social
Ecologicalism)가 주목을 받고 있다.

특히 심층생태주의자들은 현재의 생태학적 위기에 대한 치료책은
철학적 관점을 근본적으로 바꿀 때만 가능하며, 환경파괴에 책임 있
는 지배적인 세계관을 비판하는 동시에 그것의 대안이 될 수 있는
철학적 세계관을 제시하고자 한다. 그들은 환경오염의 주범은 결국
인간이며, 개개인의 가치관, 즉 자연관의 오류에서 환경위기가 연유
한다고 보고, 인간의 생명윤리, 환경철학, 생태교육을 통한 의식개혁
만이 환경과 생명의 위기 문제를 극복할 수 있다고 주장한다.

2. 환경교육과 생태주의적 환경윤리교육

이미 우리나라에서도 '환경'이라는 개념이 사회적인 관심사가 되

었고, 실제로 '환경'으로 인한 분쟁과 갈등이 분출되고 있지만 그러한 문제를 해결하는 과정에서 '윤리·철학적 모색'이나 '교육'이라는 지속적이며 장기적인 관점에서의 노력보다는 근시안적인 대처로 인해 문제를 더욱 악화시키는 결과를 낳기도 했다. 이제 우리는 세대를 뛰어넘는 미래지향적인 관점에서 '환경'을 바라볼 줄 알아야 한다. 아동과 청소년들을 단지 교육의 대상만이 아닌, 다음 세대의 주인으로서 함께 환경에 대해 고민하고 생태학적 위기를 극복해야 할 주체로 인식하는 사고의 전환이 무엇보다도 필요하다고 하겠다. 환경문제의 대부분은 환경을 인식하는 인간의 생활양식과 환경윤리관에 의해 좌우되므로 인간의 사고와 가치관의 수정과 인식의 전환을 통해서 많은 부분이 해결가능하다.

오늘날 혹독한 환경파괴의 결과는 급속한 기술적 진보가 그 원인이기도 하지만, 그보다 더욱 근본적인 원인은 환경에 대한 가치관과 윤리의식의 결여에 기인한다고 볼 수 있다. 그러므로 기술적, 정치적 또는 법적인 측면에서의 개선만으로는 궁극적으로 이러한 환경문제를 해결하기 어려우며, 보다 근본적인 차원에서의 노력이 요구된다. 이러한 시대적 요구는 지금의 위기를 단순한 체제와 구조의 위기로 보는 것이 아니라 보다 근원적으로 이를 떠받치고 있는 인간 내면의 가치관과 세계관의 문제라는 점에서 무엇보다도 생태학적 각성을 요구한다.

현재 환경론자들은 전통적인 개발론자들과 성장론자들의 개발정책과 교육정책은 급증하는 생태학적 위기를 효율적으로 관리하기에는 한계가 있다고 지적한다. 그들은 지금까지 개방사회나 성장사회를 전제로 한 정치학의 이론이나 가치체계를 선도하는 교육이념은 생태학적 위기관리 차원에서 재검토되어야 하며, 새로운 가치체계의 정립을 위한 새로운 생태학적 패러다임을 형성해야 한다고 주장한다.

이러한 움직임은 그간 인간이 자연 위에 군림하던 근대적 세계관의 반성을 촉구하면서 인간과 자연의 대칭점을 찾아 균형을 이루고자 하는 자연환경에 대한 새로운 인식, 즉 '환경윤리학(Environmental Ethics)'을 태동시켰으며, 교육세계에 대한 인식의 변화를 불가피하게 요청하게 되었다. 최근 우리의 관심을 끌고 있는 '생태학적 관점(ecological perspective)'은 이러한 인식의 변화를 유도하는 관점으로 근대 교육의 도덕적 질병을 치유하는 중요한 패러다임으로 자리잡아 가고 있다. 이러한 점에서 생태학적 위기에 대한 인식은 가치의 전도, 새로운 가치관, 본질에 있어서 새로운 생태학적 윤리가 필요하다는 주장이 설득력을 얻고 있다.

환경문제는 근본적으로 인간의 자연환경에 대한 잘못된 인식에서 비롯되었으며, 이러한 그릇된 인식은 바로 올바르지 못한 교육에서 나왔음은 말할 것도 없다. 따라서 이러한 인식을 바로 세우는 데는 교육적 해결방법이 가장 효과적이라고 할 수 있다. 결국 생태학적 위기 역시 인간이 생존하는 삶의 터전을 제 스스로 파괴함으로써 발생하는 문제이기 때문에 주변환경이나 우주환경이 결코 인간만을 위해서 존재하는 것이 아니라는 것을 인산 스스로 인식하고 실전하고자 할 때 그 해결의 실마리가 풀릴 수 있다.

이러한 해결방안을 모색함에 있어서 우리는 새로운 교육적 대안을 필요로 한다. 즉 우리가 추구하는 정신적 체계들에서의 패러다임의 전환은 교육을 통해서 촉진되어야 하며, 인간과 자연과의 조화를 추구하고 생명의 존엄성을 회복하는 새로운 가치체계로의 전환 수단은 바로 환경교육이어야 한다. '우리의 적은 바로 우리들 자신이다.'라는 말이 있다. 이 말은 곧 환경문제의 근원과 환경교육의 필요성을 매우 적절하게 표현하고 있다. 환경문제의 근원, 곧 우리가 환경교육을 통해 극복해야 할 대상은 바로 우리들 속에 있다는 것을 의미한다.

사실 모든 교육 그 자체가 환경교육이어야 한다. 다시 말해서 모든 교육과정의 바탕에 생태학적 개념이 들어가야 한다.[5] 앨더스 헉슬리는 그의 마지막 소설인 '섬'에서 이 지구상에 유토피아가 온다면 그때 학교에서 가르치는 첫 과목은 '생태학'이 될 것이라고 하였다. 이 말을 뒤집어 말하면 학교에서 환경교육을 확실하게 가르치지 않는 한 이 지구에는 자연과 인간이 조화롭게 살아가는 유토피아가 올 수 없다는 말과도 같다.

여기서 우리는 새로운 환경교육의 패러다임으로서 환경윤리교육을 고려해 보지 않을 수 없다. 교육은 바람직한 인간을 기르는 의도적인 활동이다. 인간은 경험을 통해 성장하는 과정에서 인성이 결정되고 인성의 집합체는 사회성으로 확장되며, 교육을 통해 지식과 기능을 습득하고 바람직한 가치와 태도를 형성하게 된다. 그리고 이러한 지식과 기능의 내용은 과학적 연구과정을 통해 선별되고, 가치와 태도의 방향은 도덕과 철학을 바탕으로 설정된다. 따라서 우리가 사는 세계에 대한 생각과 태도를 재구성하는 데 있어서 교육의 역할이 매우 중요하며, 이러한 교육을 위한 기초적인 환경교육이 환경윤리교육이라고 할 수 있다.[6]

오늘날 우리가 직면한 생태학적 환경위기를 극복하기 위해서는 이제까지의 인간중심의 윤리와 세계관으로는 충분하지 않다. 앞으로 우리에게 필요한 것은 생태중심적 윤리와 세계관이며, 이러한 생태학적 세계관을 심어 주는 교육이 바로 환경윤리교육이라고 할 수 있다. 환경윤리교육은 관련 지식뿐만 아니라 개개인의 가치관 및 윤리관을 근본적으로 변화시켜 환경문제를 해결하는 데 기여하고자 한다.[7]

자연이 파괴되고 생명이 경시되는 오늘날, 자연과 인간을 화해시키고 생명의 존엄성을 회복하는 일에 헌신하는 인간을 기르는 환경윤리교육의 문제가 중요한 영역으로 부각되는 것은 우리가 직면한 생태학적 위기 극복을 위한 여러 수단 중의 하나가 아니라 지속가능한 생태사회의 실현을 위한 기본 대안이 되기 때문이다. 그러므로 생태학적 위기 극복을 위한 21세기 교육적 대안은 바로 '생태주의적 환경윤리교육'이라고 할 수 있다.

3. 환경문제를 접근하는 방식

그간 환경문제를 해결하기 위한 자연과학적 및 공학적 접근은 환경정책을 고무시키고, 환경문제의 심각성에 대한 정확한 자료에 근거하여 일반 시민들의 환경의식과 환경운동을 고취시키는 데 기여해왔다. 하지만 자연과학적 연구들은 환경문제의 발생원인을 주어진 것으로 간주한 채 문제 현상들의 단편적 분석에 치중하거나 사후적 처리방안을 제시하는 수준에 머물러 왔을 뿐만 아니라 과학기술 발달의 가능성을 지나치게 신뢰함으로써 기술개발이 이루어지기만 하면 환경문제는 해결될 수 있다는 기술중심주의적 환경론을 강조해 왔다. 따라서 기존 사회체제의 유지에 무비판적으로 기여하거나 특정 지배집단의 이해관계를 실현시키기 위한 이데올로기와 통제 수단으로 악용되기도 하였다.

환경문제에 대한 이러한 자연과학적 접근과는 달리, 인문학 영역에서의 연구들은 환경에 관한 인간의식, 즉 환경관 또는 자연관 그리고 보다 보편적으로 가치관의 철학적 연구나 이의 표현 양식에 초점을 두고, 인간의식이 역사적으로 어떻게 변화되어 왔으며, 실제 환경문제가 행위 주체들의 왜곡된 환경 의식으로 인해 어떻게 유발되고 있는가를 해명하고자 한다. 나아가 인문학적 연구들은 왜곡된 인간의식의 반성을 촉구하며, 서구적 물질문명의 지배로 인해 잊혔던 전통들 속에서 대안적 환경관을 찾아내거나 또는 이들을 재구성, 종합하여 새로운 환경 의식을 제시할 수 있다.

나아가 이러한 환경 의식에 대한 연구는 사회체제의 구조적 특성에 관한 사회과학적 연구에 의해 보완될 수 있다. 특히 경제, 정치구조에 관한 연구는 거시적으로 환경문제와 관련하여 사회체제가 어떠한 모순을 내포하고 있는가 그리고 이러한 모순이 어떠한 과정이나 메커니즘에 의해 위기적 현상으로 드러나게 되는가를 밝히고자 한다. 이러한 사회과학적 접근은 보다 구체적으로 현재의 산업구조의 문제점을 분석하고, 새로운 산업구조로의 전환의 필요성을 강조할 수 있으며, 또한 환경을 무시한 정책이나 여타 제도들의 한계를 지적하고 대안적 환경정책을 제시할 수 있다.

그러나 이러한 인문학적 또는 사회과학적 접근이 단절된 채, 지나치게 한 연구 분야에만 몰두할 경우 총체적 환경문제에 대하여 편협한 견해와 불완전한 대안을 제시하게 될 뿐만 아니라 환경문제에 대한 인문학적 논의들은 그 의미로움에도 불구하고, 환경문제 발생의 제반 조건들을 전적으로 인간의식 차원으로 환원시킴으로써 그 원인을 개별 행위 주체의 책임으로 전가시키는 경향이 있으며, 또한 사회구조에 내재된 문제성을 간과할 수도 있다.

따라서 환경문제에 대한 논의는 총체적 시각에서 파악되어야 한다. 다시 말하면 범학문적인 통합적 접근방식을 통하여 간학문적(interdisciplinary), 다학문적(multidisciplinary), 횡학문적(transdisciplinary)으로 이루어져야 한다. 환경문제는 그 다양성과 복잡성으로 말미암아 단지 과학기술적인 문제를 넘어서 경제적, 정치적, 사회적 문제와도 밀접하게 연관되어 있으며, 더 나아가서는 이러한 것들의 궁극적 근거와 포괄적인 연관을 고려하는 철학적 문제의식과 깊이 연관되어 있는 다면적이고 다층적인 문제이므로 환경문제와 더불어 환경윤리를 다루는 데에 있어서는 반드시 학제간(interdisciplinary) 연구[8]가 필요하다고 하겠다.

이러한 견지에서 볼 때, 초기에 주로 환경문제에 대한 논의가 주로 자연과학중심에서 이루어져 오다 최근에 이르러 사회과학뿐만 아니라 인문학, 특히 철학과 윤리학에서의 참여도 활발하게 이루어지고 있는 것은 매우 바람직하다고 할 수 있다. 이와 함께 지금까지의 서구중심의 생태사상으로는 새로운 생명문화를 창조할 수 없어 동양

의 우주관, 특히 그중에서도 동양의 전통사상과 고대 동서양의 샤머
니즘적 자연관에서 그 해결의 실마리를 찾으려 하고 있음에도 특히
주목할 필요가 있다.

주

1) '1차 자연의 단계'는 인류가 가장 오랜 기간을 지내온 시기로서 인간의 삶이 자연의 생태적 질서에 어떠한 영향을 미치지 않았던 시기이며, '2차 자연의 단계'는 인류가 신체와 의식 기능의 진화를 통하여 도구적 능력을 확장시킴으로써 자연을 조작하기 시작한 신석기 시대의 농경문화에서 시작된 시기이며, '3차 자연의 단계'는 인류가 1단계의 무자각적으로 자연에 매몰되었던 상황과 2단계의 대립적 관계를 변증법적으로 통일하고, '자각적이며 의식적으로' 자연의 생태적 질서와 조화를 이루는 생존 방식을 영위하는 단계로, 기나긴 생명 진화의 과정에서 지구의 관리자로서 위치하게 된 인간이 자연과 신체적 친밀성을 회복하고 자연의 원리에 재참여하는 '자유 자연의 단계'라고 보았다. M. Bookchin, *The Philosophy of Social Ecology*, 문순홍 역, 『사회생태론의 철학』(서울: 솔, 1997), pp.259-260.

2) R. Carson, *Silent Spring*, 정대수 역, 『침묵의 봄』(서울: 넥서스, 1995). 그녀는 이 책에서 미시건 주립대학 교정의 느릅나무를 좀먹는 해충을 잡기 위해 뿌려진 살충제 DDT가 먹이사슬을 통해 어떻게 종달새 소리를 들을 수 없는 '침묵의 봄'을 가져왔는가를 생생하게 묘사했다.

3) B. Commoner, *The Closing Circle*, 송상용 역, 『원은 닫혀져야 한다』(서울: 전파과학사, 1980), p.7.

4) 정수복, 『녹색 대안을 찾는 생태학적 상상력』(서울: 문학과 지성사, 1996), p.101.

5) D. W. Orr, *Ecological Literacy -Education and the Transition to a Post-modern World*, State University of New York Press, Albany, 1992, pp.89-92.

6) Jr. Clark, T. Edward, *Environmental Education as an Integrative Study*, In Ron Miller(ed.) *New Directions in Education*, Holistic Education Press, 1991.

7) 김동규, 「디프·에콜로지와 한국의 환경교육」, 『환경교육』 제9권, 한국환경교육학회, 1996, pp.7-16. 참조.

8) 환경문제의 해결을 위한 노력은 여러 측면의 학제 간(interdisciplinary) 연구 방법을 적극 지원받아야 한다. 즉 환경계획이나 해결에는 생태학, 환경공학, 의학, 물리학, 지리학, 사회학, 경제학, 법학 등 제 과학(諸科

學)과의 다른 영역 간의 학문적 도움 없이는 불가능하다. 오늘날 환경문제는 워낙 복잡·다양하게 얽혀서 그 성격은 사회적, 과학적, 기술적인 문제일 뿐만 아니라 동시에 경제적, 정치적, 행정적, 법률적인 문제이기도 하며, 그 해결 방법은 학제 간 접근 방법을 활용하기 않고서는 불가능하다고 본다. 최병두, 「총체적 환경문제와 학제적 환경연구」, 『환경리포트』 통권11호, 1994년 5−6월호 참조.

생태학적 위기와 환경윤리

1. 생태학적 위기에 대한 논의

1) 생태학의 의의와 생태학적[1] 위기의 의미

생태학(ecology)은 살아 있는 유기체의 습성, 생활양식 및 그 주변 환경과의 관계를 다루는 생물학의 한 분야로, 이론적인 측면에서 보면 인간과의 관계가 그리 분명하지 않지만 실천적인 측면에서 보면 생태학은 현재뿐만이 아니라 미래에도 계속 인간과 밀접한 관계에 놓여 있는 과학의 주요한 분야 가운데 하나라고 할 수 있다.

그러나 이러한 설명만으로는 최근에 발달한 생태학의 업적이 지니는 주요한 실천적인 의미에 대해서 우리는 아무런 시사점을 얻을 수가 없다. 그간 우리는 생태학이 발견한 것을 주목하지 않은 결과, '생태학적 위기(ecological crisis)', 즉 인간이 향유하고 있는 삶의 질뿐만 아니라 인류의 생존 자체를 위협하는 위기에 빠져들게 됨으로써 비로소 생태학에 그 중요성을 부여할 수 있게 되었다.

지난 30년 동안 생태학이 발견한 제반 사실 덕택으로 마치 먹이사슬이나 생명피라미드에서처럼, 한 생태계 내에서뿐만 아니라 여러 생태계 사이에서도 사물들은 그 본성상 밀접하게 상호 연관되어 있음을 우리는 알게 되었다. 또한 생태계(ecosystem)는 아주 미묘한 평형상태를 유지하고 있어서 의도적이든 비의도적이든 이런 평형상태를 깨뜨림으로써 생태계를 파괴하게 되면 그 결과로 인간뿐만 아니라 인간의 삶의 터전인 환경이 큰 위험에 직면하게 될 가능성이 아주 높다는 점을 강조하는 데 크게 기여한 것도 바로 생태학이라고 할 수 있다. 뿐만 아니라 우리가 현재 직면한 생태학적 위기를 생태학적인 지식을 바탕으로 극복할 수 있도록 깨닫게 해 준 것도 역시 '생태학'이라고 할 수 있다.[2] 일반적으로 생태학자들은 문제의 본질이나 그 시급성과 중요성에 대해서는 의견을 달리하지만 생태학의 중요성에 대해서는 많은 학자들이 주장해 왔다. 하딘(G. Hardin)은 "생태계는 상상할 수 없을 정도로 복잡한 조직이다. 만일 우리가 미래에도 잘 살기를 바란다면 우리는 생태학을 이해하려고 노력하지 않으면 안 된다."[3]라고 하였다. 맥클로스키(H. J. McCloskey)는 "오늘날 학자들은 사람들이 한때 뉴턴의 물리학에 부여했던 중요성을 생태학에 부여하고 있다. 왜냐하면 근본적인 생명유지가 바로 생태학적 위기로 말미암아 위협받고 있기 때문이다."[4]라고 하였으며, 뒤보(R. Dubos)는 "만일 인간이 그 자신의 한 부분으로 되어 있는 삶의 복잡하고 미묘한 거미줄 같은 사슬에서 본질적인 매듭을 구성하는 유기체를 별 생각 없이 제거해 버린다면 인간은 궁극에 가서 자기 자신까지도 파괴하고 말 것이다."[5]라고 하였다. 또한 디쉬(R. Disch)는 생태학과 환경문제의 중요성에 대해 "인간이 생태계에서 저지른 변화는 인간의 생명을 존속시키는 데 있어서 삶을 지탱시켜 주는 조직의 통합(integrity)을 위협하고 있다. …… 환경문제는 때로는 우리 눈에 뜨이지 않기도 하지만 그것은 천천히 그리고 조용히 작용한다. 이 문제의 처방은 깊이 뿌리 박혀 있는 사회 및 종교적 가치관, 생활양식, 경제구조 등과의 갈등을 유발하며, 특히 환경위기는 치명적이다."[6]라고 하였다.

이렇듯 생태학적 위기는 '자연의 위기'가 아니라, 지금 지구에 존재하는 모든 삶 자체를 위협하는 '인간 생존의 위기'로 성큼 다가왔다. 소위 전 지구적 차원의 환경위기는 지구와 한 국가의 물리적 한계를 생태학적 지각으로 인식하지 못한 무지와 편협한 사고 그리고 인간의 자만과 오만이 몰고 온 예고된 결과인지도 모른다.

"우리는 지금 산업사회에 살고 있으며 그간 자연개발과 경제개발을 통하여 사회와 인간의 삶이 무한히 진보할 것이라는 꿈을 인간에게 가져다주었다. 그러나 산업화는 관료제도와 기술지배(technocracy)를 낳았으며 마침내 인간의 지적 활동을 부기화(簿記化, codification)하고 가치 중립화하였으며, 결과적으로 아노미 현상과 비인간화를 가속시켜 왔다. 뿐만 아니라 개발로 인한 자연파괴는 전 지구적으로 생태학적 위기를 초래함으로써 인간의 존속 자체까지 위협하고 있다."[7]

"현대를 역설의 시대라고 말하는 사람들이 많다. 해방과 자유를 통해 자기실현을 추구해 온 인간이 현 시점에서 새로운 위기를 맞고 있기 때문이다. 지식이 기하급수적으로 증가하고 과학기술 문명이 인간의 삶을 편리하고 풍요롭게 만들었지만 전례 없는 허무주의, 소비주의, 도덕적 타락, 빈부격차, 긴장과 갈등 등은 계속해서 확대되고 있다. 이러한 현대의 역설적 상황을 가장 극명하게 보여주는 것이 바로 생태계 파괴와 환경오염으로 인한 생태학적 위기인 것이다. 이것은 자연에 대한 통제를 통하여 인간의 운명을 개선하겠다는 근대적 기획이 그 주창자들의 원래 의도대로 되지 않았다는 것을 의미한다."[8]

이러한 생태학적 위기에 대해서 생태학자인 킨젤바흐(R. K. Kinzelbach)는 우리가 당면하고 있는 "생태학적 위기의 극복과 해결책은 근본적으로 인간의 내면적 세계의 위기를 해결하지 않고는 불가능하다."[9]라고 하였다. 왜냐하면 생태학적 위기는 인간이 조성한 것이며, 따라서 "'생태학적 위기'는 바로 '인간의 위기'라는 것"이다. 다시 말해서 문제의 근원은 과학이나 기술에 있는 것이 아니라 인간의 잘못된 생각 속에 있다는 것이다.

킨젤바흐는 그의 책 『생태학, 자연보호, 환경보호』 말미에서 "우리는 인간과 세계에 대한 낡은 생각에서 벗어나 자연과 인간에 대해 새롭게 이해해야 하며, 동물로부터 벗어나 '참된 인간성'을 회복할 수 있을 때 비로소 진정한 의미의 자연 보호가 가능하다."라고 역설했다. 이는 결국 환경문제는 바로 인간학의 과제이며, 동시에 사회윤리의 과제라는 것을 강조한다.

대부분의 생태학적 도덕가들은 인간의 생존과 인간이 생존 시 누리게 될 삶의 질에 관심을 갖는다. 그러나 지구생태계의 보전과 생물 및 비생물에 대한 도덕적 관심도 점차 증가하고 있다. 어떤 환경 전문가는 생태계 위기가 이미 도래하였으며, 오늘날 세계는 인구증가, 자원남용, 환경오염 등으로 시달리고 있다고 주장한다. 그러나 '생태학적 위기'를 주장하는 대부분의 사람들은 이 위기는 미래의 일이고, 생태학이 발견한 사실과 법칙들을 충분히 이해한 다음 적절한 행동을 취한다면 이 위기는 예방할 수 있다고 생각한다. 그러나 우리는 생태학이 제공하는 사실과 법칙들에 근거하여 환경에 대한 인간의 태도를 수정하지 않을 경우 인류와 이 지구상에는 큰 재앙이 밀어닥칠 것이라는 예측을 염두에 둔다면, 이러한 생태학적 위기를 해결할 수 있는 본질적인 방법으로 제안될 수 있는 것은 생태학이 발견한 제반 사실에 그 토대를 둔 생태학적·윤리학적 처방에 관심을 둘 수밖에 없다.[10]

2) 생태학적 위기의 원인

베리 커머너(B. Commoner)[11]는 오늘날 생태학적 위기의 원인을 다음과 같이 설명하고 있다.

> 현재 야기되고 있는 생태학적 위기 문제의 주요 원인의 하나는 지구로부터 대량의 물질을 끄집어내어 사용한 후 폐물화된 물질들의 모습이 변하여 어딘가로 귀착될 것이라는 점이 고려되지 않은 채 환경 속에 내던져지는 데 있다.

이 말은 인간이 대량의 물질을 인위적으로 변화시켜 사용하고 난 뒤에 그 변화된 폐기물이 어디로 갈 것인가를 생각지 않고 마구잡이로 버리고 현재의 이기적 욕구만을 충족하려는 지나친 탐욕에 그 원인이 있다는 것을 함축적으로 한 말이라고 할 수 있다.

오늘날 대부분의 환경윤리학자나 환경문제 전문가들은 생태학적 위기의 원인을 자연자원의 한정성, 인구증가와 도시화, 산업화, 대량생산 및 대량소비체제, 과학기술의 무분별한 적용과 적절한 대책의 결여 그리고 인간의 그릇된 가치관과 자연관이 상호 복합적으로 연관되어 있다는 데 공통된 인식을 갖고 있다. 그러나 어떤 이들은 현대의 생태학적 위기를 과학기술상의 문제로만 국한시켜 제한 없는 발전에 의해 환경위기를 극복할 수 있다는 극히 낙관적인 입장을 피력하기도 한다. 그러나 이것은 환경문제의 한 측면만 볼 뿐 그것의 본질과 근원을 꿰뚫어 보지 못하는 것이다.

드 조지(R. T. De George)가 "자연의 이용이나 남용 혹은 사람이 소망하는 것은 기술적인 전문지식이 아니라 가치관에 토대를 둔 결정이 요구되는 문제"[12]라고 말했듯이, 과학기술의 사용에는 이미 인간의 가치관이 작용하고 있다고 볼 수 있다. 그러므로 과학기술의 사용과 관련된 생태학적 위기의 문제는 인간의 가치관, 자연관, 세계관과 밀접한 관련을 맺고 있다.

결국 생태학적 위기의 문제는 과학기술상의 문제일 뿐만 아니라 보다 근원적으로는 윤리적인 문제이므로, 생태학적 위기를 극복하기 위해서는 무엇보다도 현대 과학기술의 문명을 뒷받침하고 있는 가치관이나 자연관을 고찰·비판하고 인간과 자연에 관한 새로운 윤리를 정초해야 할 필요가 있다.

(1) 인간중심적 세계관 및 자연관

자연의 모든 생물들은 항상 일정한 비율을 유지함으로써 생태계의 조화로운 순환을 가능하게 했었지만 인간만이 유일하게 비정상적으로 팽창함으로써 이러한 균형과 조화를 깨뜨리고 생태계를 파괴하고 있다. 이는 결국 모든 문제의 중심에는 인간의 이기심과 탐욕이 자리잡고 있다고 하겠다. 인간은 자신들이야말로 이 세상의 중심이라고 생각해 왔으며, 따라서 자신들의 이익과 행복을 위해서라면 무엇이든지 마음대로 사용할 수 있는 권리를 가지고 있다고 믿어 왔다. 이러한 인간중심적인 사고방식이야말로 모든 문제의 원인이라고 본다. 대부분의 생태학자들은 "인간의 비극적인 결점은 인간중심적인 사고에 기인한다."[13] "인간이 자기의 부분적이고 피상적인 지식을 가지고 마치 전지전능한 존재라도 되는 것처럼 행세해 온 교만성이 이 모든 위기의 진정한 원인이다."[14] "인류를 포함한 모든 생물체를 위협하는 그림자인 공해와 생태계 파괴의 원인은 오랫동안 서양을 중심으로 인류사를 지배해 온 인간중심적 세계관에 있다."[15] 등 오늘날 인류가 직면한 생태학적 위기의 근본 원인으로 인간중심주의를 지적하고 비판한다.

생태학적 위기의 원인에 대한 환경윤리학자나 철학자들의 핵심적인 논쟁점도 바로 인간중심적 세계관 및 자연관이라고 할 수 있다. 이때 가장 쟁점이 되는 것은 소위 전통적인 그리스도교의 자연관에 문제가 있다는 지적이다. 즉 그리스도가 전파되면서 자연관에 변화가 일어나 중세 이후에는 물활론적(物活論的) 자연관[16]에서 벗어나 자연을 탈신화화(脫神話化)하여 보게 되었다는 것이다. 따라서 인간은 자연에게서 영혼을 제거하고 독점함으로써 자연보다 우월한 위치에 올라섰으며 이에 따라 자연을 마음껏 착취하게 되었다는 것이다.

이러한 입장에 있는 대표적인 사람은 미국의 역사학자 린 화이트 2세(L. White, Jr.)이다. 그는 "그리스도교적인 자연 개념은 중세의 기술을 크게 발전시켰으며, 이러한 자연관이 오늘날과 같은 생태학적 위기를 불러오게 되었다."[17]라고 주장하였다. 그는 「생태 위기의 역사적 기원」이란 논문에서 "그리스도교의 전통은 인간을 온갖 창조물의 군주 자리에 앉혀 놓고 자연을 모독하게 하는 정신적 기반을 제공했다."[18]라고 주장했다. 결국 화이트는 자연이 지닌 신성을 무시하고, 자연을 인간의 필요를 충족시키기 위한 단순한 수단으로만 간주함으로써 결국 인간과 자연을 대립관계로 보고 착취하도록 한 그리스도교의 자연관이 오늘날 생태학적 위기를 가져오게 한 근본 원인이라고 주장한다. 그는 생태계 문제가 더 많은 기술이나 더 많은 과학으로만 해결될 수 있는 것이 아니라고 보았다. 따라서 기독교적인 인간중심주의를 벗어나 자연과 새로운 관계를 맺어야만 하며, 관계의 재정립을 위해서는 새로운 세계관이 필요하다는 것이 그의 주장이다.

이러한 화이트의 주장은 종교계, 철학계에 큰 충격을 주었으며 격한 논쟁을 불러일으켰다.[19] 유대·그리스도교적인 전통이 없는 중국이나 이슬람, 그리스 문명은 자연보존이 잘 되었느냐는 반론이 제기되었고, 유대·그리스도교가 환경파괴에 끼친 영향은 단지 간접적인 것이며, 환경오염의 주범은 자본주의, 산업화, 도시화, 인구증가, 부의 증가, 자연의 사유 등이라는 주장도 제기되었다.

한편 패스모어(J. Passmore)는 유대교와 그리스도교를 구별하면서 이 문제에 접근하였다. 그에 따르면, 구약은 인간과 생물 사이에 간격을 두지 않지만 자연은 인간이 아닌 신을 위해 존재한다고 보며, 그리스도교는 인간과 자연을 분리하여 자연은 인간을 위해 만들어졌다고 보기 때문에 그리스도교는 구약보다 자연에 대해 더 오만한 태도를 지닌다고 주장한다. 또한 그는 그리스의 과학, 아리스토텔레스, 스토아학파 등 합리적인 인간관, 칸트 등에서 보듯 생태학적 위기가 유대교와 그리스도교만의 책임이 아니라고 강조한다.[20]

성경 해석을 둘러싸고 그것이 인간중심적인가, 인간중심적이 아닌가에 대한 논쟁이 지금도 계속되고 있지만, 많은 사람들은 그리스도교의 창조 신앙에 바탕을 둔 인간중심적 그리스도교로 말미암아 자연에 대한 인간의 오만과 편견이 결과적으로 자연파괴의 원인이 되었다는 점을 지적하고 있다.

(2) 근세 이후의 기계론적 자연관

그리스도교적 자연관에서 나타난 바와 같이, 인간의 이기적인 사고와 삶의 태도는 근대 이후의 기계론적인 자연관으로 연결되고 있다. 17세기 자연과학자들은 당시 과학혁명을 주도하면서 자연을 완전히 기계화된 대상으로 만들었다. "지식은 힘이다. 자연이 인간에게 이롭도록 지식을 활용하라. 자연은 인간에게 순종해야 하고 정복당해야 할 존재다."라고 주장한 베이컨의 생각은 그 당시 근대 서구인들에게 인간은 자연의 지배자이고, 자연은 인간의 번영을 위한 수단에 불과하다는 인간중심적인 태도를 갖게 했던 것이다. 특히 데카르트의 이원론적 사고와 뉴턴의 고전 물리학은 인간과 자연을 분리하여 내재적인 가치를 지닌 인간에게 자연은 수단적인 가치를 지닐 수밖에 없으며, 따라서 인간의 복지를 위해 자연의 이용과 착취를 정당화했던 것이다.[21]

기계론적 자연관에 따르면, 자연은 창조주의 계획에 담긴 고정불변의 법칙에 따라 움직이는 기계이며, 우리가 이 자연의 움직임을 지배하는 법칙을 알아내면 자연의 움직임을 설명하고 이해하고 예측할 수 있으며, 나아가 자연을 이용할 수 있다고 주장함으로써 오늘날의 생태학적 위기에 절대적 영향을 미쳤다. 현대 물리학은 이러한 고전 물리학의 이분법적 사고에서 벗어나 자연을 인식하는 주관(정신)과 인식 대상인 물질을 완전히 분리해서 생각할 수 없다는 입장을 가지고 있지만, 고전 물리학에서는 인간과 자연의 상호교통을 인정하지 않기 때문에 자연을 인간이 오로지 지배하고 정복해야만 하는 대상으로 삼게 되었던 것이다. 이러한 자연관은 결국 자연에 대한 인간의 오만과 수탈 혹은 착취로의 길을 당연한 것으로 여기게끔 했다고 볼 수 있다.

뎀보브스키(H. Dembowski), 일리에(J. Illies), 슈바이처(A. Schweitzer) 등과 같은 학자들은 인간과 자연을 분리시키는 사고와 과학의 발달은 인간과 자연 간의 적대 관계를 낳았으며, 인간으로 하여금 교만한 태도를 갖게 하여 결과적으로는 생태학적 위기를 가져왔다고 지적한다. 그들은 서양 근세의 이분법적인 자연관은 인간과 인간 이외의 것

42

을 엄격히 구별하고, 인간은 자연을 아무렇게나 해도 상관없다는 인식을 갖게 하여 자연정복적이고 환경파괴적이 되었다고 주장한다.[22]

카프라(F. Capra)[23]도 근대의 기계적이고 이원론적인 세계관이 생태학적 위기의 근원이라고 보았다. 기계적인 세계관에 의하면, 이 세계는 하나의 거대한 기계인데, 이것은 물질로 구성되어 있고 인과율에 따라 운동한다. 인간의 경우, 엄격한 이원론에 적용되어 정신과 물질은 완전히 독립된 실체이며 서로 어떤 영향도 주고받을 수 없다는 것이다. 그는 특히 현대 사회가 경험하고 있는 환경론적인 위기, 즉 '고도의 인플레이션과 실업', '에너지 위기', '건강관리의 위기', '오염과 환경 재해' 등 원인을 '인식의 위기'라고 주장한다.

(3) 과학기술의 몰가치성과 남용

근대 과학은 세계나 우주를 살아 있는 생명체로 보는 것이 아니라, 단순히 "물질과 에너지의 작용에 의해 움직이는 기계적인 조작"일 뿐이라고 보았다.[24] 이러한 사고들은 결국 인간이 자연을 착취하는 것을 정당화해 주었고, 그 결과는 생태계 파괴와 그로 인한 인류 생존의 위기라는 상황으로 나타나고 있다.

근세 이후 과학은 자기 객관성을 유지하기 위하여 가치문제를 포함한 일체의 주관적 요소를 철저히 배제하려고 노력해 왔다. 특히 과학은 단순성의 소산이며 분리성과 독립성 같은 특징을 가지고 있다. 과학은 감정보다도 비정한 수학적인 논리를, 정서보다는 조작성의 의미가 강한 합리성, 내재적 목적보다는 도구적인 목표를, 질적 요소보다는 양적 요소를 선호하는 편견을 가지고 있다. 인류가 역사상 괄목할 만한 발전을 이룩한 것도 과학기술이 없었다면 불가능했을 것이다. 첨단 과학기술로 무장한 인류는 물질적 자연에 대한 지배와 우위를 확보할 수 있었으며 편리함과 풍요를 영원히 성취할 수 있을 것으로 낙관하게 되었다. 하지만 과학기술에 의한 자연의 무자비한 개발과 무제한적 자연 소비, 그에 따른 생태계의 파괴는 자연은 물론 인류까지 위협하게 이르렀다.

과학기술문명은 기하학적 이성에 대한 일방적 신뢰, 분석적·근시적·미시적 사고방식으로 표현되고, 이러한 사고방식은 물질주의적 진보관, 도구주의적 자연관에 근거하며, 또한 이러한 이념들은 더 근본적으로는 인간중심적 세계관을 바탕에 깔고 있다. 과학기술문명의 문제는 바로 물질주의적 가치와 도구적 자연관, 인간중심주의적 세계관에 있다고 할 수 있다.

이러한 과학기술 발전의 역작용으로 인한 생태학적 위기 현상을 잘 분석한 사람은 슈마허(F. Schumacher)이다. 그는 『작은 것이 아름답다』라는 책에서 서구인의 가치체계의 근본적인 변화의 필요성을 역설하고 있는데, 과학기술주의를 배경으로 한 자본집중적인 현대기술의 남용이 환경을 파괴했다고 지적한다. 즉 현대 과학기술주의가 끊임없이 추구하고 있는 욕구의 확대와 그 충족을 위한 개발 행위는 사실 '지혜의 반테제(antithese)' 혹은 '보다 영구한 지혜의 결핍'에서 비롯되는 것으로, 그것은 결국 '자유와 평화의 반테제'가 된다고 하였다. 그는 "요구의 증대는 인간이 제어할 수 없는 외부 세력에의 의존도를 증가시키고 따라서 실존적 공포를 증가시킨다. 요구의 절감을 통해서만 인간은 투쟁과 전쟁의 궁극적인 원인인 긴장의 참된 감소를 기할 수 있다."[25]라고 말하면서 지금까지의 과학기술 사용에 있어 방향전환이 있어야 함을 주장한다.

3) 생태학적 위기의 총체성

인류가 현재 당면하고 있는 생태학적 위기에 대해 모리슨(J. F. Morrison)은 "인간이 그 자신의 생존과 이익을 위해서 자연이라는 선물을 이용하기도 하고 변형시켜 온 것은 자연환경에 많은 영향을 끼쳤다. 그러나 과학적 발견이나 테크놀로지, 조직적 숙련의 수준은 인간의 환경에 대한 요구와 인구 수준에 맞추어 자연의 평형을 유지해 올 수 있었다. 하지만 인간은 지난 수십 년 동안 에너지, 물, 공기, 그 밖의 자원과 열려 있는 공간을 필요에 따라 함부로 남용해 오다 보니 자연의 감당 능력을 넘어서게 만들었다."[26]라고 주장한다. 이에 대해 밀러(G. Miller)는 "인류는 위기 상황에 처해 있다. 참으로 인류가 생태학적 위기 상황에 처해 있다는 사실을 오늘날 생태학은 분명히 말해 주고 있다."[27]라고 강변하였다. 부헤이(A. S. Boughey)는 생태학적 위기에 관해서 "지난 20년 이래 우리는 너무나 많은 공해 요소, 너무나 많은 소비, 너무나 많은 독소, 너무나 많은 긴장을 만들어 냈다. 동시에 우리는 식량, 에너지, 주거, 교육, 건강에 대한 이해는 너무나 부족한 상태에 있다. 우리는 너무나 많은 자연 자원을 낭비했다. 재난은 닥쳐왔다. 재난은 우리 자신과 생태계 모든 지평에 걸쳐 있다."[28]라고 주장하였다.

카슨(R. Carson, 1962)이 『침묵의 봄(Silent Spring)』을 발표한 이후, 환경오염의 심각성이 부각되면서 과학의 맹신에 대한 공격이 있었고, 서구에서는 환경운동이 고조되었다.[29] 이때 로마 클럽이 발표한 『성장의 한계(The Limit of Growth)』는 굉장한 충격을 가져왔다. 이 책은 인구성장의 억제, 공해의 통제, 자원의 재순환, 경제성장 우선 정책의 지양, 자원의 분배 조절 등 우리가 직면하고 있는 문제들이 진지하게 고려되지 않는다면, 지구가 백 년 안에 멸망하게 될지도 모른다는 비관적인 예측을 내놓았다. 신맬더스주의라는 별명이 붙은 이 보고서는 격렬한 찬반 논쟁 속에서 환경문제에 대한 경각심을 크게 높여 주었다. 이후 환경파괴와 오염이 몰고 올 인류적 재앙에 대해 경고한 보고서들이 많이 발표되었고 구체적인 회의도 몇 차례 있었지만 지구촌의 생태학적 위기는 극복될 기미를 보이지 않고 있다.

하지만 최근에 와서 '현대 문명의 위기는 환경문제에서 온다.'라고 한 주장은 상당한 설득력을 가진다. 왜냐하면 인간이 삶을 영위해 온 이래로 최근 수백 년 동안 양적으로 엄청난 경제적 팽창과 최고의 문명을 달성할 수 있었지만, 그 대가로 수십만 년 동안 삶의 근거가 되었던 자연환경을 무자비하게 파괴, 훼손하고 인간 자신의 생존 자체도 스스로 파멸시키는 생태학적 위기에 직면하게 되었기 때문이다.

지금까지 무분별한 경제개발, 산업화와 도시화에 의해 자연환경은 파괴되었고 생태계의 자연스런 순환은 단절되고, 생태권의 재생능력은 무너져 버렸다. "본래 자연과 인간은 서로 공생하도록 되어 있었으나 인간이 이를 거역하고 자연을 일방적으로 착취하고 수탈하고 파괴함으로써 하나뿐인 지구는 이른바 '생태학적 위기(ecological crisis)'에 직면하게 되었다."[30] 이러한 생태학적 위기는 인간이 자연을 아끼고 사랑할 줄 모르고 자연을 착취, 수탈하고 파괴를 일삼게 되면서부터 모든 생물과 자연환경과의 연대가 무너지면서 나타나게 된 것이다. 특히, 대량생산 및 대량소비, 대량폐기로 인한 자연이 지닌 자정능력의 한계를 초과함으로써 원상회복이 불가능하게 되어 발생하게 된 것이다.

생산문제 하나만 보더라도 인류 등장부터 1950년대까지 사람들이 소비하는 모든 자원의 양을 합한 것이 1980년 이후 10년간의 자원 소비량과 동일하며 지금의 모든 국가가 매년 5%의 경제성장을 100년 동안 지속한다면 지금보다 130배에 달하는 자연자원을 소모해야 한다고 한다. 이러한 통계 수치는 지금의 생태계 평형구조를 압박하고 있는 자원 소모량에 비추어 볼 때 명백히 현재와 같은 생존방식이 더 이상 지속 불가능함을 대변해 준다.

또한 막대한 자원의 소모는 결국 그 산업적 부산물로 인해 갖가지 환경오염과 생태계 파괴를 초래하였는데 그 대표적인 예로 지구온난화, 오존층 파괴문제를 들 수 있다. 이는 당면한 최대의 전 지구적 환경문제로 시급한 국제적 협력과 대응이 요청되고 있다. 이외에도 사막화, 열대 우림의 파괴, 생물 종의 멸종과 다양성의 붕괴, 산성비, 핵무기의 위협과 핵 물질로 인한 오염, 살충제·제초제 등의 남용으로 토양 오염, 지표수·지하수 고갈과 오염, 연안의 오염과 습지 파괴, 유독성 폐기물, 환경호르몬, 유전자 오염 등으로 전 지구적 차원에서 물질과 에너지 순환 체계가 위협을 받고 있다. 이러한 생태학적 위기는 가까운 장래에 미래 세대의 안정과 생존이 더 이상 보장받을 수 없을지도 모른다는 의미에서 '생존의 위기'이며 '지속가능성의 위기'라고 할 수 있다.

오늘날 지구촌이 안고 있는 환경오염의 문제, 즉 생태학적 위기의 실상을 보면 앞에서 언급한 바와 같이 그 범위나 규모 면에서 전 세계적인 문제이고, 인간은 물론 모든 생명체를 위협하고 있다는 점에서 매우 심각하다. 이는 생태계의 자정능력이 매우 약화되거나 심히 손상되어 원상회복이 어렵기 때문이다. 『지구환경보고서』에 의하면 토양유실과 삼림지역의 감소, 목초지의 황폐화, 사막의 확장, 산성비, 오존층 파괴, 온실효과, 지구온난화, 대기오염, 생물종의 감소, 폐기물 오염, 수질오염 등이 전 지구적 차원에서 매우 심각한 문제라고 기술하고 있다.[31] 결국 우리가 직면하고 있는 생태적 위기는 인간이 건설한 문명이 자신이 기초하고 있는 자연이라는 토대의 지속성 자체가 의문시되는 상황으로 흘러가고 있다는 의미에서 '문명사적 위기'라고 할 수 있다. 생명의 생태적, 자연적 기초가 현대 문명에 의해 강제적으로, 그것도 과거 문명사에서 보였던 국지적 차원이 아닌 전 지구적 차원으로 악화되면서 역사적으로 유례가 없는 위기가 나타나고 있다.

인류가 지구상에 존재한 이래로 환경오염은 있어 왔다는 주장을 고려해 본다면, 환경문제는 그리 새삼스러운 것이 아닐 수도 있다. 하지만 "과학기술 문명의 고도화와 인간중심의 사고방식이 주도가 되고 여기에 인구팽창, 산업화, 도시화, 소비수준의 급상승 등이 복합적으로 작용한 결과로 극심한 환경오염과 파괴가 일어났다는데 오늘날 생태학적 위기의 심각성이 존재하고 그것을 긴급히 해결하지 않으면 우리 모두가 공멸한다는 점에서 문제해결의 절박성이 존재한다."[32]

이와 같이 "온 인류가 전 지구적으로 직면하고 있는 생태학적 위기는 생활 터전으로서의 물질적 자연환경이 인간의 착취에 의해 파괴되면서 결과적으로 재난에 처해지게 된 인간과 다른 모든 생물의 처지를 뜻한다."[33] 신학자 몰트만(J. Moltman)은 "생태학적 위기라는 표현은 오늘의 사태를 나타내기에는 오히려 약하고 부적절하다. 여기서 문제가 되는 것은 인간이 자기 자신과 자기 자신의 주변의 세계를 그 속에 몰아넣었고, 지금도 계속해서 몰아넣고 있는 현대 산업사회의 '모든 삶의 위기'이다."[34]라고 말한다.

이러한 생태학적 위기는 인간을 포함한 지구 공동체의 모든 생명체가 사느냐, 죽느냐 하는 생존의 문제와 직결된다. 오늘날 인류가 겪고 있는 생태학적 위기는 그것의 심각성과 절박함 때문에 적절한 해결방안이 조속히 강구되지 않는 한, 전 인류의 '총체적 재난'이라는 파국적 결과가 도래한다는 점에서 당혹감을 더해 주고 있다.

지금까지 생태학적 위기의 원인과 그 총체성에 대해 살펴보았지만 이는 결국 인간의 자연에 대한 오만과 편견이 빚어낸 것이라는 데는 이견이 없다. 유대교-기독교적 신관과 희랍 로마 철학의 원자-기계론적 사고를 서양 고대의 유산으로 물려받은 근대의 서구인들은 이를 자연과학으로 제도화하였고, 곧이어 산업혁명을 통해 대량생산-대량소비의 경제체제에 복속하는 기술에 접목함으로써 자연개발을 빙자한 자연파괴라는 생태학적 위기 혹은 환경문제가 도래했다고 볼 수 있다. 요컨대 "형이상학적으로 자연의 본질을 잘못 이해한 점, 그 결과 인간과 자연을 분리시켜 인간으로 하여금 자연에 대해 잘못된 태도, 즉 자연 정복이라는 엄청난 오만을 갖게 한 점 등이 생태학적 위기의 주요 원인이라고 할 수 있다."[35] 이는 생태계의 순환과정을 무시한 인간의 지나친 진보에 대한 욕망이 빚어낸 자승자박의 결과라고 볼 수 있다.

비록 근대의 '분리주의적 지배 패러다임'이 도구 사용방식인 과학기술의 발전에 힘입어 한편으로는 인간에게 물질적 풍요를 가져다주었지만, 또 한편으로는 인간이 거주하는 자연을 죽임으로써 인간도 서서히 죽이는 부메랑으로 다가오고 있다. 다시 말해 생물학과 과학기술의 발달이 인간의 자연 지배에 도움을 준 것 같지만 실제로는 정복한 행위로 말미암아 인간의 행위 스스로가 제어되고 정복당하고 있는 것이다. 그리하여 결국 현재의 환경문제는 바로 인간이 스스로 저질러 놓은 일들에 대한 자연의 책임추궁이 아닐 수 없다.

2. 생태학적 위기와 환경윤리

1) 인간과 자연

오늘날 생태학적 위기와 관련하여 우리가 자연관을 되돌아보는 이유는 자명하다. 한마디로 현대 문명이 신봉하고 있는 자연관의 본질은 무엇이며, 이로부터 자연훼손과 환경파괴가 어떻게 야기되었는가를 묻기 위해서다.

이러한 질문이 나오게 되는 것은 오늘날 자연이 극도로 황폐화되어 가고 있으며, 그 피해의 정도는 인간을 포함한 지구에 존재하는 모든 생명체의 존립 위기마저 불러오고 있기 때문이다. 또한 환경교육을 함에 있어서 우리가 인간과 자연과의 올바른 관계를 잘 이해해야 하는 것은 인간의 환경을 구성하고 있는 모든 요소들은 상호 관련되어 상호작용할 뿐만 아니라 종(種) 내에는 자연을 근간으로 삼고 있기 때문이며, 인간 또한 자연의 한 부분이기 때문이다. 따라서 우리는 생태학적 위기의 본질을 파악하여 자연을 보는 시각을 바로세우고, 또 이를 극복하기 위해 앞으로 우리 인간의 삶은 어떠해야 하는지를 진지하게 생각해 보아야 한다.

자연(自然)[36]이란 개념은 일반적으로 두 가지로 나누어 설명되고 있는데, 하나는 구름과 하늘, 물과 바다, 나무와 산, 호랑이와 동물, 흙과 돌 등과 같은 존재들이라는 것이고, 다른 하나는 모든 존재 및 현상의 총칭인 '우주'와 동의어로서 '인간·문화'의 개념을 뜻하는 것으로, 전자는 소위 말하는 비인격적인 존재를 칭하는 반면에 후자는 상당히 포괄적인 의미로 사용되고 있다.[37]

기독교적 입장에서 볼 때, 자연은 하느님의 피조물로서 시간과 공간 안에 있는 모든 것을 의미하며, 더 나아가 전체 물리적 우주를 의미한다. 그러므로 자연을 말할 때는 땅, 산, 물, 공기, 바다 등을 포함하여 하느님이 우리에게 만들어 주신 것을 말한다.[38] 이러한 의미에서 자연을 확대하여 자연환경이라는 말을 사용할 수 있다.

자연의 개념에 대해서 정진홍은 장자(壯者)의 남화경(南華經) 17편 추수(秋水)의 내용을 인용하여 설명하고 있는데, 자연이란 "있는 그대로의 것으로서 인위(人爲)적이지 않는 것을 나타낸다." "자연은 본래적인 것이며, 아득한 때로부터 그대로 있어 온 것을 의미하기 때문에 자연은 언제나 실재(實在)하는 것, 나아가서는 존재 자체로 설명된다."[39]라고 기술하고 있다. 따라서 자연은 스스로 그러한 존재(自然)로서 다소 동서양의 개념이 다르기는 하지만 '생명(生命: 태어남, 성장, 사멸)을 가진 존재(存在)'라는 인식을 가지고 있음을 알 수 있다. 그러므로 자연은 생명을 가진 존재로서 비인격적인 존재일 뿐만 아니라 우주 전체까지도 포괄하는 개념이라고 말할 수 있다.

그런데 이러한 자연에 대해 우리 인간이 어떤 태도를 취하는가 하는 것은 이른바 세계관의 문제라고 할 수 있다. 이러한 세계관은 시대의 역사적 상황에 따라 각 개인의 개인적 사고와 행동 일반을 선행적으로 규정한다고 할 수 있다. 이와 관련하여 인류의 역사를 고대와 중세 그리고 근대로 나누어 살펴보면 다음과 같다.[40]

고대에서는 인간은 자연에 대해 수동적인 태도를 취하였다. 즉 인간은 능동적인 자연에 개입하여 자연을 변화시키려 하지 않고 오히려 자기 자신도 자연의 일부분으로서 자연에 따르고 순응하는 태도를 취했던 것이다. 고대 그리스인들의 세계관이나 동양인들의 세계관이 그러했다고 볼 수 있다. 그들에게 있어서 자연(physis)은 그 원래 의미에 있어서 신이나 인간이 만든 것이 아니라, 원래부터 그의 고유한 법칙과 구조를 지니고 그렇게 존재하는 것이었다. 바로 이러한 자연이 고대인들의 사고와 삶의 중심 개념이었다.

중세로 들어서면서 "제 스스로 그리고 그 고유의 법칙과 구조를 지니면서 존재하는 것"으로서의 자연은 부정된다. 자연은 원래부터 그렇게 존재하는 자립적인 것이 아니라 신의 '피조물'로 만들어졌으며 신에 의존하는 존재로 그 위상이 하락한다. 이 점에 있어서 인간도 역시 신의 피조물로서 신에 의존하는 존재일 따름이다. 그런데 이 경우 인간과 자연의 관계를 살펴본다면 자연에 대한 인간의 순응적, 수동적 태도는 고대에서와 마찬가지로 그대로 존속되었다. 즉 인간은 그의 인식에 있어서나 그의 실천에 있어서나 자연 속에 나타나 있는 신의 섭리에 겸손하게 따라야 하는 것이었다.

하지만 근세에 들어서면서 인간은 이제 자연에 대한 종전의 순응적, 수동적 태도를 완전히 버리고 능동적으로 그 스스로가 자연에 대해 '주인'으로 되고, '지배자'가 되고자 한다. 따라서 근세에서는 고대와 같은 자연(우주)중심주의(Kosmozentrismus)나 중세의 신중심주의 (Theozentrismus)는 완전히 퇴각해 버리고 인간중심주의(Anthropo-zentrismus)가 주도적 입장으로 등장한다. 즉 인간이 자연의 주인이며 지배자가 됨으로써 극단적으로 자기중심적이며, 이기적이고 탐욕적인 존재로 자리잡게 되었다.

이러한 과정을 사회생태론적 입장에서 머레이 북친(M. Bookchin)이 제기한 인간과 인간, 인간과 자연과의 관계[41]를 <표 Ⅱ-1>로 나타내면 다음과 같다.

〈표 Ⅱ-1〉 인간과 인간, 인간과 자연과의 관계

인간, 자연 / 사회	인간 / 인간	인간 / 자연
고대 유기적 공동체 사회	• 평등하지 않은 것들 간의 평등조화 • 진정한 자유 구현	• 조화, 애니미즘적
계급사회	• 평등한 것들 간의 불평등 • 인간이 객체화됨 • 균등이란 정의 속에서 맺어짐	• 자연의 객체화 • 인간과 분리된 자연 • 외부에 있는 실체 • 인간 지배(노동)의 대상
자본주의 사회	• 불평등 심화 • 인간의 상품화 • 적대관계와 경쟁	• 지배를 넘어선 착취의 대상

　결국 근세 이후 자연에 대한 인간의 전반적인 태도, 즉 이기적이고 탐욕적이며 비도덕적인 방식으로 자연을 지배해 온 태도 자체의 도덕성이 문제가 되기 시작하였다. 따라서 전통적으로 인간과 인간 또는 인간과 사회 간의 관계에만 국한되었던 윤리적 문제의 폭이 인간과 자연 간의 관계를 다루게 됨으로써 이제 인간만이 아니라 자연도 윤리적 관심의 대상으로 자리잡기 시작한 것이다.[42]

　그렇다면 과연 앞으로 인류가 자연에 대해 취해야 하는 이상적인 태도는 무엇인가? 우리는 그것을 '자연과의 공조(共助) 또는 협동(協同)'의 태도라고 부르고자 한다. 즉 자연을 인간이 살아가는 데 있어서 서로 도움을 주고받을 수 있는 대등한 상대자(파트너)로서 인정하는 것이다. 다시 말하면 "자연을 대상화(對象化)하지 말고 상대(相對)해야 한다."[43]라는 것이다. 그러자면 우선 인간의 교만, 자기중심

적인 사고방식과 행동방식을 버리고 인간 이외의 존재자도 인간 못
지않게 각기 그 고유의 권리와 가치를 갖고 있다는 것을 인정할 줄
아는 '겸손과 개방의 정신'이 필요할 것이다. 그런 다음 인간 이외의
존재자들과 상호 존중, 상호 협동하는 정신으로 교섭하는, 그리하여
자연으로부터 도움을 받으면서도 자연에게 도움을 주는 그러한 '새
로운 삶의 방식'을 만들어 나가야 할 것이다.

　자연은 인간들만의 공간도 아니고, 동물이나 다른 생물체들만의
공간도 아니다. 따라서 중요한 것은 인간과 다른 생명체들이 자연과
더불어 협조하고 조화롭게 살아가는 상생(相生)[44]의 길을 찾는 것이
다. 이러한 태도야말로 성숙되고 온전한 인격의 태도이며, 이 목표를
위하여 인류는 이제껏 자연과 더불어 그 길고 힘든 역사적 발전의
길을 걸어왔던 것이다. 이를 변증법으로 설명한다면 자연에 대한 일
방적 복종의 고대적 태도를 정(正)의 입장이라 할 때, 자연에 대한
일방적 지배의 근대적 태도는 반(反)의 입장이 되고, 앞에서 언급한
자연과의 협동적 태도는 합(合)의 입장으로 볼 수 있으며, 이는 역사
발전의 필연적 귀결이기도 하다. 이를 정리하여 역사적 발전 단계에
따른 인간과 자연과의 관계를 나타내면 <그림 Ⅱ-1>과 같다.

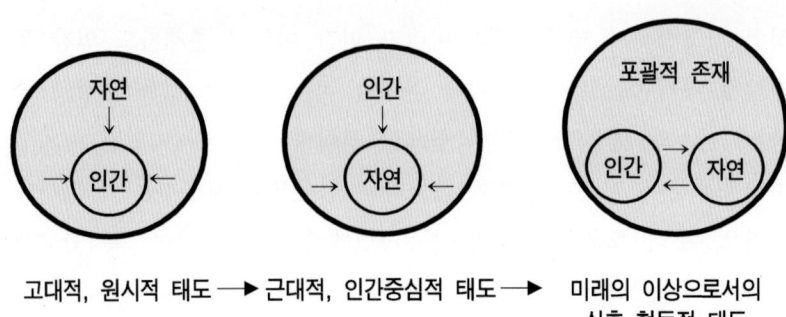

고대적, 원시적 태도 ➡ 근대적, 인간중심적 태도 ➡ 미래의 이상으로서의 상호 협동적 태도

인간이 자연의 포괄적이고 초인간적인 세력권 내에 포함되어 그 영향을 일방적으로 수용하고 있음.

반대로 인간의 막강한 세력권 내에 자연이 일방적으로 복종하고 있는 양상을 나타냄.

자연과 인간이 대등한 입장에서 서로 존중하고 서로 협력하되, 그 양자가 포괄적인 존재에 의해 연관되어 있음.

〈그림 Ⅱ-1〉 역사적 발전 단계에 따른 인간과 자연의 관계

그림에서 알 수 있듯이 지난 20세기 생태학적 위기는 근대 이성의 산물이었다. 근대 이성은 인간과 자연을 대상화하는 것을 통해 과학과 기술의 발전을 촉진한 결과, 인간은 자연으로부터 분리되었을 뿐만 아니라 인간 상호 간에도 분열을 일으켜 자연과 인간을 소외시켜 왔다.

그렇다면 탈근대의 사상적 기초와 이미지는 어떠해야 할 것인가? 우리는 자연의 연장으로서의 인간, 인간 상호 간 그리고 인간과 자연과의 공동 주체성의 형성이 사상의 수준에서가 아니라, 행위와 구조 그리고 제도의 수준에서도 실현되어야 한다. 다시 말하면, 인간과 자연의 건강한 관계와 인간과 인간의 평화적인 관계를 이루어야 한

다.[45] 이러한 관계야말로 21세기 인간사회의 존속을 위해 필요하며 절대 불가결한 것이라고 할 수 있다.

2) 환경과 생태계

환경(環境)은 일반적으로 다음과 같이 정의되고 있다. "환경은 인간들이 그것의 일부를 이루고 그것이 인간의 일부를 이루며 인간의 생존을 위해 상호관계성과 상호의존성을 가지는 복합망(complex web)이다."[46] 전헌호는 인간을 환경의 주체로 볼 경우에 인간을 둘러싸고 있는 환경을 크게 자연환경과 인간환경으로 구분한다. 그리고 자연환경은 다시 물리, 화학적 환경과 생물학적 환경으로 나누고, 인간환경은 다시 물리적 인간환경, 사회적 인간환경, 심리·영성적 인간환경으로 구분한다.[47]

일반적으로 '생태'라는 말보다 더 널리 쓰이고 있는 '환경'이란 말은 주거환경, 지구환경, 교육환경, 생활환경 등 복합 명사가 암시하는 바와 같이 인간이 자연과 관계하여 확보한 생활 터전을 의미한다. 따라서 "환경문제는 인간의 문제인 동시에, 항상 자연과의 관계에서 파생되는 문제만이 아니라 '인간의 사회적인 문제'도 포함한다."[48] 그리고 넓은 의미로 환경은 "우주를 형성하고 있는 모든 요소들의 실체"로 정의되며, 상대적 의미로는 "어떤 주체를 둘러싸고 주체에게 영향을 미치는 유형·무형의 객체의 총체"[49]라고 말할 수 있다. 여기서 우리는 환경을 말할 때 자연환경이 가장 기초적인 의미로 사용되고 있으며, 물리적 인공 환경, 사회적 환경까지 포함하여 사용하고 있음을 알 수 있다.

근래에 와서 환경을 이야기할 때 일반적으로 인간의 환경만을 지칭하는 제한적 개념으로 사용되고 있는데, 환경이 '조건', '둘러쌈'을 뜻한다면 그것은 언제나 '인간의 삶의 조건', '인간을 둘러싼 것'이라는 뜻으로 인간의 경우에만 제한적으로 적용되는 말이라고 할 수 있다. 가령, 오염, 생태계 파괴, 자연 훼손 등 문제를 이야기할 때 사용하는 '환경'에 전제된 생명체는 주로 인간을 뜻하며, 따라서 '환경'이라는 말은 인간의 삶의 조건을 두고 말하는 것으로, '환경'이라는 말이 결국 인간중심적으로 사용되고 있다는 뜻이다.

이러한 관점에서 김지하는 환경이란 개념을 "인간중심주의와 유물주의적 지구관의 그릇된 산물이며, 인간을 우주와 지구의 중심에 놓고 기타의 모든 생명계를 마치 죽은 물질들의 체계, 병풍이나 무대 장치 혹은 들러리쯤으로 치부해 온 근대 사상의 오류의 찌꺼기이다."[50]라고 하면서 환경 개념 자체에 무게를 두려 하지 않는다. 이와 같이 환경은 인간에게 필요·불필요의 존재로 인식되어 왔고, 환경이란 말 자체가 인간중심주의적인 발상에서 나온 것으로 보기도 한다.

여기서 우리는 '환경'이라는 말이 언뜻 보기와는 달리 서술적이 아니라 평가적 개념이라는 사실에 대해 주의할 필요가 있다. '환경'은 가치중립적으로 그냥 존재하지 않는다는 것이다. 그것은 반드시 어떤 기준에 따라 '좋다' 혹은 '나쁘다'라고 평가된 존재라는 것이다. 왜냐하면 모든 생명과 그것의 조건으로서 환경과의 관계는 가치중립적인 인과법칙에 따라 기계적으로 조립된 것이 아니라, 평가적 의미 해석의 규범에 따라 유기적으로 짜여 있기 때문이다. 또한 한 생명체의 욕망과 의욕과 목적을 떠난 '평가'의 의미를 가질 수 없고, 그 종류와 성질에 따라 생명체의 욕망과 의욕과 목적이 다른 이상, '환경'의 가치는 생명체의 종류와 성질에 따라 전혀 달리 평가될 수밖에 없다.[51] 따라서 '환경'이란 말이 인간중심적으로 사용되고 있는 한, 인간의 관점에서 상대적으로 평가될 수밖에 없으며, 이 같은 인간중심적 평가와 동·식물중심적 평가는 서로 상충될 경우가 많다.

다음으로 환경과 관련하여 생태계에 대해서 살펴보면, '생태계(ecosystem 또는 ecological system)'[52]라는 용어는 1935년 영국의 식물학자 탠슬리(A. Tansley)에 의해 제창되었다. 그는 동물이 식물에 의존할 뿐만 아니라 식물도 동물에 의존하며 동·식물 모두 비생물계와 밀접한 연관을 지니고 있음을 밝혀냈다. 그 결과 생물적 구성요소와 비생물적[53] 구성요소를 하나로 묶어 생각할 수 있는 '생태계'란 용어를 쓰게 되었다. 따라서 이 용어는 "생물군집 사이의 상호관계라는 의미에서 오늘날에는 자연현상에 대한 해석으로 확대되면서 인간을 포함한 생물·비생물적 물질의 총체적인 상호관계를 의미하는 말로 널리 쓰이고 있다."[54]

생태계는 다음과 같은 특성을 지니고 있다. 첫째, 생태계는 그 구성 요소들 사이에 밀접한 상호의존성과 함께 상호순환의 구조를 가진다. 둘째, 생태계는 자기조절능력을 지니고 있다. 러브록(J. Lovelock, 1972)의 가이아(Gaia)[55] 가설에 따르면, 생물권은 화학적·물리적 환경을 조절함으로써 지구를 건강하게 유지하는 능력을 가진 자기 조절적인 실체라는 것이다.[56] 다쉬(M. C. Dach)는 생태계의 특성에 대해서 ① 생태계는 개방 체계의 한 유형이며 역동적 안정 상태를 유지하며, ② 생태계는 하나의 질서이며 포괄적인 방식으로 구조화되어 있으며, ③ 생태계의 기능은 물질과 에너지의 계속적인 투입 및 운동을 포함하는데, 이는 먹이 수준을 통해 발생하며, ④ 생태계는 전일적(holistic)인데, 그 구성 요소들 간의 상호작용 틀 안에다 환경·생물학적 유기체들과 인간을 하나로 묶는다는 것이다.[57]

'환경'의 개념과 자주 같은 뜻으로 사용되는 '생태계'의 개념은 '환경'이란 개념과 마찬가지로 언제나 생명과 관계되며,[58] 이런 점에서 두 개념은 따로 뗄 수 없이 맞물려 있다. '생태계'의 개념은 '환경'이라는 개념과의 차이를 통해 그 뜻이 선명해질 수 있는데, 환경과 생태계는 다음과 같은 네 가지 관점[59]에서 서로 다르다고 할 수 있다.

첫째, 환경과 생태계는 다 같이 생명과 떼어 생각할 수 없지만, 이때 관계되는 생명은 전자의 경우 인간만을 뜻하는 데 반해 후자의 경우는 모든 종류의 생명체를 포함한다. 따라서 환경이 인간중심적인 개념이라면 생태계는 생물중심적인 개념이라고 할 수 있다.

둘째, 환경이 삶의 조건 혹은 둘러쌈을 뜻한다면, 생태계(ecosystem)는 삶의 장소로서의 거주지의 체계성을 뜻한다. 따라서 '환경'이라는 개념이 구심점(centripetal), 원심점(centrifugal)인 중심주의적 세계관을 나타낸다면, '생태계'라는 개념은 '관계적'이라고 이름 붙일 수 있는 세계관을 반영한다. 따라서 환경문제는 단지 자연환경이 문제가 되는 경우에만 생태학의 연구대상이 되지만, 생태학은 자연의 '체계'와 '모집단'을 탐구할 뿐 아니라, 동물보호와 같은 개별적인 자연물과의 관계하에 주어지는 문제에도 관심을 갖는다.

셋째, '환경'이 원자적·단편적 세계 인식 양식을 반영하는 데 비해, '생태계'는 유기적·총체적 세계 인식 양식을 나타낸다. 이런 세계 인식의 차이는 한편으로는 인간과 자연의 형이상학적 구별을 인정하는 세계관과 다른 한편으로는 그러한 것을 부정하는 세계관의 차이를 깔고 있다.

넷째, 보다 근본적으로 '환경'의 개념과 '생태계'의 개념적 차이를 형이상학적 시각에서 찾을 수 있는데, 환경과 생태계 사이의 세계관의 차이들 밑에는 보다 근본적인 형이상학적 차이가 깔려 있기 때문이다. 자연과 별도로 인간을 설정하는 인간중심적 사고를 반영한다는 점에서 '환경'이라는 개념이 이원론적 형이상학(dualism)을 함의한다면, 모든 생명의 뗄 수 없는 상호의존성을 강조하는 '생태학'이라는 개념은 일원론적 형이상학(monism)을 반영한다고 볼 수 있다. 이를 구분하여 비교·정리해 보면 <표 Ⅱ-2>와 같다.

〈표 Ⅱ-2〉 환경과 생태계

구 분	환 경	생태계
개 념	인간중심적 개념	생물중심적 개념
세계관	구심점(원심적) 세계관	관계적 세계관
인식 양식	원자적·단편적 인식	유기적·총체적 인식
형이상학	이원론적 형이상학	일원론적 형이상학

하지만 우리는 인간의 삶과 환경을 다른 생명체들과 따로 떼어서 생각할 수 없듯이 환경과 생태계를 구분하여 생각할 수 없다. 왜냐하면 인간의 삶과 모든 생명들은 무한하며 정확히 선을 그을 수 없는 고리에 의해서 직접 또는 간접적으로 밀접하게 관계되어 있기 때문이다. 특히 생태계 문제에서 생물과 비생물로 갈라서 생물학적 생명으로 한정해서 보는 것은 참다운 존재 의미와 만나지 못한다. "생태계는 단순한 생물들만의 연결고리로 형성되는 것이 아니라 하늘과 땅과 산과 물과 흙과 돌 등 모든 존재하는 것과 함께하면서 있는 것이다. 또한 환경은 기계론적 사고의 대상이 아니다. 생물과 비생물로 갈라놓고 생물의 존재 조건만을 문제 삼는 것은 환경이 아니다. 환경은 생물학적 생명만의 존재 조건이 아니라 모든 존재자의 존재 조건이다. 그리고 존재하는 모든 것은 생명을 가지고 있으며 살아 있는 것으로 존재한다."[60] 오늘의 환경과 생태계 문제는 바로 이러한 존재에 대한 새로운 이해로부터 시작하는 것이라고 볼 수 있다.

따라서 환경은 생태계의 맥락에서 보다 폭넓은 생명들 간의 고리의 하나로 이해되어야 한다. 우리는 이제 생태계를 따지지 않고는 환경을 논할 수 없으며, 다른 동물들과 따로 동떨어진 인간을 생각할 수 없다. 이처럼 우리의 관점이 인간중심적 사고에서 생태중심적 사고로 바뀔 때 '환경'은 '생태계'의 테두리 안에서 비로소 그 참된 의미를 갖는다고 하겠다.

오늘날 지구환경의 파괴와 생태학적 위기는 '21세기 살아남기'를 위한 가장 중요한 과제가 되었다. 이러한 관점에서 볼 때, "생태계와 환경은 '세상보기'의 새로운 방법으로 매우 중요하다고 하겠다. 경제도, 정치도, 문화도 그리고 도시, 농촌, 건축과 에너지 문제도 환경과 생태계를 보전해야만 인간이 살아갈 수 있다는 명제 앞에서는 전적으로 새로운 모습으로 보이게 될 것이다. 이런 의미에서 환경과 생태계는 세상을 보는 방법이며, 모든 것의 평가 잣대라고 할 수 있다."[61]

3) 생태학과 윤리학

생태학(ecology＝oikos, homestead, houshold(가계, 가정)＋logos, wisdom (학문))[62]은 '삶의 장소에 관한 학문 또는 과학', 구체적으로는 '생물과 그 환경의 상호작용을 연구하는 생물학의 한 분야'[63]라고 할 수 있다. 생태학에 대한 고전적인 개념 정의는 1866년 독일의 생물학자 에른스트 헥켈(E. Haeckel)에 의해 이루어졌다. 그는 생태학을 "유기체와 우리가 넓은 의미에서 생존조건이라고 여길 수 있는 그것을 둘러싼 외부 세계와의 관계에 대한 총체적인 학문"[64]이라고 정의하였다.

일반적으로 생태학의 성립요건[65]은 다음과 같은 네 가지 법칙으로 설명할 수 있다.

(1) 모든 생물은 다른 모든 생물과 연결되어 있다.
(2) 모든 것은 어디론가 간다. 즉 없어지는 것은 아무것도 없으며 하나의 분자로부터 다른 분자로 모습이 변하여 생물체 내의 생명의 과정에 영향을 주면서 단지 어느 장소에서 다른 장소로 이동할 뿐이다.
(3) 자연이 보다 잘 알고 있다. 즉 현재의 생물의 조직 혹은 천연

의 생태계 구조는 그것이 엄중하게 선별되어 이루어진 것이기 때문에 어떠한 새로운 것도 현재의 것보다 나쁘게 보인다는 의미에서 최선이다.

(4) 대가를 지불하지 않고는 아무것도 얻어지지 않는다.

이와 같은 생태학적 분석에 의하면 한마디로 지구 생태계는 전체적으로 연결되어 있는 하나의 유기적 통일체이며, 아무것도 거기에서 증가하거나 소멸하지 않으며 전체로서는 변화가 없다는 것이다.

"생태학 연구의 1차적 목적은 자연의 생태계 그 자체를 보다 정확하게 파악하는 데 있다. 그리고 생태학은 인간으로 하여금 인간이 얼마나 상호의존적이며, 또 동식물과 무기물과도 얼마나 상호의존적인가를 깨닫게 해 준다. 따라서 이러한 깨달음은 잃어버린 자연을 회복하고 더러워진 자연환경을 정화하고 모든 자연파괴의 행동을 멈추도록 촉구한다. 그러므로 긴 안목에서 보면 생태학은 자연보존과 인간의 생존에 있어서 매우 중요한 학문이라고 할 수 있다."[66]

이마미치 도모노부는 eco(oikos)를 넓은 의미에서 생식지나 생식권을 의미한다고 보고 '에코에티카(eco-ethica)'라는 새로운 용어를 사용하였는데, 이 용어는 "과학 기술을 환경으로 하는 현대 세계의 윤리라는 뜻으로, 인류의 생식권 전체에 걸친 윤리학"[67]이라고 기술하고 있다. 따라서 "생태학의 연구 대상은 주로 생물의 종과 그 터전을 보전하기 위한 자연 보호, 인간에게 필요한 자연과 오염문제 및 사회적 위기를 다루는 환경보호 그리고 인간에게 특수하게 요구되는 환경에 대한 연구 등 인류 생태학적 문제들을 포괄적으로 다룬다는 점에서 인간중심의 문명과 문화를 위해 자연을 재구성하는 환경학과는 구별된다."[68]고 하겠다.

또한 생태학(ecology)은 자연이 내적으로 분리적일 수 없음을 명확히 드러낸다. 20세기 초 생태학자들은 지구를 포괄적인 유기적 존재로 보았다. 생태학은 생태계를 이루는 모든 생물체들이 계층구조를 지니고 있으며, 동시에 생태계를 구성하는 모든 요소들은 서로 유기적인 관계를 맺고 있다는 것을 인정한다. 즉 생태계의 모든 생물체가 그렇듯이 인간과 생물체도 유기적으로 관계를 맺고 있는 만큼 인간과 자연의 분리를 통한 인간중심의 사회가 아니라 인간과 자연의 조화를 통한 인간과 자연의 공동체적 사회를 건설한다는 입장이다.

특히 "과학으로서의 생태학은 환경위기의 배경이 되는 근본적인 문제에 대한 사유 모델을 제공한다."[69] 생태주의자들에 따르면, 오늘날의 환경위기가 생태학적 지식 없이 과학기술을 앞세우고 경제적 이득을 취해 온 결과이며, 특히 자본주의의 존립 근거인 자연에 대한 지배, 기술, 대량생산, 소비 등 요인들과 산업중심주의적인 활동이 전 지구적 생존의 위기를 몰고 왔다고 주장한다. 따라서 생태학에 대한 관심과 여기에 근거한 사고와 생활양식의 전환이 이루어지지 않는다면 종국에는 인간을 포함하여 전 지구적 파국을 면치 못한다고 경고한다. 이러한 경고 이면에는 자연과 인간 사이의 새로운 윤리적 관계를 설정하지 않으면 안 된다는 신념이 깔려 있다.

그러므로 오늘날 우리가 직면한 생태학적 위기를 극복하기 위해서는 지금까지 유지된 환경과 인간의 관계뿐만 아니라 사회적·정치적 생활양식도 근본적으로 바뀌어야 한다는 것이다. 다시 말해서 현재

전 지구적으로 직면한 생태학적 위기가 이원론적인 근대적 세계관, 인간에 의한 인간의 지배, 자본주의 생산체제에서 유래한다고 본다면 생산조직과 기업형태는 물론 기술, 문화, 생활양식에 이르기까지 현재의 사회관계와 세계관이 근본적으로 재편될 때만 환경위기가 제대로 극복될 수 있다는 것이다.[70] 이러한 입장은 심층(근본)생태학,[71] 사회생태학,[72] 생태사회주의,[73] 생태마르크스주의,[74] 생태여성주의(Ecofeminism)[75] 등으로 분화·발전되어 왔다.

이에 비해 소위 환경주의 혹은 기술지향주의로 불리는 환경관리주의는 생태학적 위기의 원인을 도시화, 산업화, 소비구조 및 환경 파괴적 산업구조에 주로 둔다. 이 견해에 따르면 "현재와 같은 자원 이용이 계속될 경우 머지않아 성장이 한계에 도달하기 때문에 지속가능한 성장을 위해서는 성장과 환경의 조화에 바탕을 두고 있는 새로운 발전전략이 요구된다는 것이다. 과학과 기술은 이런 지속가능한 발전을 가능하게 해주는 핵심적인 조건으로, 기술의 발전을 통해 고갈되는 자원을 대체하고 환경오염을 감소시킬 수 있다."[76]라는 주장이다. 따라서 환경위기의 극복은 부분적인 개혁을 통해서도 얼마든지 가능하다는 믿음을 가지고 있다. 따라서 근대산업주의의 생산과 소비를 근본적으로 변화시키지 않고서도 환경문제를 해결할 수 있다고 보았다.

하지만 머레이 북친(M. Bookchin)[77]은 이미 1960년대부터 이른바 환경관리주의적 시도가 거의 성과를 거두지 못하게 되자 자신과 몇몇 생태문제 이론가 및 철학자들이 1970년대초 환경주의를 넘어서 '생태적 접근'[78]을 향해 나아가기 시작했다고 지적한다. 북친은 1982

년 『자유의 생태학』을 통해서 사회생태론에 대한 개념 정의 및 논의
를 개진하기 시작했는데,[79] 그 가운데 그가 주장하는 심층생태론과
사회생태론의 차이를 살펴보면 <표 Ⅱ-3>과 같다.

<표 Ⅱ-3> 심층생태론과 사회생태론

구 분	심층생태론	사회생태론
생태학적 위기의 원인	인간중심주의적, 이원론, 기계적, 근대적, 지배적 세계관	지배(인간지배 → 자연지배) 사회에 생태위기의 뿌리가 내림
중심점	생물중심주의적	인간중심주의도 생물중심주의도 아니며, 르네상스 초기의 인본주의
합리성	비합리적	합리적
처 방	생태의식의 회복, 생태적 저항	의식혁명에 의한 사회적 지배 관계의 근절이 자연지배를 근절 시킴

표에 따르면 심층생태론은 생태계를 살아 있는 존재로 보아 인간
이 그 생명을 말살해서는 안 된다는 주장을 펴고 있다. 물론 자기실
현(self-realization)[80]과 생명중심적 평등(biocentric equality)[81]을 핵
심 규범으로 삼고 있는 심층생태론은 생태계 보전에 효과적이고 또
한 기울어져 가는 지구의 저울추를 평형으로 되돌릴 만큼 근본적이
어서 상당히 존중될 만하지만 이에 대해 북친(M. Bookchin)은 인간
의 영역에서 너무 벗어나 자칫 반인본주의로 나아갈 수 있다고 신랄
하게 비판한다.[82]

따라서 북친은 생태학적 위기의 원인을 이해하기 위해서는 사회가
어떻게 조직되어 있는가를 살펴볼 필요가 있다고 하였다. 사회는 인

간의 창조물이며, 어떤 사회 형태들은 인간으로 하여금 자연을 지배하고 파괴하도록 조장하는 태도를 야기한다. 그러나 사회는 인간의 창조물이기 때문에 인간은 사회를 변화시킬 수 있다. 북친은 인간의 결정과 가치가 환경파괴의 중요한 원인이기도 하지만, 그것은 또한 환경문제 해결에서 중요한 역할을 할 수 있다는 점을 상기시켜 준다.

이러한 논의들을 바탕으로 생태학(자연)과 윤리학(인간)과의 관계에 대하여 일반적으로 3가지 입장으로 나누어 살펴볼 수 있다.

첫 번째 입장은 자연, 그 구성요소 그리고 이들 간의 상호의존성 등에 대해 생태학적으로 올바르게 인식하게 되면 근본적으로 새로운 윤리학, 즉 인간이 아니라 자연이 중심이 되는 새로운 윤리학이 필연적으로 생겨난다는 입장이다.

두 번째 입장은 생태학에서 발견된 제반 사실들 때문에 새로운 윤리학이 필연적으로 전개될 수밖에 없지만, 첫 번째 입장만큼 그 의미가 극단적인 것은 아니라는 것이다. 즉 생태학적으로 방향 지어져 있고, 생태학적인 자각에 그 바탕을 둔 규범윤리학[83]이라는 의미에서 새로운 윤리학이 필연적으로 생겨나게 된다는 것이다.

세 번째 입장은 생태계 전반에 관한 제반 발견들은 윤리학에 대한 근본적인 변혁을 필연적으로 결과하지는 않지만, 이러한 발견으로 인해 우리는 더 풍부한 정보를 바탕으로 도덕적 의무와 권리에 대해 보다 정확한 사유를 할 수 있게 된다는 입장이다.

맥클로스키(H. J. McCloskey)[84]는 그가 쓴 『환경윤리와 환경정책』에서 세 번째 입장을 옹호하고 있다. 하지만 환경에 관심을 갖고 있는 많은 윤리학자들은 우리의 도덕적 의무나 권리 그리고 본성을 생태학이 제공한 지식에 비추어 근본적으로 재검토해야 한다고 주장한다. 즉 우리에게 지금까지 알려지지 않고 무시되어 온 타인−지금 살고 있는 사람들과 앞으로 태어날 사람들, 제3세계의 사람들, 미래 세대의 사람들−에 대한 의무와 동식물의 종, 자연환경, 가치 있는 자연현상 등을 보전해야 할 의무에 관한 일반적인 도덕적 근거에 의거해서뿐만 아니라 개인적·사회적·종족적인 이해타산에 근거해서도 도덕적 의무의 본성을 재고해야 한다는 것이다. 따라서 세 번째 접근법을 통하여 우리 인간의 의무에 대한 고려 속에 환경과 생태계에 대한 고려가 함축되어 있다고 주장하는 생태학적인 도덕가들[85]이 등장하게 되었다.

"생태학은 철학에 많은 공헌을 한다. 이는 과학이 윤리학적 분석에 공헌하는 것과 마찬가지 방식이다. 생태학적 지식을 가질 경우, 우리는 세계에 대해 더 잘 알 수 있고, 윤리적 처방을 더 잘 내릴 수 있게 된다. 생태학적 이해는 새로운 통찰을 제공하기 때문에, 생태학에 기반을 둔 윤리학은 새로운 가치 평가와 처방을 내릴 수 있다고 기대할 수 있다."[86]

앞으로 우리가 도덕적 권리와 의무를 설명하고 그 토대를 마련하기 위해 필요한 생태학적인 윤리학의 본성은 종족의 보존, 미개척의 자연환경 보전지역, 가치 있는 자연현상 등과 같은 몇몇 영역에서 인간의 도덕적 권리와 의무가 갖는 본성을 고찰해 볼 수 있으며, 이러한 노력석 권리와 의무는 생태학을 포함한 제반 과학이 제공하는 지식에 비추어 재해석되고 응용되어야 한다. 따라서 우리가 윤리학의 추상적인 관점을 거부하고 생태학과 윤리학의 적절한 관계를 올바르게 이해하기 위해서는 먼저 실천적인 규칙을 윤리학에서 어떻게 고려할 것인가 하는 것이다. 이를 위해서는 생태학을 포함한 환경과학이 제공하는 사실 지식[87])에 토대를 두고 규범적 판단을 이끌어 내야 한다. 그래야만 소박함과 단순함에 기초하고 있는 윤리학적 가치판단으로부터 벗어날 수 있을 것이다.

4) 생태윤리와 환경윤리

근래에 대두되고 있는 윤리 가운데 생태와 환경을 문제 삼는 윤리를 '생태윤리(Ecological Ethics)' 또는 '환경윤리(Environmental Ethics)'라고 부른다.[88])

윤리학이 가치실천과 관련한 규범의 학문이라고 하는 점을 생각할때, 생태 또는 환경윤리는 환경 또는 자연에 대한 사람의 가치판단을 전제로 한다. 전통적인 윤리학이 사람과 사람의 관계를 다루어 왔던 점에 비추어 생태 또는 환경윤리는 사람과 자연의 관계에까지 그 범위를 확대시켜 다룬다. 이것은 전통적인 윤리학과 새로운 윤리학으로서의 생태윤리학 또는 환경윤리학이 다른 점이라고 할 수 있다.

우도 쉬렝크(Udo Schuklenk)에 의하면, 생태윤리 또는 환경윤리는 20-30년 전에 형성된 철학의 한 분야로 보고 있다.[89]) 이 분과가 다루는 문제영역은 인간과 자연과의 바람직한 상(象)이나 규범 또는 가치들을 설명하고 발전시키는 문제, 생태주의 논리 속에 숨겨져 있는 규범 또는 가치 등과 더불어 자신의 전제조건들을 명료하고 정확하게 하는 문제, 실질적으로나 도덕적으로 인간과 자연과의 교제를 결정할 원칙은 무엇이며, 환경과 자연을 보호해야 한다는 도덕적인 근거가 무엇인가 등 문제를 다룬다. 이러한 생태윤리 또는 환경윤리의 영역들을 다섯 부류로 나누어 살펴보면 다음과 같다.[90]

   (1) 대체로 인간을 중심에 세우고 모든 것을 인간과 관련시켜 인간에 복종시키는 인간중심적(Anthropozentrische) 윤리
   (2) 인간과 동물의 분명한 상이점을 전제로 하면서 동시에 인간중심성이 자연파괴의 핵심적 기능을 하였음을 받아들이지만 동시에 존재하는 것은 인간의 인식 법칙하에서만 판단할 수 있음도 인정함으로써, 자연과의 관계에서 인간의 이해관계는 인정하되 그것에 한계를 설정할 기준을 발전시킬 수 있다고 보는 방법론적인 인간중심적(Anthropozentrische) 윤리[91]
   (3) 고려의 범주를 모든 고통을 느낄 수 있는 피조물에게로 확대시킨 감각중심적(Pathozentrische) 윤리
   (4) 식물을 포함한 모든 대상을 인간 자신의 보호 대상으로 포함시킨 생물중심적(Biozentrische) 윤리
   (5) 생명 없는 물질도 보호할 가치가 있는 것으로 간주하는 전체론적(전일적)(Holistische) / 자연중심적(Physiozentrische) 윤리

  북친(M. Bookchin)에 따르면, 생태윤리는 심층생태론의 생물중심주의나 생물윤리와는 다르다는 것이다. 그의 말을 인용하면 "최소한 이 윤리는 자연에의 인간 개입이 내재적이고 불가피한 것"이라고 보기 때문이다.[92] 따라서 생태윤리는 인간이 지구를 보살피는 것을 자신의 한 부분으로 포함하고 있다. 또한 자의식화되고 자기성찰적이 된 자연이 존재할 가능성이 있다는 것을 포함한다. 이 존재가 바

로 인간이다. 만일 생태윤리가 이러한 인간 모습을 포착하지 못한다면 인간을 자연으로부터 분리시키거나(인간중심주의) 자연의 한 부분으로 설정할 수밖에 없다(생물중심주의). 이러한 관점에서 우리는 인간이 중심이 되어 자연과 환경을 자신의 수단과 도구쯤으로 생각하는 윤리가 아니라 인간과 세계가 생존을 위해 나란히 나아가야 한다는 윤리, 곧 생태윤리[93]가 바로 지구의 윤리가 될 수 있다는 사실을 깨닫게 된다.

이와 같이 윤리는 본질적으로 타인과의 공존(共存)을 위해 필요하다. 공존은 윤리와 도덕이 예로부터 추구해 온 가치며 기본 이념이라고 할 수 있다.[94] 특히 생태학적 위기를 자연과 다른 생명체들과의 공존의 위기라고 보았을 때, 생태윤리는 기본적으로 공존의 윤리인 동시에 그 공존 개념의 확대 적용을 요구한다.[95] 바로 이러한 이유에서 마인베르크(E. Meinberg)[96]는 슈바이처(A. Schweitzer)의 생명경외(生命敬畏, ehrfurcht vor dem leben) 사상이 보여주는 생태윤리적 의미를 높이 평가한다.

김경재는 그리스도적 입장에서 생태윤리의 정의를 다음과 같이 내리고 있다. "생태윤리란 우주 만유의 존재론적 구조와 유기체적 관계성을 자각한 성숙한 인간들이 자연 안에서 '중추신경망'의 역할을 하면서 절제와 조화와 서로 상보상생하는 윤리적 삶을 펴가면서 아름다움과 정의로움과 진실함의 삶을 위하여 더 큰 생명의 재단 위에 자기를 바치면서 살아가는 자세"[97]라고 하였다.

이렇게 본다면 생태윤리는 지구상에 인간이 그간 저지른 환경 및 생태파괴 행위를 반성하면서 인간중심적인 삶을 지양하고 모든 생물 또는 비생물들과 함께 살기 위해 인간과 세계가 함께 고민하는 데에서 시작된다고 볼 수 있다. 이는 피조물인 인간으로서의 도리이며, 세상을 위한 가치를 발견하는 것이다. 인간과 세계를 위한 '심미성(審美性)', '의로움', '진실함'이 요구되는 삶은 인간의 희생 그리고 그 희생으로 말미암은 여타의 다른 존재들의 '살림'인 것이다. 이러한 의미에서 생태윤리의 영역으로 감각중심적(Pathozentrische) 윤리, 생물중심적(Biozentrische) 윤리, 전체적(Holisische) · 자연중심적(Physiozentrische) 윤리를 지향하고 인간중심적(Anthropozentrische) 윤리를 지양하는 자세가 무엇보다도 중요하다고 할 것이다.[98]

이러한 윤리적 접근 방식은 인간과 자연의 관계에 대한 전통적인 인간중심적인 관점으로부터 탈피함으로써 인간 이외의 생명체, 생물−생태계 그리고 모든 생명을 가진 피조물 각각은 고유한 가치와 자기목적을 가지고 있으며 이들이 주체의 지위를 가지고 있다고 주장함으로써 생태적 위기에 대한 윤리학에의 요구에 대답하고자 한다.

생태윤리학이라는 이름하에 논의되는 이러한 입장에 대해서 구승회[99]는 생태윤리학이 자연환경을 보존하고 자연에 순응함으로써 이 지구 위에 살 미래의 전 세대를 포함하는 인간의 욕구와 관심이라는 관점에서가 아니라, 어떤 다른 근거 위에서 그럴듯한 의무를 논증할 수 있을지 의문을 제기한다. 그는 기본적으로 '생태윤리학'은 '자연윤리학'이라고 주장하면서 생태윤리학의 탐구영역은 과학으로서의 생태학의 탐구대상도 아니고, 소위 환경문제와 결부되어 있는 것도 아니라는 것이다. 생태학은 자연의 '체계'와 '모집단'을 탐구할 뿐 아니라, 동물보호와 같은 개별적인 자연물과의 관계하에 주어지는 문제에도 관심을 갖지만 환경문제는 단지 자연환경이 문제가 되는 경우에만 생태학의 연구대상이 된다는 것이다. 따라서 생태윤리학에 있어서 무엇보다도 중요한 것은 도덕적 규준을 세우는 일이다. 이는 곧 생태학적 행위 양식이나 목적 규정 혹은 그 이상들(생태도덕 혹은 생태윤리)과 '생태적 윤리이론' 간의 분명한 관계 설정이 이루어져야 함을 의미한다.

이러한 움직임은 생태윤리학을 환경윤리적 입장에서 인간과 자연 그리고 환경문제를 조명해 보려는 새로운 패러다임으로 자리잡게 되었다. 즉 근세 이후 인간은 자연에 대한 이전의 순응적, 수동적 태도를 완전히 버리고, 오히려 능동적으로 그 스스로가 자연에 대해 '주인' 또는 '지배자'가 되고자 함으로써 인간중심주의(anthropozentrismus)가 주도적 입장으로 등장하게 되었고, 이로 인해 공해니, 생태학적 위기니, 환경파괴니, 지구의 종말이니 하는 말들이 생겨나게 되었다. 이는 결국 자연에 대한 인간의 전반적인 태도, 즉 이기적이고 탐욕적이고 비도덕적인 방식으로 자연을 지배하고 착취해 온 태도 그 자체가 문제라고 할 수 있다. 이에 따라 근세 이후 인간이 자연에 대해 취해왔던 태도 자체의 도덕성이 이제 문제시되고 있는 것이다. 다시 말하면 자연에 대한 인간의 태도가 과연 윤리적으로 옳은 것인가, 만약 옳지 않다면 올바른 태도는 무엇인가를 되묻는 이른바 환경윤리(Environmental Ethics)의 문제가 등장하기에 이르렀다.

우리는 지금 오늘날의 생태학적 위기 문제를 극복하기 위해서는 그 근본 원인이 되는 자연에 대한 근대적인 지배적, 정복적 태도를 버리고 다시금 고대적인 순응적, 순종적 세계관으로 되돌아가야 할 것인가? 과연 자연에 대해 우리 인간이 일방적으로 복종하던가, 아니면 일방적으로 지배하던가, 이 둘 중 하나를 양자택일할 수밖에 없는 것인가? 이러한 문제는 자연과 환경의 문제에 직면해서 오늘날 우리가 환경윤리적 차원에서 심각하게 다루지 않으면 안 될 중요한 문제라고 할 수 있다.

환경윤리학자들은 인간이 자연과 동등한 입장에서 자연계에 참여할 때에만 생태학적 위기는 극복되며, 나아가 진정한 의미에서의 생명력을 보장받을 수 있다고 주장한다. 이제 우리는 자신에 대한 관심에만 만족할 것이 아니라, 인간을 포함한 모든 생물(또는 비생물까지도)들의 터전인 전 지구의 모든 존재에 관심을 돌려야 할 때다. 우리가 살고 있는 지구는 이른바 생태적 공동체(biotic community)이다. 생태적 공동체 의식에서 나오는 자연관은 우리의 행동이 뒤에 올 세대들과 다른 생물들에게 장기적인 영향을 미치기 때문에 당장 눈앞에 이익을 위해 장기적인 대가를 지불해야 하는 어리석음을 저질러서는 안 된다는 것을 가르쳐 준다. 우리는 모든 생물이 의존하고 살아가는 자연과 협조하고 그것을 가꾸고 아껴야 하는 청지기의 책임을 깨달아야 하며, 자연 앞에서 겸허해야 한다.[100] 이러한 자연관에 입각한 세계관으로의 전환을 우리는 '패러다임의 변화'[101]이거나 '생태윤리(Ecoethics)'[102]라 칭해도 무방할 것이다.

3. 생태학적 위기 극복을 위한 대안 모색

1) 생태학적 위기 문제를 보는 관점

인간의 존속을 위협하는 발생가능한 재앙은 크게 세 가지로 나누어 볼 수 있다. 인구증가의 한계 초과, 대량 살육 무기의 증대 그리고 환경·생태조건의 한계치 도달이 그것이다. 여기에서 두 가지는 쉽지 않지만 그래도 인간의 의지와 노력으로 예방가능한 문제다. 그러나 환경·생태문제는 그 한계치에 도달하고 나면 그때는 아무리 높은 자각에 입각한 인간의 의지와 노력도 아무 소용이 없게 된다. 이 문제야말로 우리 인간이 지금 바로 크게 각성하여 전 지구적으로 대처하지 않으면 안 될 중대한 문제라고 할 수 있다.

생태학적 위기의 문제인 환경·생태문제(environmental & ecological problems)는 인간을 포함한 자연 전체의 상호관계 혹은 그로부터 파생되는 여러 '실천적인 문제'라고 할 수 있다. 앞에서 생태학의 개념에 대해 살펴보았듯이 인간 이외의 생물들이 지닌 생명가치의 문제를 포함한 환경·생태문제는 단순한 이론상의 관심사가 아닌 심각한 현실문제로 대두되고 있으며 이를 어떻게 보느냐에 따라 인류의 장래뿐만 아니라 생명계 전체의 운명이 좌우될 상황에 놓여 있다. 이러한 관점에서 환경·생태문제와 관련하여 현재 거론되고 있는 여러 주장들을 크게 구분하여 본다면 대략 다음과 같은 두 가지 시각으로 나누어 살펴볼 수 있는데, "그 하나는 종래 계몽사상의 연장선상에 서 있는 인간중심적(anthropocentric) 관점이며, 다른 하나는 새롭게 대두되고 있는 생태사상을 바탕에 둔 비인간중심적(non-anthropocentric) 관점이다. 앞의 것은 주로 '환경'을 문제 삼는다면, 뒤의 것은 주로 '생태'를 문제 삼는다."[103]라고 할 수 있다.

인간중심적 관점에 따르면, 동식물이나 자연환경은 기껏해야 인간적 가치의 실현에 공헌하거나 인간의 본래적 가치(intrinsic value)[104]로부터 파생되는 도구적 가치(instrumental value)[105]만을 지니기 때문에 우리 인간은 다만 간접적인 책임을 질 뿐이라고 주장한다. 이러한 견해를 '도구적 가치 접근'이라고도 하며, 전통적인 윤리학 대부분이 이러한 입장을 취해 왔다. 1980년에 들어와 심층생태학(Deep Ecology)과 윤리학의 결합을 계기로 새롭게 시도되고 있는 비인간중심적 관점은 인간 이외의 존재들도 본래적 가치를 지니는 것으로 간주하고, 우리 인간이 직접적인 책임을 져야 한다고 주장한다. 이러한 견해를 '본래적 가치 접근'이라고 한다.[106]

계몽사상은 본래 서구의 과학사상과 함께 성장해 온 것으로 각종 권위와 횡포와 착취로부터 인간을 보호하고 인간이 지닌 이성의 힘을 바탕으로 자연 속에서의 인간의 생활 여건을 향상시키려는 일종의 인간해방사상이라고 할 수 있다. 여기에는 인간의 가치를 극대화시키고 나머지 모든 가치를 이 가치 안에 종속시키려 한다. 따라서 오늘날 환경문제를 보는 관점에 있어서도 환경문제의 근원을 기본적으로 인간의 장기적인 생존을 위해 환경이 지니는 중요성을 제대로 인식하지 못했던 데에서 찾으려 한다.

이러한 관점에 따르면, 인간의 생존 여건 향상을 위한 최근의 노력들이 오히려 환경을 심각하게 훼손시키고 있음은 사실이나, 이는 인간의 무분별한 개발정책과 방만한 생활태도가 초래한 부작용에 해당하는 것일 뿐, 인간을 중심에 둔 가치의 문제와는 무관한 것이라고 본다. 오히려 인간에 대한 가치를 더 한층 고양시키고 이를 위한 환경의 중요성을 일깨움으로써 우리의 생활 태도를 친환경적인 것으로 바꾸어 나갈 수 있으리라는 것이다. 좀 더 구체적으로는 환경파괴적인 생산 및 소비양식을 지양하고 환경기술과 환경산업을 조장함으로써 이른바 '생태적으로 건전한 지속가능한 개발'을 도모해 나가야 한다는 것이다.

이러한 인간중심적 관점에 비해 좀 더 깊은 생태사상에 바탕을 둔 비인간중심적 관점에서는 바로 이러한 인간중심적인 개발 그 자체가 환경문제의 주범이므로 이러한 인간중심적 사고를 폐기하고 생태계의 내재적 가치[107]를 부여하는 새로운 사고의 틀을 찾아 나가야 한다는 입장을 취한다. 우리가 환경에 대해 인간을 위한 도구적 가치만을 인정할 경우 인간을 위한다는 명목에서 환경이 파괴되는 것은 불가피한 일이며, 따라서 장기적으로 보면 인간의 생존을 위해서도 위험한 결과가 초래된다는 것이다.

이러한 관점은 물론 환경보전의 차원에서 선호될 수 있을 관점임에는 틀림없으나 실용적 측면을 떠나 환경 그 자체에 내재적 가치를 부여할 독자적 논변을 마련해야 하는 난점을 가지고 있다. 이 주장의 가장 강력한 논지가 바로 이러한 자세를 취하지 않을 경우 초래될 부정적 상황을 제시하는 것인데, 이것만으로는 이러한 상황을 방지하기 위한 방편적 가치, 즉 위장된 도구적 가치에 머무르고 마는 것이다. 다시 말하면 엄격한 인간중심적 생명가치를 취한다 하더라도 결국은 이 주장과 완전히 동일한 결론에 도달하리라는 것이다.

이 관점 자체가 지니는 한 가지 독자적 논변의 근거로 인간은 물론 인간 이외의 모든 자연물들도 동등한 내재적 가치를 지닌다고 하는 원칙을 설정해 볼 수도 있겠으나, 이 경우 이러한 원칙이 얼마나 현실적으로 설득력을 지니느냐 하는 문제를 떠나서도 이 원칙을 수용할 경우 모든 것에 대한 경중을 배제하는 결과가 되어 실제로 행위를 위한 아무런 지침의 구실도 하지 못하게 된다. 좀 더 현실적 의미를 지닐 수 있는 관점으로는 인간을 포함한 모든 자연물에 대하여 '자연 그대로의 모습'이 최선의 가치를 지닌다고 하는 주장이 가능하다. 이는 오래전부터 존재해 온 자연주의적 관점에 해당되나 이것 또한 '밀림의 법칙'을 인정하는 힘의 논리로 귀착되는 위험을 지닌다고 할 수 있다.

그러면 인간중심주의에서 벗어나면서도 위의 주장들과 구분되는 한 가지 명백한 논지는 '생물(생명)중심주의'[108]이다. 이는 인간뿐 아니라 모든 생명체에 대해 본원적 생명가치를 부여할 수 있다는 주장이다. 인간이든 여타 생물체든 간에 모든 살아 있는 것은 일정한 내재적 가치를 가진다고 보는 것이다. 그러나 일견 타당해 보이는 이 주장 역시 적지 않은 문제점을 지닌다. 이미 위에서 지적한 바와 같이 모든 생명체들의 생명가치는 모두 내등한 것인가, 만일 대등하다면 어디까지를 생명체로 인정해야 할 것인가 그리고 대등하지 않다고 본다면 그 차이는 어떻게 결정할 수 있는 것인가 하는 문제들이 따라오는 것이다.

이와 관련하여 제안될 수 있는 한 가지 가능한 구획은 이들이 이른바 '의식'을 지녔는가 그렇지 않은가 하는 점이다. 흔히 '의식중심주의'라 불리는 이 관점에 의하면 의식을 지닌 생물들에 대해서는 그에 적합한 응분의 가치를 인정하자는 것이다. 이러한 관점은 기본적으로 인간과 그 어떤 심정적(心情的) 공감대를 형성할 수 있는 것이므로 적어도 심정적 차원에서 상당한 호소력을 가진다고 할 수 있다. 그러나 인간 이외의 생물체들에 대해 그들의 의식을 어떻게 파악할 수 있으며, 또 그 의식의 정도라는 것이 가치의 척도로 작용할 수 있는가 하는 문제에 다시 부딪히게 된다.

   이러한 문제점들을 지니고 있음에도 불구하고 최소한 인간중심주의의 한계를 벗어나기 위해서는 생명가치에 대한 그 어떤 규정이 요청되며, 이를 위해서는 다시 무엇이 생명이고 무엇이 생명이 아닌가 그리고 더 나아가 생명이란 도대체 무엇인가 하는 근원적 문제를 살펴나가지 않을 수 없다. 그리고 이러한 생명의 일부로서의 인간은 무엇이며, 이러한 인간은 생명의 세계 안에서 어떠한 위상을 지니는 존재인가 하는 문제들을 살펴 나가야 할 것이다.[109]

   이상과 같이 생태학적 위기 문제를 보는 관점을 종합적으로 정리해 보면 <그림 Ⅱ-2>와 같다.

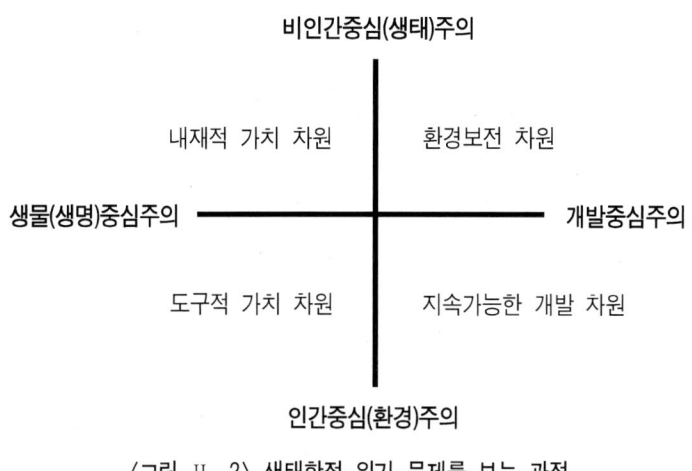

비인간중심(생태)주의

내재적 가치 차원   환경보전 차원

생물(생명)중심주의 ━━━━━━━╋━━━━━━━ 개발중심주의

도구적 가치 차원   지속가능한 개발 차원

인간중심(환경)주의

〈그림 Ⅱ-2〉 생태학적 위기 문제를 보는 관점

2) 생태학적 위기 극복을 위한 대안 모색의 필요성

이미 앞에서 논의된 생태학적 위기는 한마디로 '총체적인 존재 위기'라고 볼 수 있다. 왜냐하면 자연과 생태, 자연환경과 인간환경, 자연적 존재와 인공적 존재의 구별 없이 모든 존재가 전체로서 함께 이 위기 속으로 빠져 들어가고 있기 때문이다. 그리고 이러한 생태학적 위기의 원인은 바로 우리 인간 자신이라고 할 수 있으며, 지구상에서 지금까지 지속되어 온 인간의 존재양식 자체가 그 원인이라고 할 수 있다. 여기에는 인류가 지금까지 이룩해 온 문화와 문명 전체기 그리고 인간의 삶의 모든 영역들 전체가 함께 관련되어 있다. 따라서 이 위기를 규명하는 것도, 또 이 위기에 대처하고 극복하는 방안을 모색하는 것도 모든 학문 분야를 포괄하는 종합학문적 이해와 접근이 요구된다.

따라서 21세기 생태학적 환경위기를 극복하기 위해서는 '환경' 관련 제 학문 분야도 지금까지 산업문명 안에서 내재화된 우리의 이념적 패러다임, 즉 철학·윤리·세계관뿐만 아니라 사회적 패러다임으로 국가 발전의 목표와 수단, 평가기준, 사회적 가치관, 정치·행정·경제체제, 과학기술체제, 위기관리수단, 국제질서 등이 '생태문명'의 패러다임 안에서 학문 내용이 구체화되어야 한다. 특히 "환경문제가 지니고 있는 본질적이고 구조적인 특성을 고려하여 환경문제 해결을 위한 학문적 접근방법으로 역사·철학적 접근, 제도적 접근, 경제적 접근, 과학기술적 접근, 국제적 접근 등으로 종합적인 제 접근이 이루어져야 하며, '환경' 관련 학문 분야의 제도와 내용도 '산업문명'에서 '생태문명'의 패러다임으로 전환되어야 한다."[110] 이를 표로 나타내면 <표 Ⅱ-4>와 같다.

〈표 II−4〉 산업문명과 생태문명의 이념적 · 사회적 패러다임으로의 전환

구 분	산업문명 ⇒	생태문명
이념적 패러다임		
철 학	서양철학(이성, 합리성)	동양철학(감성, 직관)
	기계론적 / 이원적 / 직선적 / 원자적	유기체적 / 전일적 / 일원적 / 역동적
윤리(학)	개인의 자유중시, 편리주의, 경쟁	공생, 공동선, 협동, 지속성
세계관	'인간의 자연에 대한 우월적 지위'	'인간과 자연의 조화적 지위'
	(인간중심주의)	(생태중심주의)
사회적 패러다임		
목 표	산업화와 경제성장(성장〉보존)	환경과 문화복지(성장 = 보존)
목표수단	자연의 정복에 의한 대규모 개발	지속가능한 발전(ESSD)
평가기준	경제적 효율성(quantity of life)	사회적 효율성(quality of life)
사회적 가치관	크고, 높고, 많은 것	Small is Beautiful
행정체계	중앙중심주의(centralization)	지방중심주의(decentralization)
정치체계	자유주의(산업입국)	Ecotopia(환경입국)
경제체계	자유주의 경제구조	환경친화적 경제구조
과학기술체계	기술낙관주의(Hard Technology)	Gaia주의(Soft Technology)
생산 · 소비	대량생산, 대량소비	성장한계론
	(자원의 무한성)	Green Consummerism
위기관리수단	Reform Environmentalism	Ecocentrism
접근방법	분석적	총체적
기 간	단기적	장기적
국제질서	자국중심	범시구중심

A. Naess(1990); Devall & Sessions(1985); Stering(1992); Carter(1993); Milbrath(1989); F. Capra(1982) 등에서 재구성함.

이와 같이 최근에 들어 인류의 위기가 보다 구체화되면서 몇몇 학자들을 중심으로 생태학적 환경위기 상황을 극복하려는 시도로, 자연은 무수히 많은 생물과 비생물로 구성되어 있으며 인간도 그러한 자연의 일부라는 인식이 강조되기 시작했다. 인간만이 생태계의 질서에서 예외일 수는 없으며, 결국 현재와 같은 생태학적 위기와 그로 인한 지구 생존의 위협이 닥치고 있는 시점에서 그 주된 원인 제공자인 인간의 획기적인 의식의 전환이 필요하다고 하겠다. 다시 말하면, 우리 인간들에게는 인간중심주의 세계관에서 탈피하여 생태학적 의식, 즉 생태중심주의 세계관이 무엇보다도 필요하다는 것이다.

이러한 생태중심주의 세계관은 생태계를 이루는 모든 생물체들은 계층구조를 지니고 있으며, 동시에 생태계를 구성하는 모든 요소들은 서로 유기적인 관계를 맺고 있다는 것을 인정한다. 생태계의 모든 생물체가 그렇듯이 인간과 생물체도 유기적인 관계를 맺고 있는 만큼 인간과 자연의 조화를 통한 인간과 자연의 공동체적 사회를 건설하는 것이 절실하다는 관점을 생태주의[111]는 확고하게 견지한다.

따라서 생태주의자들은 생태학적 위기 극복을 위해 지금까지 유지된 인간과 자연의 관계가 근본적으로 바뀌어야 하며, 특히 사회적, 정치적 생활양식이 대폭 변화되어야 한다는 점을 부각시키고 있다. 다시 말해서 생태주의는 현재 전 지구적으로 직면한 환경위기가 이원론적인 근대적 세계관, 인간에 의한 인간의 지배구조, 자본주의 생산체제에서 유래한다고 봄으로써 생산조직과 기업형태는 물론 기술, 문화, 생활양식에 이르기까지 현재의 사회관계가 재편될 때만 환경위기가 제대로 극복될 수 있다는 점을 강조한다.[112]

사실 대부분의 생태학자 및 환경윤리학과 생태윤리학에 관심을 가진 학자들은 인간의 존속에 염려를 할 뿐, 자연에 대한 인간의 도덕적 관심에 대해서는 극히 일부만이 관심을 표명하고 있다. 하지만 이제 지구 생태계의 안녕과 지구에 살고 있는 구성원, 생명 없는 구성체의 안녕에 대해서도 사람들이 관심을 가지기 시작했다. 생태학적 위기를 지적하는 대부분의 학자들은, 만일 우리가 생태학의 법칙과 사실에 관하여 충분히 이해할 수 있고 적절한 조치를 취할 수 있다면, 우리 앞에 닥칠 생태학적 위기를 사전에 방지할 수 있다고 믿고 있다. 맥클로스키(H. J. McCloskey)[113]는 이러한 작업은 과학적 작업이 아니라 '철학적 작업'이라고 주장한다.

독일의 교육학자이며 철학자인 마인베르크(E. Meinberg)[114]는 생태학적 위기는 기본적으로 자연과 인간 사이의 관계의 위기이기 때문에 이 위기에 대한 고찰은 인간과 자연의 관계에 대한 고찰이며, 바로 이 관계에 대한 고찰이야말로 여러 가지 차원과 관점 및 문제영역들을 포함하는 매우 포괄적인 철학적 작업이라고 주장한다.

그는 생태학적인 위기의 원인을 전적으로 인간 행위와 인간의 삶의 방식에 있다는 견해로부터 출발한다. 즉 위기의 원인은 바로 인간 자신이며, 이 위기의 근원 역시 인간에게서 찾아야 하고, 그에 대한 책임 소재도 역시 인간이라는 것이다.[115] 따라서 생태학적 위기의 전체적 이해와 총괄적 조망을 위해서는 여러 분과 학문들의 경계선을 넘어서는 상호연계와 종합적 조망이 필요하며, 바로 이것이 철학의 과제로 받아들여져야 한다는 것이다. 그는 생태문제와 관련하여 지금까지 상당수의 철학적 연구들 대부분이 생태윤리학과 자연철학에 치중해 왔음을 지적하면서 앞으로 생태 위기와 관련하여 자기의 과제를 철학의 여러 분과들 중에서 특히 '철학적 인간학(philoso-phische anthropologie)'에서 찾아야 함을 강조한다.

원래 철학은 존재 전체를 탐구대상으로 하며, 모든 분과 학문들의 대상 영역을 넘어서는 포괄적 시야를 추구하며, 또 인간 존재의 전체적이며 본질적인 모습을 밝혀내는 것이 항상 철학의 핵심적인 관심사였기 때문에 결국 '인간이란 무엇인가?'라는 문제가 이제 새롭게 제기되지 않을 수 없는 이 상황에서 철학적 인간학이 자기의 과제를 찾아 나선다는 것은 지극히 당연한 것이라고 할 수 있다. 하지만 생태학적 위기 시대에 대답하는 철학적 과제는 철학의 다양한 영역-자연철학, 인간학, 역사철학, 윤리학, 정치·경제의 철학, 철학사의 철학 등등-으로부터 총체적으로 접근해야 하기 때문에 매우 어려운 과제임에는 틀림없다. 지금까지 철학이 생태학적 위기에 대해 적극적인 대답을 시도하지 못하는 이유도 바로 여기에 기인하는 것인지도 모른다. 그러나 철학은 존재자 전체뿐만 아니라 지식의 총체와도 관련을 맺고 있기 때문에, 철학의 모든 영역을 이 분야에 통합시킬 수 있다는 바로 그런 이유로 생태철학(Ecological Philosophy)[116]은 거꾸로 매우 유망한 철학의 한 분과가 될 수 있다.

그러므로 우리는 다층적 접근이 요구되는 생태철학에 대해 깊이 숙고함으로써 인간 지식의 통합이라는 철학 본래의 이념을 회복하는 역할을 할 수 있을 것이다. 지식의 분화가 철학을 몰락하게 하고 오늘날 '생태학적 위기'를 가져온 이유라면 사회과학적 지식과 자연과학적 지식을 통합하는 총체적인 교육이 진정한 의미에서 인간을 성숙하게 할 것이고, 위기시대에 대처하는 진보적인 인간을 만들 수 있을 것이다. 또한 "생태철학은 생태학적 위기를 이론적으로 탐구하고, 실천적으로 해소하려는 다른 개별과학에도 도움을 줄 수 있다. 왜냐하면 철학은 개별과학의 역사적 위상을 지식의 총체 속에서 파악함으로써 개별과학이 대답하지 못하는 한계를 지적하고, 개별과학이 풀어야 할 새로운 문제가 무엇인지 암시함으로써 개별과학들 간의 가교 역할을 할 수 있기 때문이다."[117]

여기에서 우리는 생태학적 위기에 대한 관심을 크게 두 방향으로 집중할 수 있다. 하나는 이 위기의 제반 상황들의 원인이 무엇인가를 밝히는 것이며, 다른 하나는 이 위기를 극복하거나 이에 대처하기 위한 방안이 무엇인가를 찾아내는 것이다. 그리고 이 위기의 원인과 위기 극복을 위한 대응방안이 서로 상관관계에 있음은 당연하다. 우리는 거의 모든 생태철학자들에게서 철학의 변화나 전환 또는 수정에 대한 여러 가지 형태의 요구들을 본다. 예를 들면 기존의 철학, 특히 서양 근대 철학에 기초한 가치관과 자연관이 지나치게 인간중심주의(anthropocentrism)에 빠져 있었다는 비판이 가해지면서 이를 대체할 새로운 가치관의 기초를 생태중심주의(ecocentrism) 또는 우주중심주의(cosmocentrism)에서 찾는 경우가 그것이다.[118] 그들은 21세기를 위한 정치-경제체제의 새로운 패러다임은 생태중심의 패러다임으로 바뀌어야 함을 역설한다.

오늘날 우리가 직면하고 있는 생태학적 위기는 인간의 '거주공간'에 해당되기 때문에 바로 생태학적인 성격을 가지고 있다. 따라서 위기에 처해 있는 것은 기술문명의 생산성이 아니라 기술문명의 가능성의 조건이라고 할 수 있는 "인간과 세계의 관계"[119]라고 할 수 있다. 이러한 맥락에서 한스 작세(H. Sachsse)는 "기술적인 문제의 해결이 아니라, 윤리적인 문제의 해결이 우리의 미래를 규정하게 될 것이다."[120]라고 단언한다. 이와 함께 한스 요나스(H. Jonas)는 기술권력에 의해 상실된 인간의 고유한 자주권을 회복하는 것, 즉 자율화된 자기파괴적 기술권력을 통제할 수 있는 권력을 지향하는 것이 미래의 생태학적 책임윤리라고 하였다.[121] 그는 현재의 환경위기를 극복할 수 있는 생태윤리의 목적론적 방향은 윤리의 영역을 인간 상호 간의 관계에서 인간과 자연의 관계로 확장해야 한다고 주장하였다.[122] 이렇게 볼 때, 오늘날 생태학적 위기를 극복하기 위해서는 내면적으로는 인간의 욕구를 다양하게 파악하고 발전시킬 필요가 있으며, 외면적으로 욕구를 충족시키는 방식에 따라 자연도 역시 다양한 자원으로서 그 가치가 인정되는 방향으로 모색되어야 할 것이다.

이와 같이 오늘날 우리가 겪고 있는 생태학적 위기 극복의 대안으로 모색해 볼 수 있는 방법에는 여러 가지가 있을 수 있겠지만[123] 본서에서는 앞에서 논의된 맥락에 따라 특히 윤리가치에 의한 방법적 측면을 고려해 보고자 한다.

"생태학적 위기 극복을 위한 '윤리가치에 의한 방법'은 오늘날의 환경문제는 단순히 '과학기술적인 방법'이나 '사회체제에 의한 방법'만으로는 불가능하고 '윤리가치'에 의해서만 해결이 가능하다고 보는 방법이다."[124] 즉 과학기술적 대책이나 사회체제적 대책은 형식적·표면적인 해결책에 불과하지 않기 때문에 이러한 문제들을 발생시키는 구조적인 원인을 파악하고 그에 대한 근원적인 대응방안을 모색하기 위해서는 "윤리가치에 의한 방법으로 해결"해야 한다는 것이다. 이러한 생태학적 위기 극복 방법이 '생태윤리학(Ecological Ethics)' 또는 '환경윤리학(Environmental Ethics)'을 등장시켰다.

"환경윤리학은 인간의 자연에 대한 윤리적인 가치판단을 탐구하는 학문으로, 인간의 자연에 대한 도덕적인 가치판단의 기준은 견해에 따라 차이가 있지만 보통 '생태학적 양식(ecological conscience)'에 의해 선과 악으로 판별된다."[125] 그리고 인간의 '생태학적 양식'을 증대시키는 것은 바로 자연보전과 환경의 질을 향상시키는 것이다. 이를 위해서는 무엇보다도 생태학적 지식에 기반을 둔 환경교육,[126] 그 중에서도 특히 환경과 윤리의 교량적 역할에 기여하는 환경윤리교육이 절대적으로 필요하다고 하겠다.

생태학적 위기는 넓게 보면 문명적 위기를 극복하는 새로운 사고방식과 생활방식을 요청하고 있다. 이러한 요청에 응답하려는 것이 바로 '생태학적 관점(ecological perspective)'이라고 할 수 있으며, 그중에서도 특히 생태학적 관점에서 바라보는 '생태윤리학(Ecological Ethics)' 또는 '환경윤리학(Environmental Ethics)'은 근대적 질병을 치유하는 중요한 패러다임을 제공함과 동시에 환경윤리교육에 대한 새로운 지평을 열어 줄 것이다.

지금까지 논의된 생태학적 위기 극복을 위한 대안들을 정리해 보면 다음과 같다.

첫째, 생태학적 위기에 대처하고 극복하는 방안을 모색할 때 모든 학문 분야를 포괄하는 종합학문적 이해와 접근이 필요하다.

둘째, 생태학적 위기 극복을 위해서는 인간중심적인 세계관에서 탈피하여 생태중심주의의 세계관으로의 의식 전환이 무엇보다도 요구된다.

셋째, 생태학적 위기 문제의 원인을 인간으로 볼 때, 과학적 접근보다는 철학적 접근을 통한 윤리적인 문제 해결이 보다 근원적이라고 할 수 있다.

넷째, 생태학적 위기 극복을 문제 해결 방법은 윤리가치에 의한 방법, 즉 생태윤리학 또는 환경윤리학을 통하여 생태학적 양식을 증대시키는 교육이 필요하다.

다섯째, 이러한 교육은 생태학적 양식을 증대시키고 생태학적 관점에서 생태학적 사고방식과 생활방식을 길러 주는 환경윤리교육으로 나아가야 한다.

따라서 앞으로 논의될 환경윤리교육은 종래의 자연관찰이나 자연보존을 위한 교육과는 달리 환경에 대한 근본적인 인식과 태도를 변화시켜 환경문제 해결에 접근하려는 미래지향적 교육이라고 할 수 있다. 이러한 환경윤리교육은 앞으로 우리 인간 스스로 차원이 다른 환경관을 가치 내면화함으로써 새로운 윤리적 가치관과 행동의 내면화를 유도하는 데 큰 역할을 담당할 것으로 기대한다.

1) 본서에서는 '생태학적'이라는 용어를 단지 하나의 내용이나 주제를 언급하는 말일 뿐만 아니라, 문제를 파악하고 그 문제를 해결하기 위한 실천적 방법의 의미로 사용하고자 한다.

2) H. J. McCloskey, 황경식, 김상득 역, 『환경윤리와 환경정책-생태학적 접근』(서울: 법영사, 1995), pp.11-12.

3) G. Hardin, *Living in the Environment*, <Foreword>, ed. G. Tyler Miller, Belmont, Mass: Wadsworth, 1975, p.75.

4) H. J. McCloskey, *Ecological Ethics and Politics*, New Jersey: Rowman and Littlefield, 1983.

5) R. Dubos, *Man, Medicine and Environment*, Harmondworth: Penguin, 1970, p.15.

6) R. Disch, ed., *The Ecological Conscience*, Englewood cliffs, N. J.: Prentice Hall, 1970, 서문 x iii. 재인용.

7) 진교훈, 『환경윤리-동서양의 자연보전과 생명존중』(서울: 민음사, 1998), p.27.

8) 이인재, 「생태학적 위기 극복을 위한 환경윤리교육의 방향」, 『국민윤리연구』 제37호, 한국국민윤리학회, 1997. pp.247-248.

9) R. K. Kinzelbach, *Okologie, Naturschutz, Umweltschutz*, Darmstadt, 1989, pp.166-167. 재인용.

10) H. J. McCloskey는 그의 책, 『*Ecological Ethics and Politics*』에서 생태학적 위기를 해결할 수 있는 본질적인 방법으로 도덕적 · 정치적 처방을 제시하고 있다.

11) B. Commoner, *The Closing Circle*, 1971.

12) R. T. De George, *Ethics and Environment: The Anthropocentric Predicament*, 김상득 역, 「윤리와 환경: 불가피한 인간중심주의」, 『철학과 사상』, 제2호, p.234.

13) W. Rueckert, *Literature and Ecology: An Experiment in Ecocriticism, in The Ecocriticism Reader: Landmarks in Litertacy Ecology*(Eds. Chery11 Glotfelty & Harold Fromm), Athens, The Univ. of Georgia P., 1996, p.113.

14) 김종철, 「인간, 흙, 상상력」, 『녹색평론』, 1992년 3−4월호, 통권 제3호, p.107.

15) 박이문, 「녹색의 윤리」, 『녹색평론』, 1994년 3−4월호, 통권 제15호, p.47.

16) 자연에 정령이 깃들어 있으며, 인간은 자연의 일부이고 따라서 인간과 자
연은 서로 대립하지 않는다는 자연관.

17) L. White, *The Historical Roots of Our Ecological Crisis*, Science, March
1967, pp.1203−1207. 참조.

18) 특히 그는 창세기 1장 26절에서 29절에 있는 말씀 중에 "사람을 만들
고……그에게 모든 것을 다스리게 하시고……땅을 정복하라."는 내용을
자의적으로 곡해한 곳에서 인간중심적인 세계관이 형성되었고, 자연을
무제한적으로 약탈하고 훼손시키는 만행이 자행되었다고 혹평하였다.
물론 화이트는 이것이 기독교 신학에 대한 가장 합리적인 또는 유일한
해석이라고 주장하지는 않는다. 하지만 중요한 사실은 많은 기독교인과
유대인들이 창조에 대한 성서의 말씀에 대해서 내린 해석은 철저한 인
간중심주의에 입각한 해석이라는 점이다. 현대의 과학과 기술 중 많은
부분이 자연에 대한 이러한 인간중심적 세계관이 지배하는 상황에서
발전되었다. 그래서 화이트에 따르면, 이것이 현재 환경위기의 기원이
라는 것이다. J. R. DesJardins, *Environmental Ethics: An Introduction to
Environmental Philosophy*, 김명식 역, 『환경윤리의 이론과 전망』(서울:
자작아카데미, 1999), pp.145−146.

19) 최근 기독교 학자들은 이러한 주장에 대해 새로운 해석을 내리고 있는
데, 그들에 따르면, 성경 어느 부분에도 인간에 의한 자연의 지배, 착취
가 인정된 곳은 없다는 것이다. 단지 성경을 자의적으로 해석해서 문제
를 야기하였다는 것이 이들의 주장이다. 박혜경, 「생태학과 러시아 문
학」, 『생태문제와 인문학적 상상력』(서울: 나남출판, 1999), p.290.

20) J. Passmore, *Man's Responsibility for Nature*, London: Duckworth, 1980,
pp.10−13. 참조.

21) 주체(subject)와 대상(object)으로 나누는 이분법적 분리주의 사유체계가
인간의 의식 일반에 뿌리 깊게 자리잡게 되었고, 여기에 주체가 대상보
다 더 우월한 가치를 지닌다는 그릇된 지배논리가 합세하면서 우월한
주체(인간)가 열등한 대상(자연)을 수단과 도구로 간주함으로써 빚어진
것이 자연파괴이며, 이로 인해 생태학적 위기가 고조되었다고 볼 수 있다.

22) 이성범·구윤서 역, 『새로운 과학과 문명의 전환』(서울: 범양출판사, 1985), p.17.

23) F. Capra, *The Web of Life*, 김용정・김동광 역, 『생명의 그물』(서울: 범양사, 1998) 참조.

24) 이 경우 사물들 간의 상호의존적이고 유기적인 관계보다는 하나하나의 개별적인 실체를 궁극적인 기초로 보고 이러한 기초들이 전체적 질서의 단위가 된다고 본다. 김종철, 앞의 글, p.119. 그러나 생태계에서는 결코 개별적인 것들의 총화가 전체가 될 수 없다.

25) F. Schumacher, *Small is Beautiful*, 배지현 역, 『작은 것이 아름답다』(서울: 전망사, 1988), pp.29-30.

26) J. F. Morrison, *Man, Organization, and Environment*, In Man and the Environment, ed., H. G. T. Van Raay and A. E. Lugo, The Hague: Rotterdam University Press, 1974, p.180.

27) G. T. Miller, ed., *Living in Environment*, Bellmont, Mass: Wadsworth, p.5.

28) A. S. Boughey, *Man and the Environment*, New York: MacMillan, p.2.

29) 1962년 발표된 카슨(R. Carson)의 『침묵의 봄(Silent Spring)』은 일반 대중뿐만 아니라 당시 위정자들에게 충격을 던져 케네디 정부로 하여금 환경대책을 서둘러 세우게 하였으며, 1960년대 이후 환경오염을 공식적으로 표출함으로써 세계인들이 생태학적 위기에 대한 인식을 갖도록 하는 데 크게 기여하였다.

30) 진교훈, 「생태학적 위기와 윤리학의 상관성에 관한 연구」, 『사회와 사상』 제10집, 서울대 대학원 국민윤리교육과, 1989, p.33.

31) L. R. Brown, et als., 김범철 외 역, 『지구환경보고서』(서울: 따님, 1992) 참조.

32) 이인재, 앞의 글, p.250.

33) 심상태, 「불리적 환경과 생녕」, 생녕문화언구소 제1회 세미나 자료집, 1993, p.8.

34) J. Moltman, 김균진 역, 『창조 안에 계신 하나님』(서울: 한국신학연구소, 1986), p.38.

35) 이인재, 앞의 글, p.257.

36) 자연(自然)이란 그리스어 φισις(physis)를 키케로가 라틴어 'natura', 즉 '앞으로 태어난 자'라는 뜻으로 번역함으로써 자연의 존재양식이 미래를 향해 나아가는 과정, 생식과 성장, 사멸과 죽음까지 포함하는 생성

과정을 뜻하게 되었다. 문순홍,『생태위기와 녹색의 대안』(서울: 나라사랑, 1992), pp.128-132. 참조. 허드슨(P. Hodgson)은 어원적 기원에 입각하여 "자연이란 모든 것의 모체(matrix) 또는 원천"이라고 정의하였다. P. C. Hodgson, *Winds of the Spirit: A Constructive Christian Theology*, Louisville, Kenturky: Westminister John Knox Press, 1994, p.186. 리차드 영(R. A. Young)은 "자연이 동물, 강, 산, 별 등을 포함하는 비인간적인 용어로 사용되어 인간과는 별개의 용도로 정의됨에 따라 자연착취의 근거가 되었다."라고 주장한다. R. A. Young, Healing The Earth: *A Theocentric Perspective on Environmental Problems and Their Solutions*, Nashville, Tennessee: Broadman & Holman, 1994, p.76.

37) 박이문,『상황과 선택』, 서울대학교 출판부, 1997, pp.25-26.

38) 맹용길,『생명과 윤리』(서울: 쿰란출판사, 1995), pp.75-76.

39) 정진홍,「자연과 종교」,『기독교 사상』206호, 1975, pp.106-107.

40) 허재윤,「오늘날의 환경문제의 철학적 이해」,『환경연구』제17권 제2호, 영남대학교 환경문제연구소, 1998, pp.65-67. 참조.

41) M. Bookchin, *Toward Ecological Society*, Montreal, 1980, pp.41-43. 문순홍, 앞의 책, p.71. 참조.

42) 생태주의자들에 따르면, "인간은 자연에 있어 필수적인 존재가 아니지만, 자연은 인간에게 필수적인 존재라는 것이다. 자연의 일부인 인간은 자연의 법칙, 즉 생물학적 법칙을 따름으로써 자연생태계와 조화를 이루어야 하며, 이를 위해서는 생명윤리사상에 기초하여 자연에 대한 믿음과 경외가 전제되어야 하며, 자연과 인간 사이의 새로운 윤리적 관계, 즉 인간중심에서 생태중심으로 설정하지 않으면 안 된다."고 주장한다. 옥치상,『환경문제-환경운동』(서울: 도서출판 대학서림, 1998), pp.100-101.

43) 주객의 관계는 언제나 소외이다. 소외를 극복하고 참다운 생명의 회복을 이루려면 주체 대 주체의 관계를 이루어야 한다. 양명수,『녹색윤리』(서울: 서광사, 1997), p.101.

44) 소위 '상생(相生)'의 논리는 사람과 자연을 주체 대 주체의 관계로 확립하려는 노력으로 볼 수 있다.

45) 환경운동연합 21세기위원회 편,「21세기 살아남기 위한 16개의 아젠다」,『20세기 딛고 뛰어넘기(시민판: 21세기 구상)』(서울: 나남출판, 2000), p.20.

46) A. D. Kenneth et al., *Environmental and the Global Arena: Actors,*

94

Values, Polities, and Futures, Durham: Duck University Press, 1985, p.1.

47) 전헌호, 『자연환경, 인간환경』(서울: 성바오로출판사, 1998), pp.23 - 27. 참조. 여기에서 물리적 인간환경이란 인간에 의해 만들어지거나 손질된 모든 종류의 고정물을 의미하며, 사회적 인간환경은 인간이 오랜 경험과 지성적 작업을 통해 만든 언어, 생활습관, 윤리의식 등 무형의 인간환경을 말하며, 심리 · 영성적 인간환경은 인간사회와 개인 안에 존재하는 미적 감각, 각 종류의 미신들, 자연종교들, 종교적 신념들 그리고 생애에 대한 철학과 신념들 등을 말한다.

48) M. Bookchin, *The Philosophy of Social Ecology,* 문순홍 역, 앞의 책, p.237.

49) 정용, 옥치상 공저, 『인간과 환경』(서울: 지구문화사, 1994), p.11.

50) 김지하, 『생명과 자치』(서울: 솔, 1996), p.45.

51) 박이문, 「환경 · 생태계 · 자연의 올바른 개념과 세계관의 전환」, 『환경과 생명』, 1996년 여름 · 가을호(통권10호), pp.106 - 107.

52) '생태계(ecosystem)'란 집 또는 서식지를 뜻하는 희랍어 'ÖlKOS(Oikos, 오이코스)'에서 유래된 용어로 생물체와 비생물체들의 생명을 이어 가는 복합적인 체계를 지칭한다. E. P. Odum, 이도원 역, 『생태학』(서울: 동화기술, 1992), p.61.

53) 일반적으로 생태계를 분류할 때 '생물(生物)'과 '비생물(無生物)'로 나누어 분류하기도 하지만 엄격한 의미에서 볼 때 '생물(生物)'과 대조되는 개념으로 '비생물(比生物)'이라는 용어를 사용하는 것이 바람직하다고 본다.

54) 신덕룡, 『환경위기와 생태학적 상상력』(서울: 실천문학, 1999), p.16.

55) '가이아(Gaia)'는 그리스 신화에 나오는 '대지의 여신'이다. 러브록은 그의 저서 『가이아』에서 대기나 바닷물의 성분 분석을 바탕으로 지구의 생명권은 화학적, 물리적 환경을 생명 현상에 적합한 상태로 유지하는 자기조절기능을 갖추고 있다고 주장했다. 따라서 지구 전체가 '가이아'라고 할 수 있는 하나의 유기체, 즉 상호작용하는 수많은 기능과 '되먹임 과정(Feedback loops)'을 갖는 서대한 생내세라는 가실을 펼쳤다.

56) J. Lovelock, Gaia: A New Look at Life on Earth, 홍욱희 역, 『가이아: 생명체로서의 지구』(서울: 범양사, 1990). 참조.

57) M. C. Dach, Fundamental of Ecology, New Delhi: Tata McGraw - Hill Publishing Co. Lit., 1993, p.29.

58) 환경문제를 다루는 생태학에서는 지구를 하나의 '생명을 살리는 체계 (life−support)'로 보고, 그 체계는 자연 그 자체대로 정상적인 재생과 정을 통해 유지된다고 본다. 김도중, 『환경과 철학』, 원광대학교 출판 국, 1997, p.105.

59) 박이문, 위의 글, pp.108−109. 참조.

60) 송항룡, 「노・장의 자연관−환경과 생태계 문제와 관련하여」, 『환경과 종 교』(서울: 민음사, 1997), p.157.

61) 이시재, 「21세기 선택으로서의 생태주의」, 『20세기 딛고 뛰어넘기』(서울: 나남출판, 2000), p.22.

62) '환경'이라는 개념과 '생태학'이라는 개념은 발생시기는 거의 같지만 그 쓰임새에 있어서 '환경'은 점차 '자기지향성'(여기에서는 주로 이기성, 소극성, 자기폐쇄성의 의미)을 가진 개념으로, '생태학'은 생물과 인간 의 상호작용이라는 '상호병존'을 의식한 개념으로 구별되어 사용되어 왔다. 또한 생태학은 환경보호론과는 다른 차원의 문제로 본다. 즉 '환 경보호론'이 주로 자연에 대한 훼손과 착취, 파괴를 고발하고 문제를 제기하는 성격을 띠고 있다면, '생태학'은 자연을 대하는 인간의식의 문제에 보다 많은 중요성을 부여한다. 따라서 생태학은 개개인의 세계 관과 자연과의 조화를 회복하는 것이 무엇보다도 중요하다고 본다.

63) H. Haeckel, *Generelle Morphologie der Organismen*, Berlin, 1866.

64) D. Simonnet, 정문화 역, 『생태학: 인간 회복을 위하여』(서울: 한마당, 1984), p.6. 재인용. 유기체 그 자체는 생물학의 대상이다. 그리고 유기체 의 환경 세계는 물리학, 화학, 지리학, 생명과학, 사회과학 등에 의하여 탐구된다. 그러나 이 두 가지 영역의 상호작용은 생태학의 고유한 탐구 대상이다.

65) B. Commoner, *The Closing Circle*, 1971. 참조.

66) 진교훈, 앞의 책, pp.25−26.

67) 이마미치 도모노부(今道友信), 정영환 역, 『에코에티카』(서울: 솔, 1993), pp.19−21. 참조. 그는 '에코에티카'를 '인류의 생식권(生息圈)의 차원에 서 생각하는 윤리'라는 뜻으로 사용하면서 과학 기술의 연관에 의해서 성립되는 사회라는 새로운 환경에서 인간이 직면하는 여러 가지 새로 운 문제들을 포함하여 인간의 살길을 고쳐 생각하려는 새로운 철학이 라고 주장한다. 일반적으로 '에코에티카'를 '생권도덕학(生圈道德學)' 또

는 '생권윤리학(生圈倫理學)'이라고 번역하기도 한다.

68) 이소영 외, 『자연, 여성, 환경－에코페미니즘의 이론과 실제』(서울: 한신
    문화사, 2000), 머리말 p.13.

69) J. R. DesJardins, *Environmental Ethics: An Introduction to Environmental
    Philosophy*, 김명식 역, 앞의 책, p.299.

70) 김태현 외 3인, 「생태학적 관점에 입각한 환경 교육과정 개발 연구」, 『환
    경교육』, 제10권 2호, 한국환경교육학회, 1997, pp.87－99. 참조.

71) 1973년 노르웨이 철학자 안 네스(A. Naess)를 중심으로 주창된 '심층(또
    는 근본)생태학(Deep Ecology)'은 좌우를 떠나 근본주의적 입장에서 인
    간중심주의를 공격하고 생태중심주의를 강조한다. 그들은 인간중심적 환
    경윤리관과 완전한 단절을 시도하면서 생태학적 환경위기의 뿌리를 서
    양의 주도적인 종교와 철학에서 찾아냄으로써 세계관과 형이상학의 근
    본적 전환을 촉구한다. 따라서 심층생태학은 근본적이며, 동시에 생태학
    의 도움을 통해 다양성, 상호의존성, 전체론 그리고 관계와 같은 논제에
    생태학적 통찰을 반영하는 대안적 세계관을 발전시키고자 노력한다.

72) 머레이 북친(M. Bookchin)에 의해 주창된 '사회생태학(Social Ecology)'
    은 현재의 사회체제로부터 근본적인 단절을 강조한다는 점에서 심층생
    태학과 유사하나 인간에 의한 인간의 지배가 생태학적 위기의 근원을
    이룬다고 보는 점에서는 심층생태학과 다르다. 사회생태학은 근본적으
    로 생태윤리적 공동체 사회를 지향하는 일종의 에코아나키즘(Ecoanarchism)
    이라고 볼 수 있다.

73) '생태사회주의'는 환경문제의 발생원인을 자본주의(산업사회) 체제를 크
    게 부각시킨다. 따라서 생태사회주의는 근대 산업주의 사회관계로부터
    생태학적 위기의 원인을 찾고자 한다.

74) '생태마르크스주의'는 마르크스가 분석하는 자본주의 경제체제 그 자체
    로부터 생태학적 위기의 원인을 도출하고 있다. 크게 보아 생태마르크
    스주의와 생태사회주의는 마르크스의 사회이론과 생태학의 연결을 모
    색하고 있지만, 그의 이론에서 생태주의 논리를 찾을 수 있는가에 대해
    적극적으로 이해하는 생태마르크스주의와 소극적으로 이해하는 생태사
    회주의로 구분하기도 한다.

75) '생태여성주의(또는 환경페미니즘, Ecofeminism)'라는 용어는 1974년 프
    랑소와즈 도본느(Francoise d'Eaubonne)가 우주 속의 인간의 생존을 위

하여 여성들이 가지고 있는 생태적 혁명을 일으킬 수 있는 잠재력을 의미하는 것으로 처음 사용하였다. 생태여성주의는 가이아(Gaia) 가설을 받아들이고, 지구를 착취의 대상이 아니라 육성하고 보호해야 할 살아 있는 존재로 본다. 의무나 가치에 대한 추상적이거나 합리적인 논의보다는 생명에 대한 새로운 의식의 발전과 '내적 전환'을 요구한다는 점에서 심층생태학과는 공통점을 갖지만 환경위기의 근본적인 원인에 대한 분석에 있어서 심층생태학은 그 원인을 인간중심적 세계관에서 찾는다면, 생태여성주의는 그 원인을 남성중심적 세계관에서 찾고 있다는 점이 서로 다르다. 최용현 외, 『현대사회의 윤리와 사상』(서울: 형설출판사, 1999), pp.432-433. 참조.

76) 김호기, 「환경사상과 환경운동의 흐름 및 쟁점」, 『창작과 비평』 제23권 제4호, 1995년 겨울호, p.56.

77) M. Bookchin, 앞의 책, pp.11-13. 참조.

78) '생태적 접근'이란 생태철학, 생태윤리, 인간과 합일된 자연 이미지를 근거로 지배적인 시장사회를 비위계적인 협력사회로 전환시키려는 생태운동에 뿌리를 두고 있는 접근법으로, 이 운동에 심층생태론과 사회생태론이 공존해 있으며, 이들은 비위계적인 협력사회라는 자연과 인간 간의 조화로운 공동체를 지향하고 있다. 문순홍, 앞의 책, p.70.

79) M. Bookchin, The Ecology of Freedom, California, 1982, pp.11-12. 참조.

80) 심층생태주의에서 말하는 '자아실현(self-realization)'이란 자기를 자연과의 상호 연관을 통해서 존재하는 것으로 이해하는 과정이다. J. R. DesJardins, *Environmental Ethics: An Introduction to Environmental Philosophy*, 김명식 역, 앞의 책, p.311. 다시 말하면 자신을 다른 인간뿐만 아니라 비인간세계 전체와 일체화시키는 것이다. 이는 인간을 비롯한 생물들, 숲, 강과 산, 토양 속의 미생물까지 세상의 그 모든 것이 살지 못하면 자신도 살지 못한다는 사실을 깨닫고 그 모든 것과 하나 됨을 의미한다.

81) '생명중심적 평등(biocentric equality)'이란 모든 생명체가 상호 연관된 전체의 평등한 구성원이며, 따라서 동등한 본질적 가치를 가진다는 것을 인정하는 것이다. J. R. DesJardins, 김명식 역, 위의 책, pp.310-311.

82) M. Bookchin, *Social Ecology Versus Deep Ecology*, Burlington, VT: Green Program Project, 1988.

83) 규범윤리학은 환경의 가치와 환경에 대한 의무를 인정한다.

84) H. J. McCloskey, 황경식, 김상득 역, 앞의 책, pp.57－58.

85) 대표적인 학자로는 R. Dubos(1973), D. C. Pirages(1974), P. R. Ehrlich(1974) 등을 들 수 있다.

86) J. R. DesJardins, *Environmental Ethics: An Introduction to Environmental Philosophy*, 김명식 역, 앞의 책, p.297.

87) 윤리학적인 복잡한 문제를 이해하고 인식하기 위한 능력을 갖기 위해서는 경험과학의 지식에 의존할 수밖에 없다. 그리고 철학을 통해 수행된 윤리학적 분석은 상당히 추상적이고 모험적이어서 보다 실천적인 수준의 것으로 윤리학적 개념을 전환하기 위해서는 사회적·과학적인 사실에 관한 지식도 요구된다.

88) 학계에서는 '생태윤리'와 '환경윤리'를 혼용하여 사용하기도 하고, 때에 따라서는 구별하여 사용하기도 한다. '생태윤리'와 '환경윤리' 양자 간의 차이에 관한 논의는 이에 대한 상세한 별도의 연구가 필요할 것으로 사료된다.

89) Udo Schuklenk, *Umweltethik, Gruenepespektive*, 1988, p.173.

90) G. M. Teutsch, *Schoepfung ist mehr als Umwelt*, K. Bayertz(Hrg.), 1988, pp.59－60. B. Irgang, *Hat die Natur ein Eigenrecht auf Existenz?*, Philoso－phisches Jahrbuch(97－2), 1990, p.328. 재인용. 생태윤리 또는 환경윤리의 영역에 대해서는 제Ⅲ장 '환경윤리학 연구의 접근 유형'에서 보다 자세히 다루기로 한다.

91) '방법론적인 인간중심적 윤리'는 감각중심적, 생물중심적 그리고 전체론적 윤리 등에 대해 상당히 비판적이다. 이들의 윤리는 자연사 속에서 인간의 특성을 파기시킴으로써 윤리의 학문적 정당화를 파기시킬 뿐만 아니라 윤리 자체를 해소시켜 버린다는 것이다. K. Bayertz, *Oekosophie Ethik*, Muenchen, 1988, pp.86－101. 특히 쉬르마허(W. Schirmacher)는 하이데거와 관련하여 비판적으로 생태윤리를 인간존재 방식인 '탈존'으로 재정립하려 한다. W. Schirmacher, *Zeitkritik nach Heidegger* (Essen), 1989, pp.196－199. 재인용.

92) M. Bookchin, *The Philosophy of Social Ecology*, 문순홍 역, 앞의 책, p.264.

93) '생태윤리'는 자연물들 간의 '관계'뿐만 아니라 종과 생태계 등과 같은 생태적 '전체'에도 직접적인 도덕적 지위를 부여한다. 즉 개별 유기체에 관심을 갖기보다는 상호의존성에 기반을 둔 생태공동체에 관심을

갖는다는 점에서 '개체주의' 윤리라기보다는 '전체주의' 윤리라고 할 수 있다. J. R. DesJardins, 김명식 역, 앞의 책, p.229.

94) 김성진, 「철학적 인간학과 생태학적 과제」, 『생태문제와 인문학적 상상력』 (서울: 나남출판, 1999, p.67.

95) 가령, 자연을 야생 자연상태로 보전하는 것은 자연을 삶의 바탕으로 하고 있는 인간의 절대적인 윤리라고 할 수 있다. 따라서 '생태윤리'는 이것을 지켜도 좋고 지키지 않아도 좋다는 선택의 문제가 아니다. 자연에 대한 윤리는 타인에 대한 윤리, 미래세대에 대한 윤리 그리고 인간 이외의 자연적 존재에 대한 윤리로 확장되어야 할 것이다.

96) E. Meinberg, *Homo Oecologicus: Das Menschenbild im Zeichen der Öcologischen Krise*, Darmstadt, 1995.

97) 김경재, 『문화신학담론』(서울: 대한기독교서회, 1997), p.293.

98) 문순홍, 앞의 책, p.69. 감각중심적(Pathozentrische) 윤리는 고려의 범주를 모든 고통이 느낄 수 있는 피조물들에게로 확대시킨 윤리이며, 생물중심적(Biozentrische) 윤리는 식물을 포함한 모든 대상을 인간 자신의 보호 대상으로 포함시킨 윤리이며, 전체론적(Holisische)·자연중심적(Physiozentrische) 윤리는 생명 없는 물질도 보호할 가치가 있는 것으로 간주하는 윤리이며, 인간중심적(Anthropozentrische) 윤리는 인간을 중심에 세우고 모든 것을 인간에 관련시켜 인간에 복종시키는 윤리이다. 이러한 생태윤리의 영역에 대해서는 제Ⅲ장, '환경윤리학 연구의 접근 유형'에서 보다 자세히 다루기로 한다.

99) 구승회, 앞의 책, pp.60-61.

100) 정재식, 「환경을 유지할 수 있는 발전-새로운 세계윤리의 지표」, 『과학사상』 1992년 가을호, p.68.

101) F. Capra, 「생태학적 세계관의 기본원리」, 『과학사상』, 1994년 가을호 참조.

102) 자연개조는 인간에 의해 진행되었으므로 잘못된 자연개조는 인간 스스로의 양심으로 복원시키고자 하는 생태윤리(ecoethics)로 풀어야 한다. 이는 인간이 자연파괴의 주체이지만 동시에 자연회복의 주체가 되어야 한다는 당위라는 측면에서 보면, 환경문제는 결국 인간중심적인 것이라고도 할 수 있다. 김준호, 「자연의 복원에 이바지하는 생태윤리」, 『과학사상』, 1992년 봄, 창간호, pp.164-165. 참조.

103) 장회익, 「새로운 생명가치관의 모색」, 『생명가치와 환경윤리 학제간 연

구』, 한국환경정책·평가연구원, 1997, p.318.

104) '본래적 혹은 목적적 가치(intrinsic value)'는 그 대상이 그 자체가 가지는 가치를 의미하며, 다른 용도를 위해 가치 있다는 것을 의미하지는 않는다. 예를 들면 상징적, 미학적, 문화적 중요성으로 말미암아 가치 있다고 평가되는 것으로 그것 자체로 또는 그것이 의미하는 바 또는 그것이 상징하는 바에 의해 가치 있다고 평가된다. J. R. DesJardins, *Environmental Ethics: An Introduction to Environmental Philosophy*, 김명식 역, 앞의 책, p.198.

105) '도구적 가치(instrumental value)'의 척도는 유용성으로 그 자체로 가치 있다는 것이 아니라, 다른 무엇인가를 얻는 데 사용될 수 있기 때문에 가치가 있다. J. R. DesJardins, *Environmental Ethics: An Introduction to Environmental Philosophy*, 김명식 역, 위의 책, pp.197-198.

106) E. Laszlo, *Moral Behavior on a Small Planet: Groundwork for a Biospheric Systems Ethics*, Presidential Address in 49th Anniversary Meeting of International Society for the Systems Science, Budapest, 1996, pp.1-4. 참조.

107) '내재적 가치(inherent value)'는 생명체가 외부로부터 부여받은 가치가 아니라 각 생명체 나름의 선을 가졌다는 의미에서 스스로 갖는 가치이며 존엄성을 말한다. 도구적 가치나 목적적(혹은 본래적) 가치의 평가는 인간에 의존하지만 내재적 가치는 인간의 가치 평가와 무관하게 그 자체로 갖는 가치를 의미한다. 테일러(P. Taylor)에 따르면, 생명체는 인간의 가치 부여와는 또 다른 독자적인 내재적 가치를 가지고 있으므로 이를 인정해야 된다고 주장한다. 가령 곤충을 인간의 실험 대상이나 채집 대상이 될 수 없다는 것이다. 인간은 곤충도 자기 나름의 목적론적 존재임을 인정하고 그것 나름의 생명체로서의 선과 존엄성, 즉 내재적 가치를 가짐을 인정해야 한다는 것이다. P. Taylor, *Respect for Nature: A Theory of Environmental Ethics*, Princeton Univ Press, 1986, pp.71-80. 참조.

108) '생물중심주의'는 '생명중심주의'라고도 하는데, 모든 생명체가 내재적 가치를 가진다고 보는 입장이다. 이에 대한 좀 더 자세한 서술은 구승회 저, 『에코필로소피: 생태·환경의 위기와 철학의 책임』(서울: 새길, 1995), 생태윤리학의 접근방식, pp.61-68. 참조.

109) 장회익, 위의 책, pp.318-321. 저자가 주장하는 '온생명중심 가치관'에

대한 자세한 내용은 그의 글, 「생명을 어떻게 보아야 할 것인가?」, 『해방 50년의 한국철학』(서울: 철학과 현실사, 1996), pp.357-385와 「온생명과 현대문명」(『과학사상』 1995년 12월호)을 참조할 것. 본서에서는 'VI. 새로운 환경윤리교육의 모형 개발을 위한 논의와 방향'에서 생명에 대해서 철학적, 종교적으로 고찰할 것이다.

110) 다만 학문 영역 간의 구분은 있어도(distinguishable) 분리될 수 없다(inseperable)는 기본적인 인식하에 범학문적 연구가 이루어져야 한다. 박길용, 「우리나라 '환경' 관련 학문분야에 대한 도전과 전망」, 『환경논총』, 제36권, 서울대학교 환경대학원, 1998, p.30.

111) '생태주의'는 성장제일주의적 산업문명을 넘어서는 탈근대적 문명전환 운동을 지향한다. 생태주의는 지배가 아닌 공존, 획일성이 아닌 다양성, 시장경쟁이 아닌 나눔의 공동체가 목표다. 최근 근대 산업문명의 폐해, 즉 지배와 복종, 억압과 차별, 빈부격차, 환경파괴 등 문제를 해결하고 대안적 사회를 이루려는 모색의 한가운데에 생태주의가 자리잡고 있다.

112) 이시재, 앞의 글, pp.55-56. 참조. 그는 21세기 살아남기 위한 계획으로서 넓은 의미에서 생태계획(ecological plan)을 주장한다. 이것은 단순히 자연과학적인 환경과 생태를 다시 설계하고 계획하는 것만이 아니다. 환경과 생태를 파괴하는 것은 인간의 몸과 사고, 행동, 문화, 제도, 체제이기 때문에, 이를 보전하기 위해서는 우리들 '삶 전체'를 바꾸어야 한다는 것이다. 개인행동만 바꾸어도 큰 효과가 없기 때문에 그는 기업도 생태적으로 바뀌어야 하며, 정치의 존재양식도 환경친화적으로 변해야 하며, 사회적 관계 역시 지배-종속의 고리가 아니라 공생, 상생의 고리로 이어지는 관계망 구축을 위해 생태와 환경을 기준으로 세상을 다시 짤 것을 주장한다.

113) H. J. McCloskey, 앞의 책, pp.107-109. 환경에 대한 철학적 논의에서 가장 핵심적인 주제는 '생태학(ecology)'과 '생태학적 위기(ecological crisis)'에 관한 문제라고 할 수 있다.

114) E. Meinberg, 앞의 책, p.9. 재인용.

115) Meinberg는 철학적 인간학의 과제로 생태학적 위기를 극복할 수 있는 새로운 인간상, 즉 생태학적 인간상을 'Homo Oecologicus'라고 이름 지어 이것을 "생태학적 위기에 대처하는 새로운 인간상(das menschenbild im zeichen der ökologischen krise)'으로 소개하고 있다. 송상용 외, 『생

태문제와 인문학적 상상력』(서울: 나남출판, 1999), pp.58 - 81. 참조.

116) '생태철학(Ecological Philosophy)'이라는 용어가 처음 나타난 것은 1979
년 영어권과 독일어권에서 나란히 출판된 존 패스모어(J. Passmore)의
『인간의 자연에 대한 책임』(Man's Responsibility for Nature)과 한스
요나스(H. Jonas)의 『책임의 원칙-기술시대의 생태윤리』(Ptinzip Vera-
ntwortung-Versuch einer Ethik für die technologische Zivilisation)가
시발점이었다. 현재 생태주의의 철학적 변용으로서의 생태철학은 아직
당위론에 머물러 있으며, 철학으로서 총체성을 얻기 위한 방법론은 모
색단계에 있다고 할 수 있다. 오미환, 「21세기 철학의 화두, '생태주
의'」, 한국일보, 1999년 2월 7일자.

117) 구승회, 앞의 책, pp.19 - 20.

118) 특히 심층생태주의자들은 일반생태학이 흔히 취하기 쉬운 과학적 접
근에 머물지 않고, 생태학적 위기에 대한 좀 더 '규범적인(normative)'
접근을 하면서 일반 생태학이 일종의 인간중심적인 환경윤리학으로서
표피적인 개량주의에 그치고 있기에 좀 더 근본적인 생태학을 제기하
려고 한다.

119) 이진우, 『녹색사유와 에코토피아』(서울: 문예출판사, 1996), p.215.

120) H. Sachsse, *Technik und Verantwortung. Probleme der Ethik im technischen
Zeitalter*(Freiburg, 1972), p.122.

121) 이진우, 「한스 요나스의 생태학적 윤리학」, 『철학과 현실』 1991년 겨울호,
pp.273 - 287. 참조.

122) H. Jonas, *Das Ptizip Verantwortung. Versuch einer Ethik für die technologische
Zivilisation*, Frankfurt, 1979, p.22. 이하 재인용.

123) 일반적으로 지구 환경문제를 해결하고 환경위기를 극복하기 위한 방법
으로 크게 과학기술에 의한 방법, 사회체제에 의한 방법, 윤리가치에
의한 방법 등으로 나누어 고찰하기도 한다. 한국국민윤리학회, 『사상
과 윤리』(형설출판사, 1994), pp.174 - 178. 참조.

124) 유진 하그로브(E. C. Hargrove)는 과학기술이건 정제사회체제이건 환
경문제란 따지고 보면 그 속에 사는 인간들이 지닌 근원적인 세계관의
산물이므로 환경문제는 사람들의 세계관 내지 가치관의 변화로써만
해결할 수 있다고 주장한다. E. C. Hargrove, *Foundations of Environmental
Ethics*, Englewood Cliffs, N.J., Prentice Hall, 1989, p.40.

125) 유정복, 「환경권 향유증대를 위한 환경윤리교육 모형개발에 관한 연구」, 『국민윤리연구』, 제36호, 한국국민윤리학회, 1997, p.127.

126) 환경문제에 대한 윤리적인 가치판단은 '생태학'에 관한 지식에 기반을 두어야 한다. 왜냐하면 생태계의 보전 및 다양성에 대한 지식, 인간과 자연과의 관계, 지구 자원의 문제와 생명과의 관계 등 생태학에 관한 지식 없이는 환경문제에 대한 윤리적 판단이나 해결을 할 수 없기 때문이다. 진교훈, 앞의 책, p.55.

환경윤리학의 의의와 연구방향

1. 환경윤리학의 의의와 목표

오늘날 생태학적 위기와 환경문제에 관한 논의가 다양한 학문 영역에서 전개되고 있다. 이 가운데 최근 시도되고 있는 환경윤리학은 그중에서도 가장 주목받는 분야라고 할 수 있다.

환경윤리학(Environmental Ethics)[1]은 자연에 대한 인간의 도덕적 가치판단을 탐구하는 학문[2]으로, 환경윤리학은 인간의 존재와 인간이 속한 자연 환경 사이의 도덕적 관계에 관하여 체계적이고 포괄적인 설명을 제시하며, 자연세계에 대한 인간의 행위가 도덕적 규범에 의해 통제되거나 통제될 수 있다는 것을 전제로 한다.[3] 따라서 환경윤리이론은 이러한 규범이 무엇인가를 설명하고, 인간은 누구에게 과연 책임을 지고 있는지를 설명하고, 이러한 책임이 어떻게 정당화되는가를 보여주지 않으면 안 된다. 왜냐하면 환경윤리가 다양하게 전개되는 이유는 이러한 질문에 대한 답변이 다양하며, 여기서 다양한 환경이론이 나오기 때문이다.

그간 인류사는 자연보다는 신이나 인간을 중심으로 이루어져 왔다는 점과 서구의 기독교 문명사는 신과 인간만이 있었을 뿐, 인간 생존에 터전을 제공하고 있는 자연의 가치를 그릇되게 평가한 결과 자연파괴와 착취가 이루어져 왔다. 그리하여 환경파괴의 문제가 심각하게 대두되기 시작했고, 그 위기성은 최근에 들어 겨우 자각하기에 이르렀다. 이러한 환경윤리적 접근으로는 환경철학, 환경심리학, 환경사회학, 환경정치학, 환경문학, 환경신학, 인류학 등 가치관 문제와 연관되는 모든 인문, 사회과학 분야가 포함되기 때문에 환경윤리학은 매우 포괄적인 학제적(interdisciplinary) 성격의 학문[4]이라고 할 수 있다.

또한 환경윤리학는 과학으로서의 철학 혹은 생태학의 윤리가 아니라 생명가치, 자연관에 기초하여 '환경친화적이고 생태지향적인 규범을 설정하고, 그 가능성과 타당성을 연구하는 규범 과학'이라고도 할 수 있다. 이러한 환경윤리학은 이미 주어진 윤리학의 원칙과 이론들로부터 자연환경에 대한 보다 근접한 직관을 주는 동물보호, 자연보호, 환경보호의 원칙을 세우고, 환경윤리교육과 윤리적 의사결정, 나아가 그 정당화에 지침을 제시해 줄 수 있는 원칙 또는 이론적 토대를 만들어 가는 새로운 연구영역이라고 할 수 있다.[5]

근래에 와서 학계에서는 '환경윤리학(Environmental Ethics)'을 '생태윤리학(Ecological Ethics)' 또는 '생태철학(Ecological Philosophy)'[6]과 혼용하여 사용하기도 하고, 때에 따라서는 구별하여 사용하기도 한다.[7] '환경윤리학'은 인간과 환경을 함께 고려하면서 인간은 어떤 태도를 취해야 하는가를 탐구하는 데 비중을 두는 반면에, '생태윤리학' 혹은 '생태철학'은 인간과 자연은 동등하다는 일종의 세계관이라고 할 수 있다. 양자는 겹치기도 하지만 경우에 따라 분리하기도 한다.[8]

진교훈[9)]은 환경윤리학에 대해서 "인간과 자연의 교섭에 관해서 도덕적 가치표상과 도덕적 원리와 규범의 비판과 정립을 대상으로 삼는 생명윤리학의 부분 영역이다."라고 정의하고 있다. 구승회[10)]는 "인간의 도덕과 인륜을 설교하기 위함이 아니라, 자연이 중심에 서 있으면서 자연의 자기 목적을 분명히 하기 위한 비인간중심적 생태 도덕(nicht-antropozentrische)"이 생태윤리학이라고 정의한다.

오늘날 생태학적 위기의식은 단순히 인간의 자연에 대한 관계를 재설정함으로써 해결되는 것이 아니라, 자연 전반에 대한 변화된 태도를 요청한다. 따라서 지척에 보이는 인간의 환경을 개선하는 일에 매달릴 것이 아니라 멀리 떨어져 있지만 더욱 근원적인 지구 생태계 문제까지 포괄하는 윤리가 필요하다는 견지에서 '환경윤리학'이라는 말은 다소 잘못된 개념 설정으로 보기도 하지만[11)] 일반적으로 환경 윤리학을 인간과 자연의 관계를 봉사하는 자원으로서 자연을 이해하는 경제적 관계로 보지 않고, 인류 간에 국한하던 책임과 의무의 적용 대상 범위를 자연환경에까지 확대·응용한 도덕적 관계로 보는 윤리학의 한 분야로 보고 있다.[12)]

환경윤리학은 인간과 자연적 대상들이 지닌 도덕적 지위와 가치 그리고 그에 상응하는 인간의 의무·책임의 범위에 따라 상이하게 전개된다.[13)] 환경윤리학에서 주장하고 있는 입장에 대해서 가토 히사다케는 일반적으로 세 가지, 즉 ① 인간뿐만 아니라 생물의 종, 생태계, 경관 등에도 생존의 권리가 있으므로 함부로 그것을 부정해서는 안 된다는 '자연 생존권의 문제', ② 현재 세대는 미래 세대의 생존 가능성에 대해서 책임을 져야한다는 '세대 간 윤리의 문제', ③ 지구

생태계는 열린 우주가 아니라 닫힌 세계라는 '지구 전체주의 문제'로 설명하고 있으며,[14] 서규선[15]은 환경윤리학 이론의 방향에 대해서 ① 도덕적 기준이 무엇인가를 설명하고, ② 누구에게 또는 무엇에게 인간이 책임을 져야 하며, ③ 이러한 책임을 어떻게 정당화하여 보여줄 수 있는가 하는 방향으로 나아가야 한다고 주장한다.

환경윤리의 다양성은 이들 문제에 대해서 다양한 해답을 제시하는 것으로 나타난다. 어떤 철학자는 자연환경에 관한 우리의 책임이 간접적, 즉 자연을 보호하기 위한 책임인 것으로만 생각하는 경우가 있다. 이때 책임성으로 이해되는 이 용어는 우리가 다른 사람에 대해 은혜를 입고 있다는 것을 의미한다. 또 다른 철학자들은 우리가 식물, 동물은 물론 생태계와 종(種)에 대해서도 직접적인 책임을 가진다고 주장한다. 이때의 책임성이란 이들 자연 대상에 대한 도덕적 지지에 기초하고 있다.

여기서 자연환경에 대한 책임을 간접적인 것, 즉 자연보전의 책임은 다른 인간들에 대한 책임에서 나온다는 '인간중심적 윤리(anthropocentric ethics)'[16]의 입장에 따르면, 오직 인간만이 도덕적 가치를 지닌다는 것이다. 따라서 우리는 자연계에 관한(regarding) 책임은 있다고 할 수 있지만 그렇다고 해서 자연계에 대한(to) 직접적인 책임이 있다고 말하는 것은 잘못된 것이라는 것이다. 인간중심적 윤리는 미래 세대의 인간을 도덕적 책임의 대상으로 간주함으로써 확장될 수는 있지만 여전히 이러한 접근은 인간중심적일 수밖에 없다. 왜냐하면 오직 인간만을 도덕적으로 가치 있는 존재로 간주하고, 다만 그 책임을 아직 존재하지 않는 인간들로 확대하기 때문이다.

반면에 인간 이외의 다른 자연적 존재에 대한 직접적인 책임이 있다는 '탈인간중심적 윤리(nonanthropocentric ethics)'의 입장에 따르면 동물과 식물 같은 자연물에도 도덕적 지위를 부여한다. 이러한 접근 방식은 현재의 표준적인 윤리적 원리를 수정하고 확대할 필요가 있다. 동물에 대한 윤리적 대우, 멸종 위기의 동식물 종에 대한 논쟁은 이른바 탈인간중심적 윤리와 관련해 잘 알려진 주제들이기도 하다. 이와 함께 개별 생명체에서 종, 군집, 생태계로 관심의 초점을 바꾸어 '전체주의적 윤리(holistic ethics)' 입장에서 바라보는 환경윤리는 우리는 개체가 아니라 개체들의 집합 또는 관계에 대한 도덕적 책임을 갖는다[17]고 주장한다.

이러한 다양한 입장을 전제로 하는 환경윤리학은 과학으로서의 생태학의 철학 혹은 생태학의 윤리학이 아니라, 철학의 '생태학적 규범 설정'을 주된 목표로 삼는다.[18] 대체로 환경윤리를 철학의 한 영역으로 세우기 위한 지금까지의 시도를 두 가지 방향으로 살펴볼 수 있는데, 포괄적인 의미로 '생태주의적 방법'과 '환경주의적 방법'이 그것이다. 생태주의적 방법은 전통윤리학의 이론과 원칙을 넘어서는 새로운 윤리학을 확립하려는 시도로, 인간과 자연의 관계에 대한 전통적인 인간중심적 관점에서 탈피하여 인간 이외의 생명체, 생물-생태계 그리고 심지어는 모든 존재는 각각의 고유한 가치와 자기 목적을 가지고 있으며, 따라서 이들이 도덕적 주제의 지위를 가지고 있다고 주장함으로써 환경위기에 대한 윤리학의 요구에 대답하고자 했다. 이러한 시도는 새로운 생태학적 직관과 심사숙고를 통한 순수구성주의적인 방법을 생각하는 대부분의 독일의 생태윤리학자들과 심층생태론[19]자들이 취하는 태도이다. 또 다른 시도로 환경주의적 방법은 전통윤리학의 적용 범위를 확대함으로써 환경위기 문제에 대답하고자 한다. 대부분의 영미 환경윤리학자들이 이런 태도를 취한다.

이러한 입장과 시도에 대해 구승회[20]는 규범윤리학의 도덕성이 진리를 표현하고 있다고 믿기 때문에 생태적 규범 설정을 위한 새로운 윤리학을 고안하거나 발견할 수 있다고 보지 않는다. 그는 우리가 설령 새로운 윤리를 발견했다고 하더라도 그것이 전혀 새로운 출발이 아니라, 현존하는 도덕적 사유의 확장 혹은 유추라면 새로운 윤리에 대한 신뢰(credibility)를 어떻게 확립할 수 있을지 의문을 제기한다. 새로운 윤리는 지금까지 승인되어 온 원칙이 아니라 도덕성 그 자체 혹은 명백히 우리의 도덕적 전통 속에 내재해 있고, 지금 여기에서 중요하다고 인정되는 원칙에 기초해야 할 것이다. 만약 필요한 원칙들이 이미 우리의 전통에 자리잡고 있는 것이라면, 새로운 도덕 원칙을 전통 도덕에 보충하기보다는 오랫동안 우리가 동의해 왔던 일관된 형식의 주제를 적극적으로 발전시키는 것으로 충분하다는 것이다.

그러므로 환경윤리학의 목표는 이미 만들어진 토대로부터 새로운 이론적 지평을 열려고 하는 것이 아니라 환경에 대한 근본적인 직관을 분명히 하고, 윤리적 의사결정, 나아가서 그 정당화에 지침을 줄 수 있는 원칙 혹은 이론의 토대를 만드는 것이다. 하지만 환경윤리학은 아직 합리적으로 조직된 일련의 원칙과 이론적인 틀을 만들지 못하고 있다. 현재까지의 환경윤리학에 관한 연구는 합리적으로 조직된 윤리적 처방이라기보다는 각각 독립되어 있으면서 느슨하게 상호 연관을 갖고 있는 '윤리적 일반화의 집합'으로 이해될 수 있다. 이런 관점에서 환경윤리학을 이해하고자 할 때 우리는 윤리적 일반화를 어떻게 특정한 문제상황에 적용할 것인가를 연구해야 한다. 그런후에야 비로소 환경친화적 행위규칙과 이 규칙의 일반화를 내면화하여 환경도덕적 규범에 따라 세상을 보는 법을 배우게 될 것이다. 하지만 이와 같은 독립된 윤리적 일반화의 모델을 세우려면 아마도 매우 오랜 시간이 걸릴 것이다.[21]

2. 환경윤리학의 역사적 배경

환경윤리의 역사는 지극히 짧다. 20세기 중반 이후 환경문제가 지구촌의 핵심으로 대두되고 이에 대한 철학적·윤리적 반성이 싹트면서 본격적으로 환경철학,[22] 환경윤리가 출현하였다.

환경윤리의 개념이 본격적으로 구체화된 것은 1949년 알도 레오폴드(Aldo Leopold)의 「샌드 카운티 연감(A Sand County Almanac)」의 마지막 장에서 오늘날 우리들에게 널리 알려진 '대지윤리(Land Ethics)'로 나타나고 있다. 그는 "개체는 자연생태계의 상호 의존하는 공동체의 한 구성원일 뿐이다."[23]라고 함으로써 인간과 자연과의 관계와 위치를 새롭게 규명하려 했다.

이후 1960년대 싱어(P. Singer)에 의한 「동물해방론(Animal Liberation)」, 러브록(J. Lovelock)의 「가이아 가설」, 레간(T. Regan)의 「동

물의 권리(The Case for Animal Rights)」와 함께 1980년대에 이르러 하그로브(E. C. Hargrove)의 「환경윤리학의 기초(Foundation of Environmental Ethics)」와 데자르뎅(J. R. DesJardins)의 「환경윤리학(Environmental Ethics)」이라는 저서가 출판되면서 환경윤리학의 성격과 위치가 확립되었으나 보다 본격적인 이론 수립과 실천 활동은 패스모어(J. Passmore)가 쓴 「자연에 대한 인간의 책임(Man's Responsibility for Nature: Ecological Problems and Western Traditions)」이 최초의 본격서이며, 네스(A. Eaess)와 드볼(B. Devall), 세션(G. Sessions), 폭스(W. Fox)와 같은 일련의 심층생태주의자들이 주장한 심층생태주의(deep-ecology)[24]에서 이론과 실천운동의 발전을 잘 보여주고 있다.[25]

특히 전체론적 환경윤리 입장에서 살펴보면, 1973년 철학자 루틀리(R. Routley)는 그의 첫 논문인 「새로운 환경윤리가 필요한가?」에서 심층생태주의와 자연의 내재적 가치에 대해서 잘 언급하고 있다. 그는 지배적인 서구의 윤리적 전통에 따르면 "자연은 인간의 지배를 받고 인간은 원하는 대로 자연을 다룰 수 있다."라고 봄으로써 결국 인간 이외의 자연적 존재와 전체로서의 자연이 도구적 가치(instrumental value)만을 제공할 뿐임을 암시했다.[26] 같은 해 노르웨이 철학자 안 네스(A. Naess)는 그의 논문 「표층생태주의와 심층적인 장기적 생태운동: 요약」에서 루틀리에 비해 윤리에 덜 초점을 맞추었지만, 네스는 심층생태주의 운동(deep ecology movement)이 규범적임을 선언하면서 "생태학적인 활동가는 여러 생명의 방식과 형태에 대해 마음 깊이 우러나오는 존중이나 심지어 숭배를 습득한다."라고 언급하였다. 그러나 네스는 1984년 세션(G. Sessions)과 함께 심층생태주의 운동의 흐름을 8개 원리로 된 강령[27]으로 압축하면서, 첫 번째 항목에 "인간과 인간 이외 존재인 지구 생명의 생존과 번영은 내재적 가치를 가지며, 이런 가치는 인간의 목적에 맞도록 세계를 사용하는 것에 독립해 있다."라고 밝힌다. 그리고 같은 선상에서 심층 생태주의를 주도하는 폭스(W. Fox)는 원리적으로 "생명계의 모든 구성원들은 평등한 내재적 가치를 갖는다."라고 주장했다.

그러나 롤스톤(H. Rolston)은 1975년에 환경윤리의 첫 논문인 「생태학적 윤리가 존재하는가?」에서 적합한 생태학적 윤리는 자연에서 '좋음', '가치'를 발견하는 데 의존한다고 주장했다.[28] 그는 이후 일련의 논문에서 이 목표를 추구하면서 자연이 사용되어야 할 단순한 자원(resource)이 아니라 우리가 가치 있게 여기는 것의 원천(source)으로서 취급되어야 한다고 말했다. "사람들은 자원을 추구할 것이 아니라 원천을 찾으면서 초월적 순결함을 띤 존재의 요소적 흐름 속에서 관계성을 추구해야 한다."[29]라고 논의하면서 생태학적 윤리는 자연적 존재의 원천인 자연이 객관적인 내재적 가치(inherent value)를 가진다는 이른바 '비도구적 가치론'을 주장했다.

이후 자연의 비도구적 가치론에 대해서 테일러(P. Taylor)는 자연의 존재를 보전하고 존중할 "인간의 의무가 그들 존재에게 내재적 가치가 있다는 사실로부터 비롯된다."라고 주장하면서 "지구의 야생 공동체에 대한 우리의 노넉석 관계를 결정짓는 것은 최종직으로 내재적 가치를 갖는 존재로 여겨지는 개별 유기체들의 좋음"이라고 규정했다.[30] 이후 테일러는 체계적인 저술을 통해 생명을 존중하는 생명중심적 관점(biocentric outlook)으로 생물학적 좋음(biological good)

을 갖는 생명체를 볼 때, 생물은 내재적 가치를 갖고 그리고 비로소 "생명체가 해를 입거나 방해를 받아서는 안 된다는 원리를 인간의 도덕적 규범으로 받아들이게 된다."라고 하였다.[31]

한편 환경윤리에서 비도구적 가치론을 가장 잘 발전시킨 캘리콧(J. B. Callicott)은 적절한 환경윤리는 "인간 이외의 자연적 존재에게 도구적인 것을 넘어서는 가치를 승인하는 방식으로 명료화되어야 한다."라고 언급했다. 그는 일련의 논문을 통해 자연의 가치론을 발전시키는 과정에서 비도구적 가치를 목적적 가치와 내재적 가치로 구분했다. 자연적 존재나 그 과정의 가치가 "객관적이고 평가하는 의식에 독립적이라면" 그것은 "목적적 가치(intrinsic value)"를 갖고, "평가하는 의식에 독립적인 것은 아니지만" 도구적 가치 이외에도 "그 자체를 위해 가치가 있다면" 그것은 고유한 "내재적 가치(inherent value)"를 갖는다[32]고 주장하면서 환경윤리에서 독특한 가치론을 전개하였다.[33]

환경윤리학 연구에 대한 이러한 움직임들은 여전히 '도구적 가치＝인간중심주의', '내재적 가치＝비인간중심주의'로 되어 앞에서 언급한 자연권 이론과 내재가치이론이 처한 딜레마를 벗어날 수 없게 되었다. 이러한 입장에 최근 새롭게 시작하는 생태지향적, 거시윤리적 차원의 환경윤리학자들[34]은 환경윤리를 미시적 차원에서 인간중심주의를 어떻게 보편화할 것인가에 매달리는 것은 생태윤리의 차원에서 보면 실패한 담론이라는 것이다.[35]

그들은 지금까지의 규범윤리학이 관심가져 왔던 숙고의 윤리를 책임의 윤리로 응용하고 구체화하며 나아가서 철학적 윤리학의 핵심주제를 확대하는 일에 관심을 가지게 되었다. 소위 함께 책임지는 보편적 거시윤리[36]를 생태학적 위기 시대에 필요한 새로운 과제로 인식하기 시작했다.

 이상과 같이 앞에서 언급한 환경윤리학의 역사적 배경을 토대로 종합·정리해 보면 <그림 Ⅲ-1>과 같다.

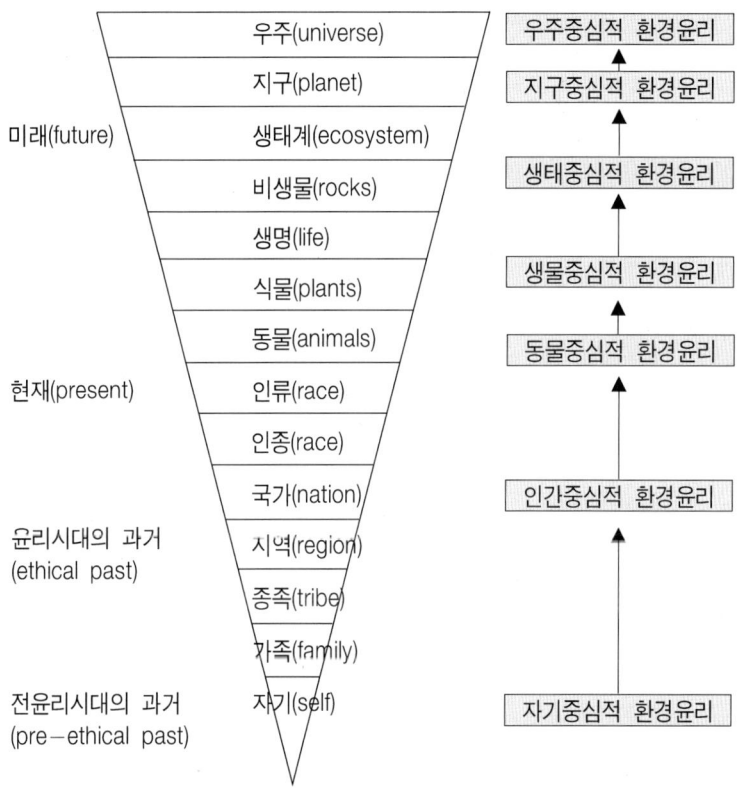

〈그림 Ⅲ-1〉 환경윤리의 역사적 발달 과정

위 그림에서 볼 수 있듯이 자연과 인간과의 관계를 다루는 환경윤리학의 관점에서 윤리는 인류의 지적 발달과 함께 그 영역을 확장하여 왔다고 볼 수 있다. 인간중심적 관점에서 윤리의식이 형성되기 전의 원시시대에는 개체 자체(self)의 생존이 주요한 관심사였으며, 서서히 인류 문명이 발달하여 사회를 이루고부터는 가족(family) 간의 윤리 그리고 조직화된 지역(region)과 종족(nation)으로 그 영역을 넓혀 왔다. 오늘날 인종(race) 간의 윤리와 인류 전체에 대한 윤리로 그 관심사를 확장시켜 왔다. 이에 따라 최근에 이르러 환경문제의 근원적인 해결방안의 하나로 지구환경에 대한 자각을 바탕으로 인간만을 포함한 기존의 윤리의 대상을 보다 확장하여 자연세계를 포함하는 환경윤리가 태동하게 되었다.

위 그림에서 알 수 있듯이 기존의 윤리학이 사람과 자연의 관계보다는 개인 또는 그들의 관계에 대해서 초점을 맞추어 왔다면, 환경윤리학은 바로 사람과 그를 둘러싸고 있는 주위 환경, 즉 자연과의 관계를 다루는 응용윤리학의 한 분야라고 볼 수 있다. 다시 말하면 윤리적 대상이 사람에서 시작하여 사람으로 끝나는 것이 아니라 자연과의 관계를 고려하는 데까지 나아갈 수 있다는 것이다.[37] 그런 의미에서 환경윤리 또한 기존의 인간중심적 환경윤리에서 윤리적 대상을 동물까지 포함한 동물중심적 윤리, 동물과 식물을 포함한 생물중심적 윤리 그리고 비생물을 포함한 생태중심적 윤리로 확장·발전되고 있다.

3. 환경윤리학 연구의 접근 유형

환경윤리학의 여러 입장들을 살펴보면 대체적으로 네 가지로 나누어 볼 수 있다. 인간중심주의,[38] 동물(감각)중심주의, 생물중심주의, 전체론인데, 전체론은 자연중심주의와 생태계 전체론으로 나누어진다. 이들 입장은 '무엇이 도덕적 행위 주체인가?', '인간은 자연계의 어디까지 도덕적으로 배려해야 하는가?', '도덕적 의무가 없는 존재도 도덕적 권리를 주장할 수 있는가?' 등 질문에 답하는 과정에서 서로 입장 차이가 나타난다.[39]

환경윤리학에 대한 이러한 다양한 접근방식들 사이에 일고 있는 논란은 무엇보다도 규범 설정의 토대가 되는 가치론적인 승인의 문제라고 볼 수 있다. 이때 '가치론적인 승인'이란 어떤 자연 존재가 다른 존재의 가치를 능가하는 독립적이고 '내재적인 가치(inherent value)'를 갖는가 하는 것이다.[40] 이러한 관점에서 일찍이 프랑케나(W. K. Frankena)는 생태학적 윤리를 도덕적 배려의 범위에 따라 인간중심주의적, 감각중심주의적, 생물중심주의적 그리고 전체론적 접근 등 네 가지로 구분[41]하였는데 이를 살펴보면 다음과 같다.

1) 인간중심주의적(Antropocentric) 접근

인간중심적 접근은 오직 인간에 대해서만, 다시 말하면 인간의 특성에 대해서만 어떤 '내재적인 가치'를 인정하는 입장이다. 여기서 자연에 대한 인간의 권리 행사의 기준은 바로 인간 자신이고, 현재 생존하고 있는 인류뿐만이 아니라 미래에도 계속해서 존속할 인간 전체를 포괄한다. 이 입장에 따르면 인간 이외의 자연에 대해서는 비본질적(파생적)인 가치만이 주어진다. 더욱이 그것도 인간과의 상호작용에 있어서 자연이 항상 온순한 관계를 유지할 때만 그렇다. 오직 인간에 의해 촉발되고 인간에 의해 그 한계가 정해진 자연의 힘, 상태 혹은 그 활동만이 본질적으로 가치 있다는 것이다. 인간중심주의적 접근은 서양의 윤리적 전통 전반에 나타나는 특징이라 할 수 있다. 이는 칸트로 대표되는 관념론적 철학체계에서 그 절정을 이르는데, 칸트는 자연을 오로지 '현상의 총체'로 파악한다.[42]

인간중심주의적 생태윤리에 대해서는 지금까지 다양한 비판이 제기되어 왔다. 인간중심주의에 의하면 자연은 이미 인간의 기술적인 조작의 대상, 즉 '도구적 이성'의 대상으로 주어진다. 하지만 이것은 분명히 오해이다. 왜냐하면 자연의 가치는 인간이 자연을 활용한다고 해서 소진되는 것이 아니기 때문이다. 인간중심주의자들 역시 자연의 '고유한 가치'[43]를 인정하지만 이러한 가치를 경험 주체의 독특한 경험 양식 혹은 지각 양식에 한정되는 것으로 본다. 이들의 관점에 따르면 대상에 부여된 가치는 인간을 위한 가치이지, '그 자체로서의 가치'는 아니라고 본다.

2) 감각중심주의적(Pathocentric) 접근

소위 동물중심주의라고도 불리는 감각중심주의적 접근은 '감각을 가진' 모든 자연 존재를 도덕적으로 배려해야 한다는 입장이다. 여기에는 인간뿐만 아니라 감각을 가진 짐승들도 내재적 가치를 갖는다고 본다. 이와 함께 여기서는 감각적 능력이 없는 자연의 간접적인 중요성도 고려된다.

감각중심주의의 대표적인 형태는 '고통 최소화의 윤리'[44]이다. 동물보호라는 이념을 확산, 관철함에 있어서 역사적으로 유효했던 이 이념은 영국의 공리주의, 쇼펜하우어의 철학, 슈바이처의 「생명에의 경외」 등 전통적인 인간주의적, 기독교적인 세계관에 비해 인간과 동물 사이의 경계선을 존재론적으로 덜 엄격하게 구분하는 관념이다.

"문제는 짐승들이 이성적인 추론을 할 수 있는가도 아니요, 그들이 말을 할 수 있는가도 아니다. 문제는 그들이 고통을 느끼는가이다."라는 벤담의 명언에 따라 감각을 가진 짐승들을 고통에서 해방시키는 공리주의의 문제영역이 되었으며, 1789년 이전의 루소와 볼테르도 이와 유사한 입장을 보이고 있으며, 칸트 윤리학을 격렬히 비판했던 쇼펜하우어의 '연민의 윤리' 역시 독일에서의 동물보호이념의 확산에 크게 기여하였다.[45]

3) 생물중심주의적(Biocentric) 접근

인간의 삶만이 내재적 가치를 갖는다고 보는 소수의 생물중심주의[46] 자들을 제외한 대부분의 생물중심주의자들은 감각을 갖고 있든, 갖고 있지 않든 간에 모든 생명체는 도덕적으로 배려해야 하며, 모든 살아 있는 것은 그 자체로서 고유한 가치를 갖는다고 주장한다. 또한 대부분의 생물중심적 생태윤리학자들은 생명의 고유한 가치뿐만이 아니라 명시적이든 암시적이든 간에 미, 질서, 목적론적 조직, 다양성 혹은 존경할 만한 연륜 등등, 다른 내재적 가치도 인정한다.

하지만 인간의 생명과 비교해서 동식물의 생명에 어떤 가치를 부여할 것인지에 대해 설명하는 생물중심주의자들은 그리 많지 않다. 모든 생명체를 동등한 가치로 취급할 경우, 한 식물의 멸종은 그것을 멸종시킴으로써만 다른 식물이나 동물 혹은 한 개인이 생명을 누리고 계속 살아갈 수 있을 경우에만 도덕적으로 허용될 수 있을 것이다. 만약 다른 생명, 특히 인간이 안락하고 교양 있는 삶을 위해 식물을 멸종시킨다면 그것은 도덕적으로 금지되어야 할 것이다. 동물과 식물은 그 등급에 따라 도덕적인 '의미'가 부여된다고 보는 애트필드(R. Attfield)[47]의 경우처럼, 이와 반대로 생물 유기체의 진화 정도에 따라 개별적인 삶의 내재적 가치 등급이 매겨지는 것이라면 이런 생물중심주의는 그렇게 과격하지는 않겠지만, 그럼에도 불구하고 쉽게 수용할 수 있는 결과로 되는 것은 아니다.[48]

4) 전체론적(Holistic) 접근

생물중심주의자들이 언제나 살아 있는 자연에 대해서만 내재적 가치를 인정하는 반면에, 전체론자들은 한 단계 더 나아가 생명이 없는 자연에까지 그 범위를 확대한다. 이들에 따르면 생명이 없는 자연물도 최소한 일정한 가치적 특성을 가지고 있는 한, 바로 그런 이유로 인간의 자연에 대한 행위에서 고려할 가치가 있다고 주장한다.

전체론적 접근은 신비주의나 혹은 극단적인 입장과 동일시되기도 하는데, 이들에 의하면 자연의 모든 현존은 이미 그 자체의 '단순한 존재'를 위한 내재적 가치를 가지며, 자기 보존의 '명백한 권리'를 갖는다는 것이다. 하지만 이러한 주장이 '전체론', '자연중심주의' 혹은 '생태중심주의'라는 이름하에 등장하는 많은 생태윤리학자들을 대변하는 입장은 아닐 것이다.[49] 전체론자는 내재적 가치를 일정한 미적, 구조적, 역사적 특징에 연결시키지는 않는다. 이러한 특징에는 개별적인 자연물 혹은 생물, 생태계, 자연경관 등 자연물의 집합이 여기에 속하는데, 개별적인 자연물의 경우 밴츠(P. Wenz)[50]가 말하는 '자연중심주의'라고 부를 수 있고, 생태계 전체를 문제 삼는 경우 '생태중심적 전체론'이라고 부를 수 있다. 따라서 '생태중심적 전체론적' 접근은 대체로 자연 전체뿐만 아니라 개별적인 자연존재에 대해서도 가치를 인징한다고 볼 수 있다.

이와 같이 대부분의 환경윤리학자들도 이러한 네 가지 접근방식을 통하여 환경윤리에 대한 입장을 밝히고 있는데,[51] 황경식[52]은 인간중심적 윤리, 동물중심적 또는 생태중심적 윤리, 자연중심적 윤리로 구분하고 있으며, 구승회[53]는 '인간중심주의', '감각중심주의', '생물중심주의', '전체론'으로 구분하였으며, 한면희[54]는 '인간중심적 환경윤리'와 '비인간중심 환경윤리'로 구분하고, 비인간중심 환경윤리를 다시 '개체론적 환경윤리'와 '전체론적 환경윤리'로 세분하였다. 그리고 다시 전체론적 환경윤리를 자연에 고유한 가치를 승인하는 '고유한 가치론'과 자연에 내재적 가치를 승인하는 '내재적 가치론' 그리고 자연에 온 가치를 승인하는 '온 가치론'으로 세분하였다.

특히 데자르뎅(J. R. DesJardins)[55]은 '인간중심적 윤리', '비인간중심 윤리' 그리고 '전체주의 윤리'로 구분하였다. 여기서 '인간중심적 윤리'는 인간만이 도덕적 가치를 지닌다고 보며, 주로 대기오염, 수질오염, 유독폐기물, 살충제 남용, 자원보호 그리고 핵폐기물 처리와 같은 문제들에 관심을 갖는다. 다음으로 '비인간중심적 윤리'는 동·식물과 같은 자연물에도 도덕적인 지위를 부여하며, 주로 동물에 대한 윤리적 대우 또는 멸종 위기의 동·식물에 대한 논쟁에 관심을 둔다. 그리고 마지막으로 '전체주의 윤리'는 생태학에서 많은 영향을 받아서, 개체들의 집합 또는 관계에 대한 도덕적 책임을 요구한다.

최근 진교훈[56]은 환경윤리의 입장에 대해 세 가지로 구분하였는데, 첫째는 인간중심적인 윤리가 아닌 '자연중심적인 윤리'이고, 두 번째로는 생태학적인 방향과 인식을 가지고 종래의 도덕공동체의 범위를 보다 확대한 규범윤리, 이를테면 '생명중심적인 윤리'[57]이다. 그리고 마지막 세 번째 입장은 보다 신중하고 합리적인 그러나 '인간중심적인 윤리'이다.

이상에서 살펴본 환경윤리에 대한 접근방식을 유형별로 정리해 보면 <표 Ⅲ-1>과 같다.

<표 Ⅲ-1> 환경윤리에 대한 접근 유형

구 분	환경윤리에 대한 접근 방식				
Frankena(1979)	인간중심적	감각중심적	생물중심적	전체론적	
Elliot(1991)	인간중심적	동물중심적	생물중심적	비생물 중심적	생태적 전체론적
Singer(1991)	인간중심적	동물중심적	생물중심적	생태학적 전체론적	
Zimbathy(1992)	인간중심적	생물중심적 또는 생태중심적		감정적	
DesJardins(1993)	인간중심적	비인간중심적		전체주의적	
황경식(1994)	인간중심적	동물중심적 또는 생태중심적		자연중심적	
구승회(1997)	인간중심주의	감각중심주의	생물중심주의	전체론	
한면희(1997)	인간중심적	비인간중심적			
		개체론적		전체론적	
진교훈(1998)	인간중심적	생명중심적		자연중심적	

이러한 환경윤리에 대한 접근방식의 유형을 살펴보았을 때 몇 가지 평가가 가능하다. 먼저 인간중심주의적 접근방식은 인간 이외의 자연에 대한 본질적 가치를 인정하지 않는다는 점에서 환경윤리의 규범을 설정하는 데는 적절하지 않은 태도라고 할 수 있다. 근대의 기계공업적 생산양식 사회의 가상 일반적인 윤리학적 태도가 바로 이것이라고 볼 때 오히려 이러한 방법은 수정해야 마땅한 태도라고 할 수 있다.

감각중심주의적 접근방식은 전통적인 견해에서도 동물들에 대한 감정적 연민을 가져야 한다는 태도가 있었던 만큼 환경윤리의 새로운 규범을 위한 적극적인 방법이라고 보기는 어렵다고 볼 수 있다. 전통적으로 사람들이 가져 왔던 동물들에 대한 감정적인 배려는 생태학적인 자각에서 비롯된 것이 아닌 만큼 이 역시 환경윤리를 위한 적극적인 접근방식으로 보기는 어렵다고 할 수 있다.

생물중심주의적 접근방식이나 전체론적 접근방식은 생태학적인 인식과의 연관 속에서 본다는 점에서 환경윤리를 위한 접근방식으로서의 적극적인 의미를 갖는다고 할 수 있다. 그런데 레오폴드(A. Leopold)가 말하는 대지윤리(Land Ethics)와 같은 생태중심의 전체론적 접근방식[58]은 인간중심의 윤리에 익숙해 있는 사람들에게는 사람의 영역을 급격하게 축소시킨다는 점에서 환경파시즘이라고 몰아세우지만 그러한 비판은 일면적임을 부인할 수 없다.

하지만 앞에서 살펴본 환경윤리에 대한 접근 유형들 가운데 전체론적 접근이 가장 솔직한 자연 경험에 가까이 있음을 알 수 있다. 물론 전체론적 입장에 대해서도 생명중심주의에 대해서와 마찬가지로 비판론자들은 자연존재 혹은 자연물에 내재적인 가치를 부여한다고 해서, 이것들에 '도덕적 권리'를 부여한다는 의미는 아니라고 주장한다. 그러나 생명중심주의자들이나 전체론자들은 도덕적 권리를 의식 없는 자연존재나 심지어 생물학적 종의 집단에까지 확대, 적용시키지는 않는다. 그들은 인간에게 자연의 내재적 가치를 보존할 '명백한 의무'를 부과하는 일에만 국한시킴으로써 이러한 비판을 쉽게 벗어날 수 있다.[59] 하지만 객관적으로 현존하는 가치, 의무의 원리 혹은 권리 그 자체는 인간중심적인 것은 아니지만 주관적 자연권에 대한 논의는 결국 인간중심적이 될 수밖에 없다는 한계를 지니고 있다.

따라서 우리는 인간의 삶과 건강 그리고 행복을 가져다주는 자연의 도구적 가치와 함께 생명의 내재적 가치를 동시에 인정하는 균형 잡힌 생태적 감각을 가질 필요가 있다. 이때 내재적 가치와 목적적 가치라는 양면성을 구별하여 통일적으로 이해할 필요가 있다. 즉 엄격한 인간중심주의를 약화시켜 '약한 인간중심주의'로, 엄격한 자연중심주의를 '약한 자연주의'로 돌려놓을 필요가 있다. 다시 말하면 인간을 자연으로부터 소외시키는 근대의 발전 자체를 문제 삼는 것이 아니라, 그것을 지향하는 근대성을 재구성하여 고대 정신, 가령 폴리스 정신 혹은 공동체 정신 등과 조화시킴으로써 양자를 화해시켜야 한다. 진보한 인간의 의식으로 진화의 과정에 개입하고, 진화의 담지자로서의 도덕적 책임을 감당할 뿐만 아니라 아울러 인간의 고도한 주체성을 통해 자연의 모든 생태계를 하나의 온전한 생명으로 지켜 나가지 않으면 안 된다.[60]

비록 지금까지의 환경윤리에 대한 접근은 주로 가치론의 범주에서 벗어나지 못한 한계를 지니고 있다고 볼 수 있다. 인간과 자연적 대상 간의 관계, 도덕적 고려 및 책임의 범위를 확장했다는 점에서 전통적인 윤리보다 한 단계 발전했다고 평가받을 수 있지만 생활 세계의 복합적인 관계 및 상호작용을 체계적으로 다루는 데에는 여전히 이론적이고 지엽적인 논의 수준에 머물고 있다. 따라서 앞으로 환경 문제를 전체적으로 다루기 위해서는 자연적 환경, 사회적 환경, 정신적 환경 간의 상호작용을 모두 포괄할 수 있는 체계론적 접근[61]의 틀이 필요하다고 할 수 있다.

4. 환경윤리학 연구의 내용과 논의의 쟁점들

최근 구미를 중심으로 훼손되어 가는 자연에 대한 인간의 책임과 도덕성을 제고시키고, 인간의 정신적 자각에 의한 도덕적 인식과 가치부여를 통해 환경문제를 해결하고자 하는 학문 분야의 하나로 환경윤리학이 차츰 자리를 잡아가고 있다. 이러한 환경윤리학에 있어 각 사물의 가치는 모든 만물이 그 나름대로 존재의 의미를 갖고 있다는 본질적 가치(intrinsic value) 또는 내재적 가치(inherent value)와 나름대로 필요하기 때문에 존재의 의미를 갖는다는 수단적 가치 또는 도구적 가치(instrumental value)로 나누어 살펴볼 수 있다.[62)]

불교를 제외한 기존의 종교 및 철학에 있어 윤리도덕의 주체와 행위의 대상은 오직 인간뿐이었다. 윤리도덕은 반드시 인간만을 위한 윤리도덕이었으며, 인간의 아픔과 기쁨 그리고 복지에만 관심을 쏟았을 뿐 인간 이외의 다른 생명체는 고려의 대상이 되지 않았다. 이와 같이 인간만이 윤리의 대상이라는 기존의 윤리학을 인간중심적 윤리학(Ethics of anthropocentrism)이라 한다.

인간만이 윤리 공동체 일원의 자격이 있고, 따라서 인간만이 윤리적 고찰의 대상이 된다고 전제하는 종래의 모든 윤리학의 근거는 단순하다. 그것은 다름 아닌 인간만이 유일한 존재, 우주 내의 그 어떤 것들과도 뚜렷이 구분된 존재라는 전제이다. 이 전제는 인간만이 내재적 가치가 있고, 그 밖의 모든 존재들은 오로지 내재적 가치를 가진 인간을 위한 도구적 가치, 즉 외재적 가치만을 가지고 있다는 견해로 이어진다. 이러한 인간중심적 사고는 칸트나 밀의 윤리학은 물론 모든 서양식 윤리학에 전제되어 있지만, 그중 가장 두드러지고 적나라하게 나타난 것은 유태교로부터 기독교를 통해서 이슬람교로 이어지는 서양 종교에서이다. 하느님이 우주의 만물을 만든 것은 인간을 위해서라는 믿음이 서양 종교의 가장 밑바닥에 깔려 있다.

이러한 인간중심적 환경윤리는 인간의 특수한 지위와 우월이 모든 다른 생물에 대하여 절대적으로 특권을 가지고 지난 수백 년 동안 유지되어 온 개념으로, 윤리적 의무는 인간에 대해서만 존재하고, 인간을 제외한 자연은 단지 인간과의 관계에 의해서만 그 가치가 결정된다. 이러한 관계는 자연이 인간을 위하여 실용적, 기술적인 측면에서 도움이 되는 대상이거나 또는 관조적 관계 대상이 될 때에만 가치가 주어지게 된다는 것이다. 그리하여 인간이 자연을 정복할 수 있고, 정복해야만 한다는 신념이다. 오늘날까지도 이와 같은 자연과 환경에 대한 우세한 태도는 자연과 환경을 도덕적, 논리적 대상으로 고려하기보다는 역시 인간을 위한 수단적 가치로서 고려되고 있는 측면이 강하다.

이러한 지배적 세계관의 산물인 강한 인간중심주의를 극복하고자 생명 및 환경영역에서 패러다임의 확장과 전환이 도모되었다. 개체 생명체의 존중을 통해 문제해결에 다가가려는 생명론으로는 동물해방론(animal liberation)[63]과 동물권리론(animal rights)[64] 그리고 생물중심주의가 그것이다.

동물중심적 윤리학(Ethics of animocetrism)은 동물에 대한 박애정신을 바탕으로 윤리의 기준이 인간중심적 환경윤리에서와 같이 인간만이 윤리적 고려 대상이 아니라, 고통과 감정을 가진 동물 또한 윤리적 대상으로 고려되어야 한다는 것이다. 즉 인간 각자가 고유한 생활을 갖고 있을 경우 어느 누구에게서도 침해당할 수 없는 내재적 가치를 가짐으로써 고유한 도덕적 권리를 가지고 있는 것과 마찬가지로, 고유한 생활을 영위하는 동물도 목적으로 대우받을 내재적 가치를 갖기에 인간이 의무로서 존중할 도덕적 권리를 갖는다는 것이다. 피터 싱거(P. Singer)는 한 삶에 필연적으로 따르는 어떤 필요성, 그런 필요성 때문에 반드시 생기기 마련인 고통이 윤리적 의식의 근원이 된다는 관점에서 생존해 있으면서 어떤 필요성을 갖고 고통을 느끼거나 느낄 수 있는 모든 것을 필연적으로 윤리적 대상에 포함될 수 있다고 하였다. 그리하여 싱거는 윤리공동체를 인간사회로부터 인간 이외의 모든 동물사회로 확장시켜야 한다고 주장한다.[65] 이렇게 인간이 동물을 도덕적으로 대우하고 또 그 책임에 상응하는 정책을 펼친다면 지구상의 생명위기는 해소될 것이라고 기대한다.

그러나 최근의 과학이론에서 나타나고 있듯이 동물과 식물 간의 근본적인 관계에 의해 식물들도 하나의 삶의 형태를 갖고 있으며, 따라서 생존할 필요성을 느끼면 가능한 자신의 생명을 연장시키고 확장하려는 자연의 원리를 따른다는 사실을 통해 동물뿐만이 아니라 식물도 포함해서 살아 있는 모든 생명체를 윤리적 대상에 포함시켜야 한다는 생물중심적 윤리학(Ethics of biocentrism)이 등장하게 된다. 생물중심적 윤리학의 핵심은 모든 생물들이 그 자체로 내재적 가치를 가지며 따라서 그만큼 존중되어야 하고 윤리적 배려를 받을 권리가 있다고 주장한다. 그것은 윤리의 대상이 모든 생물에까지 확장되어야 한다고 믿는다. 만일 한 인간이 다른 사람을 목적을 위한 수단으로 보는 것이 윤리적으로 잘못이듯이 어떤 생물을 인간을 위한 도구로 대하는 것도 역시 윤리적으로 잘못이라는 것이다.

인간중심적 윤리학 입장에서 본다면 생물중심적 윤리학은 매우 황당한 것일 수도 있다. 하지만 다윈(C. Dawin)의 진화론(the theory of evolution)은 인간과 동물의 근본적인 연속성을 보여주며, 프로이트(S. Freud)의 정신분석학(psychoanalysis)은 이성이라는 기능이 인간의 본질이 아님을 증명했고, 최근의 생화학(biochemistry)은 생물과 화학적 성분의 밀접한 관계를 밝히고 있으며, 최신의 물리학(physics)에서는 유기물과 무기물의 경계를 무너뜨리고 있다.[66] 이처럼 현대 과학은 그렇게도 서로 다르고 다양해 보이는 사물 현상들이 궁극적으로는 '단 하나'의 존재, 서로 국경을 그을 수 없는 '단 하나의 전체'[67]라는 세계관으로 생물과 비생물의 연계성을 강조하고 있다.

이와 같은 객관적 사실을 근거로 볼 때, 인간과 동물, 동물과 식물 간의 형이상학적 구별은 물론 생물과 물질의 형이상학적 구별, 정신과 육체의 존재론적 구별도 결국은 궁극적인 근거가 없는 인위적이고 인간에 의한 독단적 구별에 지나지 않는다는 사실을 알게 된다. 힌두교, 불교, 유교, 도교 그리고 과학에 깔려 있는 일원론적 세계관, 모든 사물이 근본적으로는 '단 하나'의 '전체'에 불과하다면 그리고 인간과 동물, 심지어 식물까지도 그 자체로서 가치가 있고 따라서 존중되어야 한다면 돌, 물, 모래 등까지도 역시 그 자체로서 가치가 있고 따라서 존중되어야 한다는 것이다. 만일 인간이 그 자체로서 가치가 있기 때문에 윤리적 배려를 받을 권리가 있고, 그렇기 때문에 윤리적 대상에 포함되어야 한다면, 동물, 식물 그리고 돌과 물, 모래 등도 윤리적 배려를 받을 권리가 있으며, 또한 윤리적 대상에 포함되어야 한다는 것이다. 그리하여 윤리적 대상은 인간에서 동물로, 동물에서 생물로, 생물에서 그 밖의 모든 사물들, 즉 자연 전체로 확대되어야 한다는 생태중심적 윤리학(Ethics of ecocentrism)이 나타나게 된다. 이러한 생태중심적 환경윤리는 이제 인류를 포함한 모든 생명체와 지구 전체의 운명론적 입장에서 공존, 공영하는 시대적 가치로 대두되고 있다.[68]

또한 최근 환경윤리에서 주로 논의되고 있는 주제는 윤리의 대상 확대와 세대 간의 윤리문제라고 할 수 있다. 윤리의 대상 확대는 앞에서 살펴보았듯이 인간만이 아닌 동식물의 각 생물종과 비생물을 포함한 생태계 전체가 가지고 있는 자연의 권리(right of nature) 문제로서 각자의 고유한 가치를 인정해 주어야 한다는 것이다. 인간만이 생존권이 있고, 자연물에는 생존권이 없다고 한다면 인간의 생존을 위해서는 결국 자연을 파괴할 수 있다는 것이 정당화된다. 그러므로 인간만이 중요하다고 주장하는 것은 전형적인 인간중심적 사고방식으로 오늘날과 같은 지구환경 전체가 위협을 받고 있는 상황에서는 부적절하다고 볼 수 있다. 따라서 지구 전체적인 차원에서 인간뿐만이 아니라 모든 존재물들이 상생(相生)하는 권리를 인정해 주어야 하며, 윤리적 대상 또한 모든 존재로까지 포함되어야 한다는 것이다. 그리고 세대 간의 기회 균등의 관점에서 볼 때, '세대 간의 윤리문제'란 그동안 우리가 윤리의 대상으로 삼아 온 것은 현세대에 관한 것이었다. 그러나 우리가 고려해야 할 것은 아직 태어나지 않은 미래 세대들에 대한 것이다. 우리가 향유한 것과 똑같은 자연환경을 후세들도 똑같이 향유할 수 있도록 해야 한다는 것이 현세를 살고 있는 우리들이 후세들에 대해 가져야 할 책임이라는 것이다.

지금까지의 환경윤리학에 대한 논의는 최소한 윤리학의 연장선상에 있다고 할 수 있다. 특히 권리라는 개념이 환경오염이라는 외부적인 요인과 전통적인 윤리학의 한계에 의한 자연스런 발전에 따라 환경윤리학이 등장하게 되었다.[69] 환경윤리학자 유진 하그로브(E. C. Hargrove)는 "환경윤리학은 전통적인 윤리학의 영역으로 흡수되어 이해될 수 있으며, 지금 낯설다고 해서 전혀 이질적인 것은 아니다. 환경윤리학이 변혁의 윤리학으로서 기존의 권리 개념을 근본적으로 부정할 수 있고, 또 실제 그런 차원에서 논의가 전개된 것도 사실이다. 그러나 환경윤리학의 위치가 윤리학사와 동떨어진 것은 아니다. 권리의 개념이 확대되어 해석되느냐 아니면 질적으로 기존의 윤리 개념을 부정하여 전혀 새롭게 해석되느냐가 논의의 대상이 되기는 해도 역사 속에서 이해되어 온 윤리학의 영역을 벗어날 수 없다."[70] 라고 하였다.

환경윤리학은 1970년대부터 미국을 중심으로 논의되기 시작했지만 환경윤리학은 윤리학의 범주를 벗어나지는 않는다. 환경윤리학이 논의되고 있지만 샌드위치의 윤리학이라고 불릴 정도로 환경윤리학자 혹은 환경운동가들로부터 비판을 받고 있다. 특히, 환경윤리학자들 간에도 입장 차이가 커서 의견의 불일치가 상당히 있는 편이다.

환경윤리를 논하는 곳에서는 언제나 도덕적 권리, 도덕적 주체의 권리, 본래적 가치, 이익 관심의 소재 혹은 최소한 도덕적으로 배려해야 하는 범위를 정하는 일을 놓고 논쟁을 벌인다. 이러한 논쟁 가운데 특히 중요한 것은 우리의 도덕적 고려와 의무의 범위를 과연 어디까지 확장하느냐 하는 문제라고 할 수 있다. 예컨대, 아직 태어나지 않은 미래 인간 세대들도 의무를 지는가, 동식물과 같은 인간 이외의 살아 있는 존재들까지도 의무를 지는가, 만일 우리가 인간 이외의 동식물까지 도덕적 의무를 질 경우, 개체들만 지는가 또는 전체 집단(종들)까지 지는가, 생태계를 구성하고 있는 살아 있지 않은 대상들까지 지는가 등에 관한 것이다. 최근에 주로 논의되고 있는 환경윤리의 주제 또는 쟁점을 정리해 보면 다음과 같다.[71]

1) 과학과 윤리의 조화: 과학이 없는 윤리는 공허하고 윤리가 없는 과학은 맹목이다.
2) 미래 세대에 대한 책임과 의무: 지속가능한 발전의 철학적 바탕
3) 생물의 권리: 동물 복지와 야생 지역의 보존
4) 경제중심주의의 폐해와 그 대안: 측정, 비교, 효율, 가치의 문제
5) 다양성 문제: 소수에 대한 배려, 여성, 아동, 노인, 지역차 문제
6) 환경운동의 흐름: 환경개량·기술중심주의, 심층생태주의, 생태여성주의 등
7) 개인의 권리: 개발 제한과 사적 소유권 문제, 공공재의 이용과 관리

이와 함께 일반적으로 환경윤리학 혹은 생태윤리학에서 논의되고 있는 환경윤리의 쟁점은 자연과 인간의 위치 설정에 대한 입장 차이에 따라 급진적이냐 보수적이냐가 판가름 나는데, 대표적인 논의의

쟁점들을 종합해 보면 다음과 같다.[72)]

첫째, 생태학이나 유기적 자연관은 근본적으로 새로운 윤리, 즉 인간중심적인 윤리(Anthropocentrism)가 아닌 자연중심적인 윤리(Ecocentrism)를 중심으로 해야 한다는 입장이다. 이는 자연 속에 내재하는 본질적 가치를 지적하며, 따라서 인간만이 아니라 자연현상 역시 존중받아야 하며 인간은 자신뿐만 아니라 자연환경에 대해서도 도덕적 의무를 갖는다고 주장한다. 알도 레오폴도(A. Leopold)는 우리 인간이 자연의 모든 구성 요소들을 포함시킴으로써 도덕 공동체의 구성원 자격을 확장하는 보존의 원리, 즉 토지윤리(Land Ethics)가 필요하다고 말한다.[73)] 그러나 이러한 입장에 서는 학자들은 체계적인 논거를 제시하기보다는 기존의 윤리설의 한계를 지적하거나 새로운 윤리를 암시하는 정도에 그치고 있다.

둘째, 생태학적 연구가 새로운 윤리의 전개를 필요로 하나 그것은 보다 덜 극단적인 의미에서의 새로운 윤리, 즉 생태학적인 방향 정립과 생태학적인 인식을 가지고 종래의 도덕 공동체의 범위를 보다 확대한 규범 윤리, 이를테면 동물중심적이거나 생물중심적인 윤리(Biocentrism)의 입장이다. 이것은 전통적인 윤리이론을 개조하고 수정함으로써 새로운, 특히 생태학적인 가치와 의무들을 받아들일 수 있는 그러한 새로운 규범 윤리를 발전시키는 것이다. 그러나 이러한 입장은 첫 번째 입장과 유사하게 전개되거나 혼동을 일으킴으로써 주장하는 사람들의 입장이 분명하지가 않다.

셋째, 생태학적 연구가 중요하기는 하지만 그로 인해 윤리학의 근본적인 혁신이 필요한 것은 아니며, 단지 우리의 도덕적 의무와 권리에 대한 보다 신중하고 합당한 규범윤리학, 그런 의미에서 보다 신중하고 합리적인 그러나 인간중심적인 윤리학(anthropocentrism)의 입장이다. 이러한 입장에 따르면, 생태학이 도덕이나 윤리에 깊은 관심을 갖는 것은 그것이 인간의 행위가 갖는, 예측하기 어려우나 지극히 중요하고 미묘한 그리고 널리 미치는 결과들을 보여주고 있기 때문이라는 것이다.[74]

이상에서 볼 수 있듯이 환경윤리학은 인간과 자연세계 간에 성립하는 도덕적 관계에 관심을 가지며, 이러한 관계를 규율하는 윤리적 원리들은 전 지구적인 자연환경과 그 속에 거주하는 모든 식물과 동물들에 대한 인간의 의무와 책임을 규정해 준다. 그리고 환경문제에 대한 우리의 이해를 확대하고, 우리의 관점과 이해를 변화시키고, 일반적인 사유 방식에 함축되어 있는 한계를 벗어나게 함으로써 생태학적 위기 극복을 위한 가장 근원적이고 본질적인 해결 방향을 제시하는 데 중요한 역할을 제공해 준다고 할 수 있다.

현재 환경윤리학은 양적으로나 질적으로 변화·발전해 가고 있는 추세이며, 이론상 반론의 여지가 없는 것도 아니지만 현세대뿐만 아니라 미래 세대 그리고 현재 살고 있는 모든 존재에 대한 공존의 철학으로서 지금 이 자리에서의 인류의 자각에 다른 양식 있는 책임과 의무만이 지구 전체의 생존을 위한 토대가 된다는 점에서 새로운 환경가치의 정립이 무엇보다도 필요하다는 점에서 환경윤리가 시대윤리로서 제기되고 정립되어 나가야 할 것이다.

5. 환경윤리학 연구의 과제와 방향

환경윤리학은 실천철학 혹은 응용윤리학의 독립적인 하부 분과로 간주되고 있는데, 그것은 자연에 대한 혹은 자연 속에서의 인간의 행위와 태도를 조절할 도덕적 원칙과 규범들을 근거 짓고 체계화하고 그에 따라 행하도록 요구한다. 달리 말해서 환경윤리학의 연구과제는 생태학적 위기의 원인 분석, 환경윤리의 원칙 정립, 제시된 원칙의 비판적 검증의 문제로 요약되며,[75] 그 학문적 목표는 "인간과 자연의 관계에서 올바른 행위 규범과 가치관을 설명하고 근거 지음으로써 생태학적 위기 문제 해결에 기여하려는 것이다."[76]

오늘날 환경윤리학은 일반적으로 다음과 같은 세 가지 문제를 중요한 과제로 삼고 있다.[77]

첫째, 자연 속에 살고 있는 모든 생물들의 생존권의 문제이다. 즉 동물권, 식물권은 인권과 함께 생태학적 차원에서 다루어야 한다는 것이다. 이것은 인간중심주의를 부정하고 범생명주의를 지향하는 것이다. 한마디로 생태학적 사고에 입각한 윤리학이라고 할 수 있다.

둘째, 현세대에 사는 우리들은 다음 세대 내지 미래 세대들의 생존가능성에 책임이 있다는 것이다. 현세대의 환경파괴는 미래 세대의 생존권의 부정을 의미하며 가해자요 파괴자가 되는 것이다. 지구의 생태계는 닫힌 체계이며 유한한 세계이다. 따라서 중요한 문제는 현세대와 미래 세대 간의 배분의 윤리가 고려되어야 한다는 것이다.

셋째, 지구환경의 위기를 극복하려면 인간중심의 개발 패러다임에서 범생명의 공생가능한 지구환경 패러다임으로 학적 태도가 전환되어야 한다는 것이다.

지금까지 많은 학자들은 환경윤리를 논거가 확실한 토대 위에 세우기 위해 다방면으로 연구해 왔는데, 이런 노력들은 대체로 세 방향으로 요약될 수 있다.[78]

첫째, 전통적인 형이상학적 자연관에 호소하는 일이다. 관습적인 윤리학을 포기하고, 목적론적 세계관을 새롭게 해석한 한스 요나스(H. Jonas)는 자연 형이상학적 전제를 가지고 '우주정치적 윤리(Kosmopoliticsche ethik)'를 주장한다.[79] 자연 형이상학적 전제란 아리스토텔레스적인 목적론적 형이상학을 말한다. 즉 인간의 목적과 목적 추구는 자연 속에 내재해야 한다. 자연에는 존재 그 자체를 위한 객관적 자연 목적이 내재하기 때문에 자연에 대하여 책임을 져야 한다는 주장이다. 이때 책임이란 인과 책임이 아니라, 미래 책임이다. 요나스는 우리가 미래에 대해 책임져야 하는 이유는 미래의 인간 자체에 대해 책임지는 것이 아니라, '인간의 이념(Idee des Menschen)'에 대하여 책임지는 것이라고 말한다. 그러므로 책임이란 "인간의 이념에서 나온 목적론적 정언명령(categorical imperative)"[80]으로 된다. 요나스처럼 인간은 자연의 목적에 위배되는 행위를 해서는 안 되고, 자연에 종속되어야 하는 이유가 이런 정언명령에서 나온 것이라면 그것은 목적론적 도덕신학이라는 비판을 면하기 어려울 것이다.

둘째, 일부 사람들은 전통 윤리학과는 구별되는 새로운 윤리학을 세우려고 시도하기도 한다. 주로 '생태윤리'라는 이름하에 논의되는 이런 입장은 주로 심층생태론자들 사이에서 논의된다. 또 동양적 자연관에서 모티브를 얻으려는 일련의 시도들도 그러하다. 모든 규범윤리학 이론과 원칙을 자연윤리학(Natur-Ethik)적 원칙과 이론으로 환원하는 일은 가능하지 않을 뿐만 아니라, 그런 준칙이 사람들의 생활에 내면화되기 전에 환경은 무너지고 말 것이다.

셋째, 어떤 이들은 '자연보호'나 '환경보호'의 실제적인 법과 규칙을 구성하는 일은 환경도덕을 세우는 일보다 더 우선적인 일이라고 주장한다. 따라서 환경운동의 이념 속에 환경윤리가 포함된다고 본다. 자연보호법, 환경관리법이 바로 환경윤리의 준칙이라고 믿는 삶들이다. 그러나 환경운동 역시 사람들의 일이고, 그 이념은 사람들의 이익에 관심을 두기 때문에 환경윤리가 문제 삼는 영역을 포괄할 수 없다. 야생동물 보호운동, 생물다양성 보호운동, 자연경관 보호운동 등은 기왕의 인간사회의 힘의 관계를 전제로 하고 있기 때문에, 환경윤리보다는 '환경정책', '환경사회이론'을 선호한다. 그러나 머레이 북친(Murray Bookchin)의 비판처럼,[81] 이는 새로운 환경 이데올로기를 만들어 낼 뿐이다.

이와 함께 생태학적 위기 극복을 위한 새로운 방안뿐만 아니라 인간의 생대학직 양식의 부활을 강조하고 환경보호를 위한 적극적이고 새로운 생태학적 윤리가 마련되어야 한다고 주장하는 대표적인 환경윤리학자들을 살펴보면, 요나스(H. Jonas)의 『기술시대의 생태학적 책임의 윤리』와 이마미치 도모노부(今道友信)의 『에코 에티카』(eco-ethica), 정화열의 『생태철학과 보살핌의 윤리』를 들 수 있다.[82]

요나스는 기술문명시대를 위한 새로운 윤리학으로서 책임의 원칙을 강조한다.[83] 그는 공학에 의해서 뒷받침된 기술이 자연세계의 총체적인 이용과 파괴라는 단계를 넘어서 그것을 만들어 낸 인간 자체까지도 조작하고 파괴할 수 있는 위력을 갖게 된 현실 속에서 우리에게는 단순히 인간에게만 관심과 애정을 요구하는 전통적 윤리학으로는 불충분하다고 전제하고, 우리가 저지른 일의 결과로 인해 우리의 후손의 삶의 본질이 위협받거나 더 심한 경우 절멸하게 될지도 모른다는 우려에 근거한 '새로운 책임의 윤리'가 요청된다고 주장한다.

그는 먼저 현대 기술이 얼마나 위험한 것인지를 문제 삼는다. 기술은 자연과 인간을 동시에 멸망시킬 수 있는 단계에 도달했고, 이 기술에 적절한 통제를 부여하지 않으면 우리가 파멸을 맞게 될지도 모르므로 책임이라는 중요한 의무가 부과된다는 것이다. 그에 의하면, 생태학적 위기는 자연의 불가침성과 면역성을 너무 과신한 나머지 자연환경에 인위적으로 간섭하여 물질적 부를 축적하고자 하는 인간의 오만에 비롯되었다는 것이다. 그는 인류의 미래를 위협할 요소들에 대해 두려움을 인지하는 것이 미래윤리를 모색하는 데 있어서 중요한 요소라고 지적한다. 따라서 그는 유토피아를 제시하는 '희망이나 구원'의 예언에 도취되기보다는 현재의 인간 행위가 미래세대에 가져다줄 불행가능성을 겸허히 인지할 때, 비로소 도덕적 행위의 척도나 원칙을 발견하게 된다고 주장한다. 이러한 그의 '책임의 윤리'는 바로 미래에 대한 '공포의 발견술(Die Heuristik der Furcht)'[84]에 근거하고 있다.

그에 의하면, 자연에 대한 책임이 요청되는 것은 자연이 인간에게 필요한 것이기 때문이라는 공리적인 고려에서 나오는 것이 아니라,

자연도 그것 자체로서 인간의 자의성에 항거할 수 있는 존엄을 가지고 있고, 우리는 자연에서 생성된 존재로서 자연이 생성한 다른 유사한 것들 전체에 대해 신의를 지킬 의무가 있기 때문이다. 요나스가 강조하는 기술시대의 생태학적 책임의 윤리는 인간이 온 생명의 유지와 지속에 대해 막대한 책임을 지고 있으므로 미래의 존재에 대한 책임을 지는 삶은 필연적으로 제한적인 것으로서의 소박한 삶의 윤리라고 할 수 있다.

이마미치 도모노부[85]가 말하는 '에코 에티카(eco-ethica)'란 과학기술을 환경으로 하는 현대 사회에서의 생권윤리(生圈倫理)이다. 그는 자연이 주요 환경이었던 과거와는 달리 기술 연관에 의해 그물망처럼 얽혀 있는 현대 사회에서는 인간의 존재론적 구조가 변하고 있고, '자연-사회-인간' 간의 관계도 다극화되고 있다고 말한다. 따라서 그에 따르면, 윤리학을 단순히 '인간관계에 관한 학문'으로 규정하는 종래의 윤리학적 관점이나 학설사 위주의 윤리만으로는 생태학적 환경 변화에 부응하기 어렵다는 것이다. 윤리에서의 혁명적 변화를 시도하기 위해서는 윤리 주체와 객체 모두에 있어서 다층화를 기해야 한다고 주장한다. 윤리의 주체를 개인만이 아닌 사회, 조직, 국가, 국세 수준으로 다층화 함은 물론 윤리 적용의 대상 역시 개인 간의 관계에만 국한시킨 대면윤리(對面倫理)가 아닌 대물윤리(對物倫理)로 확장[86]시킬 때 비로소 윤리의 복권을 기대할 수 있다는 것이다.

정화열은 다시 거주할 만한 지구를 위하여 '탈근대적 윤리로서 생태철학과 보살핌의 윤리'를 제안하고 있다. 그는 생태학적 위기란 인간이 땅으로부터 뿌리가 뽑혔다는 것이다. 즉 '고향상실'을 나타내는 신호라고 본다. 이것이 근대화 과정과 이성중심의 인간중심적 형이상학－특히 자연에 대한 인간의 지배와 소유를 고취하고 지구와의 정면충돌을 조장하는 데카르트의 인식론－에서 비롯된다고 분석하고, 과학적 패러다임에 맞서는 '윤리－심미적 패러다임'을 통한 '타자중심의 책임의 윤리' 혹은 '타자중심의 보살핌의 책임윤리'로 전환할 때 생태학적 위기를 극복할 수 있다고 주장한다.[87]

'타자중심의 보살핌의 책임윤리'[88]를 주장하는 생태철학은 인간이 지구의 절대적인 주인으로 군림하고자 하는 것은 인간의 오만과 자만심이라고 비판하고 인간의 삶과 자연 또는 지구와의 관계를 조화시키고자 한다. 이것은 권리 담론이나 소유 담론을 정면으로 부정하고, 지구와 인간의 보전을 위해 권리를 말하는 사람이 될 것이 아니라 보살피는 사람이 되어야 한다고 말한다. 그는 현대의 인류가 위기의 시기에 살고 있지만, '지구적 보살핌(global caring)'이라는 새로운 나무를 심을 수 있는 기회를 준 것이기 때문에 '책임을 진지하게 받아들이는' 윤리적, 심미적 처방을 실천해야 한다고 강조한다. 이러한 점에서 생태철학은 가장 확실한 답을 제시하는 학문이라기보다는 여러 가능성을 모색하는 지적 상상력[89]으로서 자신을 이해해야 할 것이다.

앞으로 생태철학이 비판을 넘어서 적극적으로 대안을 모색하고자 한다면, 심층생태주의처럼 상상력의 부분을 현학성으로 대치할 것이 아니라 과학의 도움으로 지적 또는 생태학적 정합성을 갖는 상상력(informed imagination)이 되도록 그리고 민주주의 조건에서 실현가능성을 모색하는 현실성 있는 상상력(realistic imagination)이 되도록 해야 할 것이다.[90] 따라서 생태철학은 과학에 의해 '증명'되는 것도 아

니며 실천을 '지시'할 수 있는 것이 아니라 '비판'으로서 그리고 과
학적 지식을 기반으로 하여 구체적 실천의 가능성을 모색하는 '지적,
생태학적 상상력'으로서만 정당한 위상을 가질 수 있을 것이다.[91]

1) 환경위기, 즉 생태학적 위기를 극복하려는 윤리학을 초기에는 '환경윤리학(Environmental Ethics)'이라고 부르다가 최근에는 '생태학적 윤리학' 또는 '생태윤리학(Ecological Ethics)'이라고 부르기도 한다. 본서에서는 '환경윤리' 혹은 '환경윤리학'이란 용어를 혼용해서 사용하기로 한다.

2) 진교훈, 『환경윤리-동서양의 자연보전과 생명존중』(서울: 민음사), 1998, p.19.

3) J. R. DesJardins, *Environmental Ethics*: *An Introduction to Environmental Philosophy*, Second Edition, 김명식 역, 『환경윤리-환경윤리의 이론과 쟁점』(서울: 자작나무, 1999), p.32.

4) 환경문제는 개인윤리적 차원에서 거론될 성질의 것은 결코 아니며, 한 국가가 아닌 전 지구라는 광범위한 영역을 포괄하기 때문에 환경공학 또는 환경학이라는 단일 분야에서만 다루어질 것이 아니라 학문 전 분야에서 다루어져야 하며, 그것도 학제적 연구가 철저하게 이루어져야만 문제의 해결을 기대할 수 있다.

5) 구승회, 「생태계 위기와 환경윤리」, 『생명가치와 환경윤리 학제간 연구』, 한국환경정책·평가연구원, 1997, p.197.

6) '생태철학(Ecological Philosophy)'은 기존의 사유의 틀로서는 더 이상 문제를 해결할 수 없다는 깨달음에서 인간중심에서 생태중심으로 패러다임의 전환을 요구한다. 최근 주·객의 이분법을 거부하는 총체적 위기 앞에서 생태철학은 그동안 대상으로만 존재하던 자연·환경을 인식 주체로 끌어들인다는 점에서 생태철학은 환경윤리학과 구분되기도 한다. 즉 환경윤리학은 인간을 둘러싼 환경을 이야기하지만 생태철학은 인간과 자연을 하나로 묶는 세계관의 범주에 속한다고 볼 수 있다.(오미환, 「21세기 철학의 화두 '생태주의'」, 한국일보, 1999년 2월 7일자); 영어권 사람들은 '생태철학(Ecological Philosophy)'이란 용어보다는 '환경철학(Environmental Philosophy)'이라는 용어를 더 선호하는 경향이 있다. 환경문제의 해결은 결코 윤리학적 문제만을 함축하는 것이 아니라 세계관, 자연관 또는 인간의 태도 변화 등을 통틀어 포함하는 것이어야 하기 때문에 '환경윤리학'이라는 표현 대신 '환경철학'이라는 표현을 사용해야 하며, 철학의 모든 영역을 통합해야 한다고 본다.

7) 이미 우리나라에서는 '환경윤리학'을 달리 표현하지 않고 '생태윤리학'이

라는 말과 혼용해서 쓰기도 한다.

8) 예를 들면 '책임의 원칙(*Das Prinzip Verantwortung*, 1979)'를 출간한 한 스 요나스(H. Jonas)는 겹치는 경우에 해당되며, 같은 해 '자연에 대한 인간의 책임(*Man's responsibility for nature*, 1979)'이라는 저서를 낸 미 국의 존 패스모어(J. Passmore)는 생태철학 쪽에 가깝다. 국내에서는 『에 코필로소피』의 저자 구승회(동국대 · 철학)와 『녹색사유와 에코토피아』의 저자 이진우(계명대 · 철학)는 한스 요나스의 입장을 지지하고 있다.

9) 진교훈, 앞의 책, p.18.

10) 구승회, 앞의 글, p.172.

11) 최근 환경문제에 관하여 철학분야에서 '환경윤리학'을 윤리학의 분야로 한 정하고 있는 현상에 대해 환경문제를 철학분야에서 단순히 윤리학의 문제로 한정짓는 것은 문제의 해결을 위한 한 가지 해결방식일 수는 있지만 전체적 해결방식일 수는 없다고 보는 입장도 있다.

12) 최근 환경문제에 관하여 철학분야에서 '환경윤리학'을 윤리학의 분야로 한정하고 있는 현상에 대해 환경문제를 철학분야에서 단순히 윤리학의 문제로 한정짓는 것은 문제의 해결을 위한 한 가지 해결방식일 수는 있지만 전체적 해결방식일 수는 없다고 보는 입장도 있다.

13) J. R. Des Jardins, *Environmental Ethics: An Introduction to Environmental Philosophy*, Belmont, CA., Wadsworth Publishing Company, 1993, pp.13 −15.

14) 가토 히사다케(加藤尚武), 김일방 역, 『환경윤리란 무엇인가』(대구: 중문 출판사, 1997), pp.15 − 26.

15) 이규선, 문종길 편저, 『환경윤리와 환경윤리교육』(서울: 인간사랑, 2000), p.26.

16) '인간중심적 윤리(anthropocentric ethics)'란 인간에게 영향을 미치는 토 대를 통해 환경정책이 평가되어야 한다는 입장을 견지한다. 이것을 우 리는 '인간중심적 환경윤리(human −centred environmental ethics)'라고 말할 수 있다. R. Elliot, *Environmental Ethics, A companion to rthics*, Peter Singer(ed), 1993, Blackwell, pp.285 − 286.

17) J. R. DesJardins, 앞의 책, pp.33 − 34.

18) 구승회, 앞의 글, p.197.

19) 심층(또는 근본)생태론(deep ecology)은 모든 비인간중심 이론의 연장선상 에 있는 이론으로, 이 용어는 1973년 노르웨이 철학자 안 네스(Arne Naess)

의 「The Shallow and the Deep, Long-Range Ecology Movement: A Summary」이란 논문에서 처음 사용된 이후 환경문제에 접근하는 주요한 방법론이 되고 있다. '심층생태학'으로 이해할 수 있는 이 운동은 환경에 대한 인간중심의 사고를 거부하고 관계적이고 전체적인 범위에서 조망하고자 한다. 특히 철학운동으로서 심층생태학은 현재 우리의 지배적인 세계관이 환경파괴와 위기에 대해서 책임이 있는 것으로 이해한다. 따라서 이 운동은 대안적인 철학적 세계관을 형성하고자 노력하며, 이 점에서 급진적인 환경운동과도 관계가 있다.

20) 구승회, 「환경문제의 윤리학적 근거지움: 환경문제가 왜 윤리학적 문제인가?」, 『국민윤리연구』, 제36호, 한국국민윤리학회, 1997, p.94.

21) 구승회, 위의 글, pp.94-95.

22) Michael E. Zimmerman의 분류에 따르면 환경철학을 크게 세 부류, 즉 인간중심적 개량주의(anthropocentric reformism), 환경윤리학(environmental ethics), 생태철학(ecological philosophy)으로 나누며, 다시 생태철학의 세 가지 대표적 입장으로 심층생태학(deep ecology), 생태여성주의(ecofeminism), 사회생태학(social ecology)로 나눈다. Zimmerman et al.(eds.), *Environmental Philosophy*, Englewood Cliffs, N.J.: Prentice Hall, 1993, pp.6-9. 참조.

23) Aldo Leopold, 송명규 역, 『모래군(郡)의 열두 달(A Sand County Alma-nac)』(서울: 따님, 2000), pp.246-247.

24) 최근 몇 년 사이에 네스, 드볼, 세션 같은 학자들의 저서를 통해 발전된 '심층생태주의'는 환경문제를 가져온 가장 중요한 원인을 인간중심주의에서 찾는다. 그들은 환경문제에 대한 기존의 대응방식들이 인간중심주의에서 벗어나지 못한 얕은 생태학(shallow-ecology)에서 나온 것이기 때문에 근본적인 문제해결에 이를 수 없다고 주장한다. 네스는 표층생태주의(shallow-ecology)는 인간중심적, 기술관료적 환경보전운동으로 오염과 자원의 감소 그리고 "선진개발국 국민들의 풍요로움과 건강"을 우선적으로 고려하는 입장을 취하는 반면에 심층생태주의(deep-ecology)는 생태계중심적이며, "심층적이고 장기적인 관점에서 추진하는 환경운동"이라고 지적하였다. 학자들에 따라 일반적으로 'Deep-Ecology'를 '심층(근본)생태(학)주의(론)'으로, 이와 대조를 이루는 'Shallow-Ecology'를 '표층(피상)생태(학)주의(론)' 등으로 달리 표현하기도 하지만 본서에서는 'Deep-Ecology'를 '심층생태주의(학)(론)'으로, 'Shallow-Ecology'를 '표층생태주의(학)(론)'으로 사용하기로 한다.

25) 김인호, 「환경교육과 환경철학·윤리」, 『생태학적 감수성과 상상력을 위한 환경교육』, 환경교육정보센터, 1998, pp.14-15.

26) R. Routley, "*Is There a Need for a New, an Environmental, Ethic?*", Bulgarian Organizing Committee, *Proceedings of the ⅩⅤ World Congress of Philosophy*, Sophia: Sophia Press, 1973. Reprinted in M. E. Zimmerman et al.(eds.) *Environmental Philosophy*, Englewood Cliffs, N. J.: Prentice Hall, 1993, p.14.

27) 네스(A. Naess)가 심층생태주의 운동의 흐름을 8개 원리로 된 강령으로 압축한 소위 '심층생태론 헌장'의 내용은 제Ⅴ장, '1. 환경윤리의 새로운 패러다임 모색'에서 별도로 소개하기로 한다.

28) H. Rolston, Ⅲ, *Is There an Ecological Ethic?*, Ethics 85, 1975, pp.93-109.

29) 가치 및 좋음과 관련된 일련의 논문들은 다음에 실려있다. Holmes Rolston, Ⅲ, *Philosophy Gone Wild: Essays in Environmental Ethics*, Buffalo: Prometheus Books, 1986, p.183.

30) P. Taylor, *The Ethics of Respect for Nature*, Environmental Ethics 3, 1981. Reprinted in M. E. Zimmerman et al.(eds.), 앞의 책, pp.66-67.

31) P. Taylor, 위의 책, p.72.

32) J. B. Callicott, *Elements of an Environmental Ethics: Moral Considerability and the Biotic Community*, Environmental Ethics 1, 1971. Reprinted in J. B. Collicott, *In Defense of the Land Ethics: Essays in Philosophy*, Albany, N.Y.: State University of New York Press, 1989, p.70.

33) 대체적으로 자연권 이론의 탐구가 실패로 돌아가자 영미의 환경윤리학자들은 대안으로 '내재적 가치이론'을 검토하기 시작했으며, 내재적 가치를 둘러싼 논쟁은 상호연관된 일련의 분파를 낳았다. 먼저 인간중심주의와 비인간중심주의로 나누어지고, 비인간중심주의 이론은 다시 객관주의(P. Taylor & H. Rolston)와 주관주의(B. Callicott)로 나누어졌다. 그리고 인간중심주의는 엄격한 인간중심주의와 포괄적인 인간중심주의(G. Norton)로 갈라졌다.

34) Hare 등은 '메타윤리', Rawls, Nozick의 '정의의 원칙들', Rolston, Attfield, Norton, Taylor, Callicott 등은 '생명의 내재적 가치에 대한 윤리적 근거지음'이라는 공리주의적인 문제를 논의의 중심으로 설정하고 있다.

35) 구승회, 『에코필로소피: 생태·환경의 위기와 철학의 책임』(서울: 새길,

1995), 서문 p.9.

36) '거시윤리'는 '자연윤리학(Natur-Ethik)'이라고 할 수 있으며, 생태학적 위기 시대에 있어서 거시 윤리의 윤리적 고려는 인간의 행위, 인간과 인간 상호 간의 관계와 관심이라는 측면에 국한되는 것이 아니라, 생물과 생물, 생물과 무생물, 나아가서 무생물들 간의 관심과 상호관계에까지 확대하며, 인류 전체가 함께 책임지는 '공동체 윤리'라고 할 수 있다.

37) 김동민 외, 『환경학 개론』(서울: 양서각, 1998), pp.313-315.

38) 환경윤리는 인간이 자연의 종들 중 어디까지 '도덕적 지위'를 부여하고, '도덕적 배려'의 대상에 포함시키느냐에 따라 다양한 입장으로 나누어질 수 있는데, 인간중심주의를 다시 3단계, 즉 '포괄적 인간중심주의', '약한 인간중심주의', '강한 인간중심주의'로 나누어 구분하기도 한다.

39) 생태학적 패러다임의 모색을 둘러싼 논쟁을 주로 인간중심주의와 생태중심주의로 나누어 볼 때, 생태중심주의는 감각과 감정을 가진 생명존재자의 고통을 최소화하는 데 역점을 두는 '동물(감각)중심주의', 생명존재의 내재적 가치를 인정함과 동시에 도덕적 배려의 대상이 되어야 한다고 보는 '생물중심주의', 생물체만이 아니라 무기물과 자연 전체가 아름다움과 질서, 다양성 및 목적론적 체계 등 고유한 내재적 가치를 갖는다고 보는 '전체주의'로 나누기도 한다.

40) 구승회, 「환경문제의 윤리학적 근거지움: 환경문제가 왜 윤리학적 문제인가?」, 앞의 글, p.62.

41) W. K. Frankena, *Ethics and environment*, in Kenneth E. Goodpaster / Kenneth M. Sayre (Hrsg.), *Ethics and Problem of the 21st Century*, Notre Dame (Ind.), 1979.

42) I. Kant, *Die Metaphysik der Sitten*(1797), In: *Gesammelte Schriften*, (Akademie-Ausgabe), Band. 6, Berlin, 1907, S., p.443. 재인용. 칸트는 주체인 인간에게 스스로를 드러내 보여주는 자연은 인간이 없으면 있을 수 없는 것으로 이해하는데, 이런 관점은 자연파괴 행위나 동물학대를 오로지 자연 때문이 아니라 인간적인 귀결이라고 결론 내릴 때만 필연적인 타당성을 갖는다. 형이상학적으로 보면 인간 주체만이 본질적이고, 어떤 다른 것을 위한 현상이 아니기 때문에 내재적 가치를 위해 존재하는 다른 모든 피조물은 문제가 되지 않는다는 것이다.

43) '고유한 가치'는 아름다움이라든가 성스러움 혹은 우주적인 질서와 미

148

적, 종교적 혹은 존재론적 가치 등을 포함한다.

44) 동물의 고통은 본질적으로 무가치하다는 점을 인정하는 데에서 출발하고, 이로부터 감각을 가진 짐승에게 고통, 불안, 스트레스 혹은 여타 고통을 주어서는 안 된다는 이른바 '홀대금지(Prima – Facie – Verbot)'라는 원칙을 이끌어 냈다.

45) A. Schopenhauer, *Grundlage der Moral*(1841), In: *Samtliche Werke*, Bd. 4(4. Auflage) Mannheim, 1988. 재인용.

46) '생물중심주의(biocentrism)'는 슈바이처(A. Schweitzer)의 생명외경윤리를 가치론적 토대로 하여 이론화한 것으로, 동식물과 같은 개체적인 생명체에 내재적 가치가 있음을 승인한다. 현대 생태학이 출현하기 전에는 개별 동물이나 식물과 같이 개체적인 생물만을 생물체로 불렀기 때문에 개체론적 관점에서는 '생물중심주의'를 '생명중심주의'로 표현할 수도 있다. 비른바흐(O. Birnbacher)의 경우에는 '생물중심주의'로 부른다. O. Birnbacher, *A Priority Rule for Environmental Ethics*, in: Environmental Ethics 4, 1982.

47) R. Attfield, The ethics of environmental concern, Oxford, 1983, S., p.154.

48) 구승회, 앞의 글, pp.65 – 66. 이에 대해서 구승회는 예를 들어 나무 한 그루의 생명이 사람의 생명의 1 / 1000 정도의 가치를 갖는다면, 조건이 같을 경우 천 그루 이상의 나무를 베는 것보다 사람 한 명을 죽이는 것이 차라리 도덕적으로 정당한 것이 될 수도 있다는 것이다.

49) 구승회, 위의 글, pp.66 – 67.

50) P. Wenz, *Environmental justice*, Albany(N.Y.), 1988, S., p.292.

51) 싱어(P. Singer)는 인간중심적, 동물중심적, 생명중심적, 생태학적 전체윤리로 구분한다. P. Singer, ed., A Companion to Ethics, Cambridge: Mass., Basil blackwell, Inc., 1991, pp.284 – 293. 젬바디(J. S. Zembathy)는 인간중심적, 감정적(sentientist), 생물중심적(biocentric) 또는 생태중심적(ecocentric) 접근으로 구분한다. J. S. Zembath, Preface to Ch.11, *The Environment*, T. A. Mappes & J. S. Zembath, *Social Ethics: Morality and Social Policy*, 4th ed., New York: McGraw – Hill, Inc., 1992, p.476. 한편 엘리어트(R. Elliot)는 다른 논자들과는 달리 '인간중심(human – centred ethics)', 동물중심, 생물중심, 비생물중심, 생태적 전체론 등 다섯 가지로 나누기도 한다. R. Elliot, *Environmental Ethics*, in: P. Singer, (ed.), *A*

Companion to Ethics, Oxford: Blackwell, 1991, pp.284-293.

52) 황경식, 「환경윤리학이란 무엇인가?-인간중심주의인가, 자연중심주의인가?」, 『철학과 현실』, 1994년 여름호, p.173.

53) 구승회, 『에코필로소피: 생태·환경의 위기와 철학의 책임』, 앞의 책, pp.62-68.

54) 한면희, 『환경윤리-자연의 가치와 인간의 의무』(서울: 철학과 현실사, 1997).

55) J. R. DesJardins, 앞의 책.

56) 진교훈, 앞의 책, pp.54-62.

57) 환경윤리에서 인간중심적 접근은 전통 윤리의 수정에 너무 인색한 나머지 전통 윤리학의 한계를 벗어나지 못하는 '환경관리윤리(Ethics for Environmental Management)'로 되거나 지나치게 많은 수정을 요구하는 전체론은 에코파시즘으로 될 소지가 있다는 비난을 받기도 한다. 따라서 '생명중심적 환경윤리'의 선택은 생명에 대한 도덕적 배려의 범위를 확대함은 물론이고, 생태, 환경위기 시대에 자연에 대한 인간의 태도와 그 윤리적 근거로 적절하다고 본다. 구승회, 「생태계 위기와 환경윤리」, 앞의 책, pp.197-198. '환경관리윤리'에 관해서는 구승회, 「환경윤리의 학문적 성격과 성립가능성」, 한국사회윤리학회 월례 발표회(1996. 5) 논문 참조.

58) 생태중심의 전체론적 접근 방식에 있어서 레오폴드(A. Leopold)는 그의 저서 A Sand County Almanac(1966), '대지윤리(Land ethics)'에서 생태공동체와 관련해 윤리적 전체주의(ethical holism)를 채택하는 것이 왜 합리적인가를 밝히고 있다. 첫째, 자원관리와 관련한 의사결정에서 윤리적 전체주의는 우리가 취할 수 있는 가장 '현실적인(practical)' 접근방법이며, 둘째, 윤리적 전체주의는 생태학에 함축되어 있는 '인식론적' 전체주의에 의해 함축되며, 셋째, 윤리적 전체주의는 생태적 전체의 '형이상학적' 실재성을 인정한다는 것이다. J. R. DesJardins, *Environmental Ethics: An Introduction to Environmental Philosophy*, 김명식 역, 『환경윤리의 이론과 전망』(서울: 자작아카데미, 1999), pp.266-267.

59) 구승회, 앞의 책, p.68.

60) 심성보, 『도덕교육의 담론』(서울: 학지사, 1999), p.442.

61) 환경윤리의 체계론적 접근(systems approach)에 관해서는 제Ⅴ장, '환경윤리의 새로운 패러다임 모색'에서 다루고 있음.

62) 김동민 외, 앞의 책, p.315.

63) 공리주의 연장선상에서 제기된 '동물해방론(animal liberation)'은 최대 다수의 최대 행복을 주장하는 공리주의의 근본정신에 비추어, 고통이나 즐거움을 겪을 수 있는 동물에게 도덕공동체의 문호를 개방하고자 한다.

64) 목적론에 근거한 공리주의와 궤를 달리하여 의무론의 입장에서 동물의 보호를 주장하는 '동물권리론(animal rights)'은 동물의 도덕적 권리를 인간이 존중할 의무를 가진다고 주장한다.

65) P. Singer, *Not for Humans Only*, in: Goodpaster; Sayre(ed.), 1978, S. pp.191－207.

66) 김재희 역, 『신과학 산책』(서울: 김영사, 1995).

67) 인간의 생존뿐만 아니라 모든 생물, 아니 모든 자연의 생태 질서를 파괴의 길로 몰아가고 있는 환경오염은 지구상의 모든 존재, 우주 안의 모든 존재가 궁극적으로 '단 하나'로서 서로 뗄 수 없는 밀접한 관계를 갖고 있음을 입증하고도 남는다고 할 수 있다.

68) 앞에서 언급된 동물해방론과 동물권리론, 생물중심주의 등은 생명을 경시함으로써 오늘의 생태학적 위기를 초래한 상황에서 인간이 지구상의 동식물을 지금과는 다른 태도로 대할 필요가 있다는 점에서 상당 부분 존중할 가치가 있다. 하지만 개체 생명을 어느 정도 존중해야 하지만 그렇다고 해서 개체생명존중론으로 그칠 수만은 없다. 이러한 개체론적 접근법을 넘어서는 견해가 바로 '생태중심주의(ecocentrism)'라고 할 수 있다.

69) 이인재, 「생태학적 위기 극복을 위한 환경윤리교육의 방향」, 『국민윤리연구』, 제37호, 한국국민윤리학회, 1997, p.258.

70) E. C. Hargrove, *Foundation of Environmental Ethics*, 김형철 역, 『환경윤리학』(서울: 철학과 현실사, 1994), 서문 참조.

71) Adriano Buzzati－Traverso, 김귀곤 역, 「환경교육철학에 관한 몇 가지 고찰」, 『환경교육의 세계적 동향』(서울: 배영사, 1995), pp.18－19.

72) 황경식, 「과학시대의 윤리적 반성: 환경윤리와 생의 윤리」, 『과학사상』, 1995년 봄호, 제12호, pp.129－132.

73) A. Leopold, 송명규 역, 앞의 책, pp.246－247.

74) 예를 들면, 특정 종의 멸종, 자원의 고갈, 각종 오염, 급속한 인구 증가 등

기술과 과학의 이용에서 오는 바람직하지 않고 해로우며 위험한 현상
들이 바로 그것들이다. 그러나 이러한 것들은 인간에 의해서 그리고 인
간에 의해서만 통제되고 예방될 수 있으며 따라서 인간만이 그에 책임
을 질 수 있는 현상들이라고 할 수 있다.

75) 김양현, 「현대 환경윤리학의 논의 방향과 쟁점들」, 서강대학교 철학연구
    소 월례발표회(1999. 12) 논문 참고.

76) SD. Birnbacher, *Mensch und Natur, Grundz ge der kologischen Ethik*, in:
    K. Bayertz(Hrsg.), *Praktische Philosophie, Grundorientierunger angewandter
    Ethik*, Hamburg, 1991, S. 278-321, S. 279. 환경윤리학의 논의 방향과
    쟁점들을 잘 정리하고 있는 비른바허의 이 논문은 구승회, 『에코필로소
    피』 pp.59-102.에 번역되어 있다.

77) 김용정 외, 『환경과 종교』(서울; 민음사, 1997), pp.137-138.

78) 구승희, 『에코필로소피: 생태·환경의 위기와 철학의 책임』, 앞의 책,
    pp.233-246. 참조.

79) H. Jonas, *Das Prinzip Veantwortung: Versuch Einer Ethik fur die techno-
    logische Zivilisation*, Frankfurt(Insel Verlag) 1984(5. Auflage).

80) 구승회, 앞의 책, p.246.

81) 구승회, 「머레이 북친의 사회생태론과 에코아나키즘」, 『사회과학연구』, 제
    3집, 동국대학교, 1996; 구승회, 「머레이 북친의 사회생태주의와 생태윤
    리」, 『세계정치경제』, 세계정치경제연구소 편, 1995; 구승회, 『에코필로
    소피』, 1995, pp.255-281. 등 참조.

82) 이인재, 앞의 글, pp.261-263.

83) H. Jonas, 앞의 책, pp.84-90.

84) '공포의 발견술(Die Heuristik der Furcht)'이란 미래에 나타날 수 있는
    기술 행위의 비의도적 결과가 부정적이라는 사실을 인식시킴으로써 역
    으로 현재의 인간 행위의 척도와 원칙을 발견하고자 하는 방법이다. H.
    Jonas, 위의 책, pp.372-373. 참조.

85) 이마미치 도모노부(今道友信), 정영환 역, 『에코에티카』(서울: 솔, 1993),
    pp.19-39.

86) 이는 환경과 생명의 차원에서 보면, 대인윤리(對人倫理)뿐만 아니라 대
    자연(對自然)의 윤리 혹은 생권윤리(生圈倫理)로의 확대를 의미한다.

87) 정화열, 「생태철학과 보살핌의 윤리」, 『녹색평론』, 1996년 7 - 8월호, 통권 제29호, pp.7 - 14.

88) 최근 들어 이 '보살핌의 윤리'를 생태철학적 페미니즘(Eco - Feminism: 생태여성주의)에서 찾아볼 필요성이 제기되고 있다. 즉 자연을 인간의 지배로부터 해방시키는 일은 여성을 남성의 지배로부터 해방시키는 일과 불가분의 관계가 있다는 관점이다.

89) 대안적 삶의 양식을 제시하는 일, 현재와 다른 인간관계와 사회의 모습을 떠올리는 일, 공동의 관심을 형태화해 내는 일, 적절한 구체화를 통하여 새로운 행위양식의 실행가능성을 제시하는 일 등은 아무리 이론의 도움을 받더라도 역시 상상력의 작용 없이는 이루어질 수 없다.

90) 장춘익, 「생태철학」, 『생태문제와 인문학적 상상력』(서울: 나남출판, 1999), pp.107 - 108.

91) 미래 생태철학의 진수로 생태여성주의(Eco - Feminism)를 꼽는다. 이제까지 인류가 몰두해 왔던 데카르트의 합리주의, 베이컨의 도구주의, 로크의 경제주의, 프로이트의 자아중심주의를 변별적으로 거부한 후, 살(skin)의 감각과 감수성을 지닌 생명의 모태(母胎)인 여성주의자에게 생명의 윤리적·심미적 패러다임을 제시함으로써 그들이 새로운 여성생태철학을 통한 환경·생명문제 해결의 새로운 주체로 등장해야 할 필요성이 점차 높아지고 있다. 이소영 외, 『자연, 여성, 환경 - 에코페미니즘의 이론과 실제』(한신문화사, 2000), 머리말 참조.

생태학적 위기 극복을 위한
대안으로서의 환경교육

1. 생태학적 위기와 교육의 위기

오늘날 인류가 직면한 가장 큰 도전 중의 하나는 전 지구적인 환경오염과 생태계 파괴의 위기라고 할 수 있다. 이데올로기의 대립이 더 이상 세계를 양분하지 않는 상황에서 우리의 지구는 또 다른 몸살을 앓고 있다. 이러한 생태학적 위기는 짧은 기간에도 불구하고 지구 위의 생명을 위협하고 있으며 전근대(premodern)의 지속가능한 문화를 파괴하였다. 그간 동서 간의 극한적인 정치적 대립 속에서 밀려나 있던 환경문제가 이제 그 심각성이 지구상에 살고 있는 인류 전체뿐만 아니라 모든 생명체의 존립마저도 위태롭게 할 정도에 이르렀다. 게다가 삶의 바탕으로서의 자연생태계는 질병이나 천재지변이 아니라 이제 인류를 죽음에 이르게 하는 병이라고 할 수 있는 '문명의 사회적 재난'으로 나타나고 있다.

특히 근대 형성에 가장 중심적 힘을 발휘한 근대 이성은 인간의 자연에 대한 지배력을 강화시켜 이성적 삶과 풍요로운 삶을 누리게 했지만, 인간과 자연이 대립된 이분법적 구조 속에서 인간 이성의 발전이 이룩한 근대적 결과는 지구 위의 모든 생명을 위협하는 생태학적 위기뿐만 아니라 '지속가능한 문화의 파괴'와 함께 '도덕적, 윤리적 위기'를 초래하고 있다. 여기에다 근대 교육 또한 초기부터 초역사적인, 보편주의적인 교육이념에 매달리는가 하면, 동시에 그 자체로 자연생태계 등을 위협하는 이성의 퇴락과 그에 바탕을 둔 거대한 파괴력의 형성과정에 한몫을 해 왔다고 볼 수 있다.[1]

그렇다면 우리가 직면하고 있는 이러한 위기의 근원은 과연 무엇인가? 자연에 대한 더 많은 지식과 조작 기술과 통제력을 행사하면서도 인류 역사에 유래 없는 '위기와 위험'을 생산하고 있는 이 역설적인 상황을 어떻게 설명해야 하는가?

지금의 '위험 사회'는 이미 자연에 대한 더 많은 과학적 지식을 통한 기술적 봉합으로는 해결될 수 없는 새로운 사회적, 정치적 움직임으로 서서히 나타나고 있다. 이러한 움직임의 구조는 직접적으로는 현대 문명을 규정지어 온 서구의 18세기 이후의 담론들에 기초하고 있다. 이러한 서구의 담론들은 자연을 정복될 운명을 지닌 것으로, 인간과 대립하는 '타자'로 자리매김하였다.[2] 그런데 불행하게도 이러한 자리매김은 그러한 담론에 기초하여 형성된 생산지상주의적 산업화 과정에서 문명사적 오류로 밝혀지고 있다. 따라서 오늘날의 생태학적 위기는 사회와 경제 체제의 위기이면서 세계와 자연을 이해하고 설명해 왔던 '담론들의 위기'라고도 할 수 있다.

결국 이러한 생태학적 위기는 결국 우리 내면의 위기로 인식되어야 한다. 즉 우리가 옳다고 믿어 왔던 세계를 이해하는 방식에 커다란 문제가 생긴 것이며, 우리의 사고와 자각과 사상과 모든 판단의 위기, 다시 말하면 '마음의 위기'로 인식되어야 한다. 또한 이것은 결국 우리의 마음을 변화시키고 문명을 건설하는 기능을 수행하는 교육적 노력이 잘못되어 왔음을 나타내는 것으로 교육 그 자체의 위기라 해도 과언이 아니다.[3]

지금까지 심각한 생태학적 재난이 예고되고 있음에도 불구하고 우리 교육은 아무런 일이 일어나고 있지 않다는 듯이 이루어져 왔다. 오히려 무한 경쟁의 세계화와 정보화 물결에 대처한다는 신자유주의적 교육 개혁의 구호 아래 경쟁의 논리만이 우리 교육에 중압감을 더하고 있다. 인류의 삶과 미래에 대한 진지한 탐색은 뒷전에 밀려나고 진정한 삶이 무엇이며, 진실로 인간을 자유롭게 하는 것이 무엇인지에 대한 근본적 성찰에 기초하지 않은 교육이 이루어지고 있다.

교육은 그 비롯에서부터 역사적인 인간행위이다. 그것은 사람의 삶의 바탕이 대부분 지혜나 기능의 전수를 통해서 마련된다는 본질적인 뜻에서뿐만 아니라, 그에 못지않게 중요한 삶의 틀이 그때그때의 시대적 요청에 따라 교육을 통해서 끊임없이 새롭게 만들어진다.[4] 하지만 교육은 그동안 역사 발전과정에서 제 몫을 다하지 못해 왔다. 시대적 요청에 따른 역사적 행동 능력을 길러 주기보다는 보편적인 법칙에 따라 인간을 꼴 지우는 몰역사적인 도구적 행위로 축소되곤 했다. 이러한 흐름은 특히 근대 이후 자본주의라는 단일한 기본틀이 인류 역사상 처음으로 세계의 모든 곳, 삶의 곳곳을 지배, 규정하는 것으로 관철되는 과정에서 가장 첨예하게 드러났다.[5]

인간의 본질적인 지혜와 기능의 전수로서의 교육 그리고 역사적, 문화적 특수성 등 나름대로의 시대적 요청에 따른 인간 형성으로서의 교육도 이제 자본주의 그리고 산업주의라는 특정한 자연에 대한 구조적 틀에 따라 단일한 삶의 꼴로 하나로 엮여 인간을 물화하고 소외시키는 사회관계의 한 부분이 되어 버렸다.[6] 이러한 시점에서 교육은 무엇보다도 먼저 시대적 요청에 귀를 기울여 스스로에 대해 처음부터 새롭게 성찰할 필요가 있다. 그렇다면 오늘날의 가장 심각한 시대적 요청은 과연 무엇인가?

오늘날 우리가 맞고 있는 생태학적 위기상황은 이전의 그것과는 질적으로 다른 것이어서 '새로운' 위기로서 논의되어야 할 뿐만 아니라 이제까지의 담론과 달라져야 한다. 왜냐하면 이 위기는 일찍이 그 유례를 찾아볼 수 없을 만큼 총체적이며, 인간의 삶의 바탕까지 위협하는 '인류 생존의 위기'[7]라고 할 수 있기 때문이다. 이러한 인류 생존의 위기라는 시대적 요청에 직면한 우리는 무엇보다도 먼저 이 위기의 바탕틀(paradiam)을 극복하기 위한 학문의 그리고 나아가서 이 시대적 요청에 걸맞은 교육의 '새로운' 담론을 마련해야 한다. 이는 위기상황 자체와 그 바탕틀에 대한 철저한 성찰, 대안 창출 및 그에 대한 거듭된 성찰과정을 통한 끊임없는 교육적 실천으로 이루어지는 것이어야 한다.[8]

이미 앞에서 논의된 바와 같이 오늘날의 생태학적 환경위기야말로 우리 시대와 사회의 가장 긴급한 과제로 규정된다는 것이 명백해졌다. 하지만 세계 시장과 그 덫에 걸린 서구식 교육은 여전히 그것을 심각하게 받아들이지 않고 여전히 '지속가능한 발전'과 '환경교육'의 개념으로 응답하고 있다. 우리는 전 지구적 생태·환경위기에 직면하여 기존의 교육구조 속에서나 혹은 그 주변에서 환경교육의 주변적 역할은 '신발전'의 교육적 표현의 또 하나의 보기에 불과하다. 발전의 개념이 신발전에 의해 대치되는 것이 아니라 보완되는 것과 마찬가지로 교육에도 근본적인 변화 없이 환경교육이 부가되고 말았다. 따라서 교육과 환경교육은 서로 분리되어 양자는 세계화 세력의 압력에 의해 절음발이가 되고 있다.

이러한 전 지구적 생태·환경위기의 관점에서 서구식 교육과 환경교육의 모순되고 갈등적인 역할이, 어떻게 경제적 세계화와 근대적 세계관, 사회·자연이론, 교육이론 등에 의해 지지되고 보완되고 있는가의 맥락에서 검토되어야 한다. 좀 더 구체적으로 말한다면 환경교육에 있어 기술중심주의 혹은 관리주의와 같은 미봉적 접근방식은 단지 세계화의 부산물일 뿐만 아니라, 또한 자유주의에 의해 뒷받침되는 관습적인 사회이론과 교육철학의 구조에 불가분의 관계를 맺고 있다 보니 교육과 환경교육이 환경문제의 원인보다는 결과에 그리고 피상적인 처방에만 집착하고 있다.[9]

그간 서구의 근대 자본주의의 성장, 발전 과정에서 공교육 제도는 자본주의의 필요에 부응하면서도 한편으로는 교육 기회의 확대, 지식의 보편적 분배 기능 등 당시의 교육적 요구를 담아내는 진보적 성격을 함께 지니고 있었다. 그러나 서구적 공교육은 출발부터 자연과 대립하는 인간의 노동 형태를 합리화하는 기본가정 위에서 출발하였다. 따라서 오늘날 서구적 산업화의 길을 걷고 있는 모든 국가의 공교육 제도는 생태 위기를 도래한 자연파괴적인 생산지상주의를 뒷받침하는 이념적 장치로 기능하고 있다. 이러한 가운데 오늘날 교육은 지속가능한 공동체의 건강한 삶을 영위하는 통합적 지식과 방법을 가르치는 것이 아니라 물량적인 경제 체제에서의 개인적인 성

공을 위한 단편적인 지식과 지속 불가능한 기술적 방편들을 전수하는 데 몰두하고 있다.[10]

또한 오늘날 우리 교육은 자연과 철저히 분리되어 '자연 속의 사람'이 아닌, '자연에 대항하는 사람'을 길러 내고 있다. 자연 조작적 근대 과학 기술은 인류에게 전례 없는 물질적 풍요를 가져다주었지만 그 이면에는 엄청난 환경 파괴, 기계에의 종속과 비인간화 등 어두운 그림자를 드리우고 있다. 신체적 기능을 기계로 확장하고 의식의 기능을 인공지능으로 확장한 오늘날의 과학 문명은 자연과의 신체적 접촉을 단절시키고 사이버 공간에서의 도착된 삶을 강요하고 있다. 그럼에도 자연 지배를 당연시하는 환원주의적 과학기술에 대한 믿음은 우리 교육의 절대적 명제가 되고 있으며, 명백히 감지되고 있는 위험과 불안 속에서도 테크노피아의 환상을 우리 미래 세대에 심어 주고 있다.

우리의 교육과정을 들여다보면 지역 사회의 생태학적, 문화적 특성에 뿌리를 둔 지속가능한 공동체적 삶이 부정되고 있다. 재생 불가능한 화석 연료 사용에 기반을 둔 산업사회의 요구에 맞도록 고안되어 도시적 균일화를 지향한다. 농촌적인 것보다는 도시적인 삶이, 육체적 노동보다는 관념적이고 지적인 노동이 더욱 가치 있는 것으로 여겨지며, 삶과 밀착되어 있는 실제적인 지식과 지역적인 인간적 규모의 기술보다는 추상화된 지식과 거대 기술이 더 중요한 것으로 취급된다. 이러한 교육은 필연적으로 도시적 산업문명에 적응해야 하는 극도의 개인주의적이고 경쟁적인 인간형을 낳게 된다.

거대 학교와 과밀 학급으로 나타나는 교육의 거대 구조는 입시교육의 병폐와 함께 우리 교육의 반생태성을 나타내는 또 다른 측면이기도 하다. 대량생산과 대량소비체제에 걸맞은 표준화된 노동력을 생산하는 산업구조에 대응하는 학교의 거대 구조는 사람들 간의 직접적인 접촉을 없애고 인간관계를 획일화, 개별화하여 경쟁시키는 반자연적이고 비인간적인 교육환경이라고 할 수 있다. 관료적 지시와 통제에 익숙한 교육제도, 중앙집중적인 행정체제 등은 다양성과 개체성이라는 생태학적 원리에 어긋나는 교육의 문제점이라 할 수 있다. 결국 이러한 교육제도와 관행에서 보이는 현상은 인간과 자연을 대립의 관점에서 바라본 근대적 담론이 교육에 투영되어 나타난 생태학적 위기의 또 다른 측면이 아닐 수 없다.

2. 생태학적 위기 극복을 위한 교육의 방향

생태학적 위기와 함께 교육의 위기를 슬기롭게 극복하기 위해 우리가 새롭게 모색해야 할 교육의 방향은 현재 우리 사회가 구체적으로 처해 있는 시대적, 역사적 맥락에서 설정되어야 한다. 새로운 교육이 인간의 의식과 사회 진화의 과정에서 이미 전제되어 있는 과정을 무시하고 무조건적으로 자연으로 돌아가자는 식의 교육이 되어서는 문제 해결의 도움이 될 수 없다. 따라서 오늘날 세계가 직면하고 있는 자연과 인간의 잘못된 관계에서 파생된 모순들을 역사적, 사회적인 측면에서 올바로 규명하는 것이 중요하며, 그 바탕 위에서 교육의 방향이 규정되어야 한다. 이것은 오늘날 세계의 모습을 규정짓고 있는 우리의 사고, 생산 관행, 정치적 행태, 국제적 관계를 폭넓게 조망하고 이를 생태학적 관점에서 교육과정으로 구성하는 이른바 '생태학적 교육과정(ecological curriculum)'[11]으로 재편성해야 하는 작업이 이루어져야 한다.[12] 이러한 생태학적 교육과정을 제시해 보면 다음과 같다.

첫째, 생태학적 교육과정은 무엇보다도 먼저 생태학과 윤리학에 기초해야 한다.

근대 이후 형성된 과학, 기술 문명은 인간으로부터 자연을 분리하고 대상화하는 이원적 실재관(二元的 實在觀), 인간중심적 윤리에 기반을 두고 성립된 조작적 자연관, 도구·분석 이성에 의해 성립된 환원주의적 세계관을 모태로 이루어져 왔다. 이러한 자연관과 세계관은 오늘날 생태 위기를 야기한 근대적 합리성의 토대이다. 근대적 합리성은 학문적으로 수학과 물리학을 그 도구로 하며 부단히 자연을 착취하는 기술적 진보를 이루어 왔다는 점에서 보다 근본적으로 재고되어야 할 철학적 기반이다. 세계와 자연의 존재자들은 서로 분리되지 않고 그물처럼 관계망(network)을 형성하고 있다. 이들은 순환적 질서 속에서 서로 영향을 미치며 상호 공생한다. 우리의 교육은 이러한 인식에 기초하여 생태학적 세계관[13]과 탈인간중심의 윤리관으로의 방향 전환을 이루어야 한다. 이런 점에서 생태위기 시대의 교육과정은 생태학과 새로운 윤리학에 기초해야 한다.

둘째, 생태학적 교육과정은 협력적 공동체를 지향해야 한다.

오늘날 생태 위기는 이윤추구를 위하여 자연이라는 인류의 공유자산을 전 지구적 규모에서 사유화하고 상품화하는 체제, 이윤추구를 위해 한정된 자원을 무한히 약탈하는 체제, 필요에 의한 생산보다는 이윤을 위해 생산하고 소비를 조장하는 체제인 자본주의적 산업주의를 극복하지 않고는 해결되기 어렵다. 오늘날 경쟁적 자본주의 체제는 자연과의 공동체적 관계망 속에서 협력적인 삶의 양식을 취하며 살았던 인류 역사의 대부분의 기간과 비교했을 때 매우 이례적인 사회라고 볼 수 있다. 생태학적으로 건전한 미래에 관한 교육은 세계가 사람들에게 속해 있는 것이 아니라, 사람들이 세계에 속해 있는 것을 알도록 하는 것이다. 이는 물질의 획득에 관한 관심보다는 환경과 조화롭게 살아갈 수 있는 개인의 능력에 더 관심을 갖도록 촉구한다.[14] 따라서 새로운 교육은 사유화된 지구의 공유자산을 다시 사회화하고, 땅으로부터 분리되고 쫓겨난 인간을 다시 자연과 본래의 관계를 맺어 주는 일에 기여해야 한다. 다시 말하면 경쟁적인 경제적 질서가 아니라 협력적인 생태학적 질서에 따르는 공동체로의 이행으로 나아가야 한다.[15]

셋째, 생태학적 교육과정은 상생적 삶을 지향해야 한다.

모든 인간 생활의 삶은 살아 있는 하나의 유기체며, 사회생태계라는 거다란 관계망을 형성하고 있다. 그런데 인간(종)의 진화 과정에서 형성된 사회 생태계는 남성에 의한 여성의 지배, 인간에 의한 인간 지배라는 현상을 출현시켰다. 성(性)의 지배, 국가와 관료체계 등을 통한 인간에 의한 인간의 지배 질서는 '비위계적이고 협력적인 생태계의 공존원리'에 근본적으로 반하는 사회현상이다. 따라서 새로운 교육은 모든 위계적이며 억압적인 질서와 단절하고, 비위계적이고 협력적인 생태계의 공존원리에 합당한 관계, 자유와 개체성의 존중에 입각한 관계를 추구해야 한다. 이러한 관계는 정치공동체의 원리를 생태학적 공동체 원리로부터 도출함으로써 정당하게 확립될 수 있다. 자연의 공간에서 모든 생물 종들은 동등한 참여자로 자신의 위치를 확보하고 있으며 서로 의존하기도 하면서도 서로에게 영향력을 행사하기도 한다. 이는 곧 타자에 의해 자신이 존재하는 '상생적(相生的) 삶'[16]을 살고 있다고 볼 수 있다. 이러한 참여와 상생관계[17]의 자연관은 새로운 사회 구성의 원리, 즉 서로 다름이 동등함의 근거가 되는 원리,[18] 모든 구성원의 참여가 정당하게 인정되는 원리를 제공해 준다.

넷째, 생태학적 교육과정은 지역화를 지향해야 한다.

오늘날 세계 경제는 지속 불가능한 규모로 팽창하여 심각한 자원 고갈과 오염물질 배출 등으로 자연환경의 파괴는 가속화되고 있다. 더욱이 선진국과 다국적 자본의 이해관계에서 만들어진 경쟁적 세계화 이데올로기는 무역 규모의 급격한 증대로 자원의 고갈을 더욱 부추기고 있으며, 경쟁력과 이윤추구를 위해 지역의 문화적, 생물학적 특성과 지역 공동체의 자원과 자연에 대한 전통적 지혜까지 유린하는 생태파괴적 야만주의로 나타나고 있다. 따라서 새로운 교육은 생태학적으로 지속가능하고 재순환되는 규모의 경제, 자연과의 관계에서 형성된 문화 속에서 안정감을 형성하는 사회를 지향해야 한다. 동시에 문화적 생물학적 자산을 가능한 많은 사람들이 직접 관리할 수 있는 지역적 삶을 지향하는 교육이어야 한다.[19]

다섯째, 생태학적 교육과정은 평생교육으로 나아가야 한다.

인류 생존의 위기라는 시대적 요청에 따른 인간다운 생존을 위한 교육은 사회교육의 차원에서 다루어져야 한다. 오늘날 사회교육이 지향하는 평생교육의 이념은 새로운 환경교육의 이념, 담론과 비슷하다고 볼 수 있다. 학교교육 비판, 시대적 요청인 위기상황의 교육적 성찰, 인지적 교육과 정의 및 인성교육의 통합, 교육과 일의 연계, 때와 곳에 얽매이지 않으려는 열린 학습, 현장성 지향[20] 등은 그대로 생존을 위한 환경교육이 지향하는 것들이다. 따라서 평생교육의 이념에 따라 '인간다운 생존을 위한 환경교육'을 추구하는 새로운 교육의 이념, 담론, 실천이 요구된다. 이러한 교육은 교육 스스로 뼈를 깎는 비판적 성찰을 바탕으로 이루어져야 한다. 그렇지 않고서는 전통적인 이성관, 편협한 인간관, 윤리관, 교육관에 집착한 나머지 단편적인 지식 주입식 교육으로 인해 오히려 역효과를 내게 될 것이다. 그러므로 생태학적 환경교육은 결코 시의에 편승한 또 하나의 교육의 내용이나 대상에 그쳐서는 안 된다. 그것은 인류생존의 위기라는 시대적 요청에 부응하고 대처할 뿐만 아니라, 이를 극복하며 동시에 교육을 참된 것으로 되찾으려는, 교육의 새로운 거듭남으로서의 인간다운 생존을 위한 교육이어야 한다.[21]

여섯째, 생태학적 교육과정은 평화를 추구해야 한다.

사회주의의 붕괴 이후 국제적 평화를 위협했던 냉전 이데올로기는 제거되었으나 오늘날 새로운 민족문제와 환경문제를 둘러싸고 평화를 위협하는 새로운 요소들이 등장하고 있다. 과거 제국주의는 반생태학적인 지배구조가 식민주의로 발전되어 환경을 파괴하고 평화를 해치는 국가의 국가에 대한 위계적 지배 형태였다. 근대 제국주의는 성립 초기부터 식민지에 대한 자연 착취와 환경파괴를 초래하였고, 직접적이며 물리적 형식이 다소 완화된 오늘날에도 다양한 문화적, 경제적 지배방식을 통하여 지구생태계에 심각한 위해를 가하고 있다. 특히 국가 간의 불균등한 물질과 에너지 과잉소비, 오염물질의 배출을 둘러싼 국제적인 갈등 등은 국제적 평화를 위협하고 있다. 따라서 새로운 교육은 자연과 유기적 관계를 맺고 있는 민족 공동체 간의 생태학적 공존관계를 확립도록 하며 이러한 공존관계가 지속될 수 있도록 국제적인 평화를 정착시키는 데 기여하는 평화교육[22]이어야 한다.

마지막으로, 생태학적 교육과정은 영성(靈性)을 회복하는 교육이어야 한다.

근대 과학기술문명의 기초를 닦았던 데카르트, 베이컨적 사유는 세계를 견고한 물질로 채워진 고립된 고체 덩어리로 인식함으로써 자연을 대상화하고 분리시켜 왔다. 이러한 대상화와 분리를 당연시하는 사유는 자연과 사물을 지배할 수 있는 죽은 것으로 바라보게 하였고, 이를 이용하고 파괴하는 것에 대해서는 아무런 윤리적 책임을 느끼지 못하도록 하였다. 이러한 사유체계의 발전은 생명세계에 대한 통합적 인식에 자연스럽게 내재되어 있는 인간의 영성을 인위적으로 제거하는 과정을 낳았다. 우리 앞에 놓인 생태학적 위기는 기술적 대안이나 체제의 변혁을 통해서가 아니라 인간의 내면에 존재하는 마음의 질병-자연과 사물에 대한 지배자로서의 의식-을 제거함으로써 궁극적으로 해결될 수 있다. 이러한 생태학적 위기 극복은 무엇보다도 근본적인 '사유의 전환'을 통해 철학적 종교적 문제로 접근해 나가야 함을 의미한다. 이런 관점에서 새로운 교육에로의 전환은 '모든 존재자들이 우주적 생명체계 내에서 서로 상생하고, 항구적으로 의존하는 유기적인 관계망을 형성하고 있다.'라는 영성적 자각의 길로 안내하는 교육이어야 한다.

　앞으로 우리 앞에 전개될 새로운 교육은 좀 더 경험적이며, 좀 덜 언어적이며, 전인(全人)을 목표로 해야 한다. 다시 말하면 특정한 장소에서 말로 가르치는 것보다 자연공동체 속에서의 행동이나 존재에 의해 이루어지는 교육이어야 한다. 경험에 의한 배움 없이 말로만 가르치는 것은 독단적이고 권위주의적이며 폭력적이기까지 하다. 불행히 이러한 현상이 오늘날 우리 교육에서도 엄연히 일어나고 있다. 이제 우리는 좀 더 근본적인 의미에 있어 교육과 환경교육이 만나고 있다는 결론과 이들 사이의 간격은 최소화되어야 한다는 것이다. 여기서 우리는 모든 교육은 환경교육이 되어야 한다는 우리 시대의 정언명령을 만나게 된다. 그렇게 되면 기술중심주의 또는 환경관리주의[23]와 같은 빈곤한 관습적 환경교육철학은 저절로 붕괴하게 될 것이며, 이 점에서 교육의 역할이 다시 주목을 받게 될 것이다.[24] 따라서 환경문제의 해결은 정치적, 경제적, 법률적, 기술적 접근뿐만 아니라 내면적, 심리적, 영성적 변화를 전제로 하는 교육의 역할이 특히 요구된다.

3. 생태학적 위기 극복을 위한 환경교육의 방향

앞에서 언급된 바와 같이 생태학적 위기와 함께 투영된 오늘날 교육의 위기를 극복하기 위해서는 무엇보다도 먼저 기존의 교육에 깊이 자리한 파괴성에 대한 자기성찰이 앞서야 한다. 이러한 비판적 성찰 없이 당장의 시대적 요청을 그 급박한 위기감 때문에 졸속으로 교육 내용을 받아들이려 한다면 그것이야말로 인류 생존의 위기의 바탕에서 나온 시대정신인 이른 바 위기관리 차원의 교육적 노력에 그칠 수밖에 없다. 따라서 우리는 비어(Beer)와 드 한(de Haan)이 제안한 "진정한 위기 극복 및 대안 창출에 이바지할 수 있는 새로운 교육이념이며 담론 그리고 실천으로서의 환경교육"[25]을 정립시킬 필요가 있다.

그들이 제안한 대안적 환경교육에 대해서 살펴보면,

첫째, 그들은 기존의 교육에 깃든 파괴성을 찾아내고 비판한다. 그것은 도구적 이성에 바탕을 둔 기술과학지상주의, 그릇된 윤리관에 바탕을 둔 오만한 인간중심주의 그리고 편협한 현세중심주의, 나아가 주어진 것으로 여겼던 지식 자체에 대한 비판 등 교육내용뿐만 아니라 교육 스스로가 그동안 시대적 요청을 간과한 채 오히려 문명의 발전 과정에서 파괴력 증강에 알게 모르게 한몫을 담당한 몰역사적인 사회적 기능에 대한 비판을 포함한다.[26]

둘째, 여러 대안들과 성과를 적극적으로 받아들여 새로운 교육이념 및 담론을 정립시킨다. 이를테면 이제까지의 몰역사적이고 보편주의적인 이데올로기에 빠졌던 전통적인 교육이념을 극복하고 시대적 요청에 부응하여 이에 대처하는 '생존을 위한 교육 이념'을 지향한다. 뿐만 아니라 실증주의, 기능주의 등 교육을 축소, 환원시켜 이론화했던 전통적 담론들로부터 벗어나 문제를 총체적, 역사적, 구조적으로 파악하는 동시에 당사자들의 관점, 이를테면 피해당사자인 자연생태계의 관점을 대신 체현하는 등 적극적인 새로운 담론을 정립하도록 해야 한다. 이러한 이념과 담론을 갖춘 환경교육은 결국 환경에 대한, 환경을 위한 교육뿐만 아니라 자연과 인간과의 관계회복을 위한 '인간다운 생존을 위한 교육'이 될 것이다.[27]

셋째, 이러한 환경교육은 그 실천에 있어서도 이제까지의 교육의 틀을 깨는 새로운 시도로 행해져야 한다. 이를 위해서는 먼저 모순, 갈등 그리고 문제투성이의 세계를 스스로 '완벽한' 위계질서를 갖춘 추상적 체계에 지식을 바탕으로 한 인지중심적 주입식 교육에서 벗어나 위기의식을 고양하고 감수성을 높이며, 일상생활 속에서 구체적인 행동을 이끌어 낼 수 있는 교육이 이루어져야 한다.[28]

오늘날 우리가 겪고 있는 생태학적 위기를 극복할 수 있는 대안으로서의 환경교육은 올바른 인간관에 대한 이해와 미래 사회의 구조에 대한 새로운 비전을 요구한다. 이를 위해서는 현재와 같은 생존양식에 대한 근본적인 의문을 제기하고, 과거의 인간의식의 진화과정에서 비롯된 긍정적 측면을 계승하면서도 새로운 존재양식을 찾는 교육이 모색되어야 한다. 이러한 노력은 지금까지의 자연을 파괴하고 대상화하는 '산업문명'의 인간형이 아닌 보다 새로운 유형의 인간형, 즉 생태학적 감수성[29]과 상상력[30]을 지닌 인간형을 지향하는 것을 의미한다.[31] 이것은 환경교육에 있어서 커다란 전환이며 보다 획기적인 변화로, 이에 따른 새로운 환경교육의 이념이 절실히 요청된다.

그러므로 앞으로 전개될 환경교육은 지금보다도 훨씬 많이 생태학적 상상력을 갖추고, 생태학적 가능성에 대한 개념을 넓혀 줄 새로운 비전을 갖추도록 해야 한다. 그리고 무엇보다도 생태학적 위기의 근원은 환경에 대한 인간의 잘못된 인식과 태도에서 비롯되었기 때문에 환경문제에 대한 근원적인 대처는 사후 대책보다는 사전 예방이 보다 효과적이며, 이는 환경교육을 통해서 근본적인 해결이 가능할 것으로 보인다. 왜냐하면 현재의 당장의 이익이 있다고 생태계를 파괴하고 오염물질을 배출하는 편협한 사고와 자기중심적 행동은 하루아침에 쉽게 바뀔 수 있는 것이 아니라, 그릇된 환경인식을 바로잡아 주고 자연의 가치에 대한 안목을 높이고 이를 실천할 수 있도록 하는 것은 지속적이고 체계적인 환경교육을 통해서 가능하기 때문이다.[32)]

그리고 새로운 환경교육의 이념은 무엇보다도 자연과 인간의 조화를 중심에 두고 사고하며 실천하는 인간형을 지향하는 이념이어야 한다. 오늘날 우리의 교육은 약탈적 자연관, 인간(종)중심주의, 물질 중심의 기계적 세계관에 기초하여 이루어지고 있다. 보다 새로운 환경교육의 이념은 이러한 교육의 기본 가정하에 비판적 성찰을 토대로 자연의 질서를 존중하고 이에 합당한 생존양식을 자발적으로 선택하는 인간형을 지향하는 것이어야 한다. 이는 곧 자연의 생명적 질서인 다양성, 순환성, 공생성, 관계성을 존중하는 '전일적(全一的, holistic) 세계관'[33)]에 의해 뒷받침되며, 인간과 자연의 생태학적 공동체를 추구하는 새로운 삶의 양식을 추구한다. 또한 새로운 환경교육의 이념은 오늘날과 같이 자연자원의 약탈과 환경파괴로는 더 이상 미래 세대의 생존을 보장할 수 없다는 인식에 기초하여 현세대가 미래 세대의 '지속가능성'[34]을 보장할 수 있는 것이어야 한다. 이는 곧 인간이 자연에 가한 행위와 그 결과에 대해 책임을 질 줄 아는 새로운 환경윤리적 태도를 기르는 교육이어야 함을 의미한다.

이와 같이 인간과 자연과의 윤리적 관계는 이미 동양의 전통적 윤리관에서 보이고 있는데, 이러한 환경윤리관은 자연에 대한 인간 행위로 인해 발생한 생태학적 위기의 근원적인 문제를 해결하는 데 열쇠가 되고 있다. 이러한 점에 대해서 자연에 가한 행위에 대하여 '책임지는' 태도는 미래 세대의 지속가능성을 보장하는 생태 위기 시대의 중요한 윤리적 기초가 된다고 하겠다. 그리고 이러한 '책임의 윤리'에 기초한 환경교육의 이념은 물질적 욕망을 부추기고 지속 불가능한 소비를 추구하는 생산주의적 산업체제에 매몰되지 않고 생태학적 삶을 살아가는 인간형을 추구하는 것이다. 그러므로 우리가 추구해야 할 새로운 환경교육의 이념은 미래 세대의 생존과 안녕을 인식하면서 자연과 우주에 존재하는 타자에 대한 깊은 공경심을 토대로 지속가능한 삶을 자발적으로 선택하며 살아가는 새로운 인간형을 기르는 이념이라고 할 수 있다.

사회적, 역사적 견지에서 볼 때, 이미 지구환경은 자정능력을 상실한 생산관계, 기술발달의 역기능, 폭발적인 인구증가 등으로 자연과 인간의 평등이라는 새로운 가치체계의 정립을 위한 환경교육으로의 전환이 시급히 요청되고 있다. 뿐만 아니라 개발과 보전이라는 두 개의 대립적인 명제가 환경·생태학적인 남북문제로 떠오르고 있

는 현실에서 생태제국주의에 대한 적절한 비판과 대안 모색이 있어
야 한다. 그런 뜻에서 개방사회는 폐쇄사회보다 발전적이라는 지금
까지의 고정관념이 생태학적 위기를 자초했다는 논리는 이제 설득력
을 얻게 된다.

따라서 새로운 환경친화적 기술과 교육이 절실히 필요하다. 그리
고 지속적으로 성장만을 추구해 온 경제가 현시적이고 물량적이었다
면 이제 21세기 환경교육은 환경적으로 건전하고 지속가능한 발전목
표로 전환해야 한다. 그러기 위해서는 더 많이 소유하는 교육보다
적절히 소유하는 환경교육의 체계정립이 무엇보다도 시급하다.[35]

사실 우리는 그간 효율과 편리성, 물질적인 풍부함을 추구해 온
지난 20세기형 문명이 악화시킨 우리의 생명의 기반인 환경을 되살
리고, 지속가능한 생존을 위해서는 지금까지의 가치관과 사회·경제
적 구조를 환경친화적으로 바꾸어 나가지 않으면 안 된다. 이를 위
해서는 주체적이고 적극적으로 행동할 수 있는 사람을 길러 내는 환
경교육이 절대적으로 필요하다. 그리하여 우리가 추구해야 할 미래
상은 '환경윤리'에 토대를 둔 가치관과 보다 생태학적이며 순환적
사회를 실현하기 위한 사회·경제적 구조를 갖추는 일이다.[36] 이를
그림으로 나타내면 <그림 Ⅳ-1>과 같다.

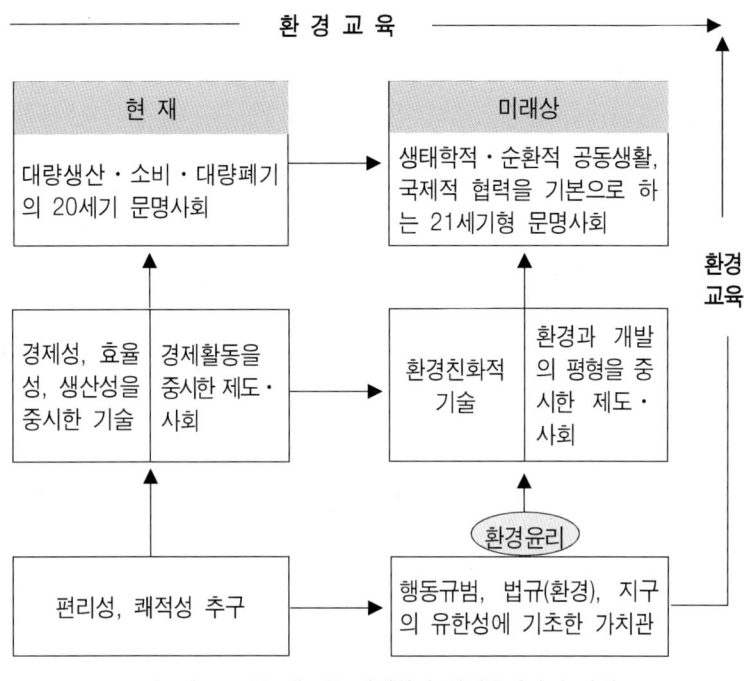

현 재	미래상
대량생산 · 소비 · 대량폐기의 20세기 문명사회	생태학적 · 순환적 공동생활, 국제적 협력을 기본으로 하는 21세기형 문명사회

환경교육

경제성, 효율성, 생산성을 중시한 기술	경제활동을 중시한 제도 · 사회	환경친화적 기술	환경과 개발의 평형을 중시한 제도 · 사회

환경윤리

편리성, 쾌적성 추구	행동규범, 법규(환경), 지구의 유한성에 기초한 가치관

〈그림 IV-2〉 새로운 미래상과 환경윤리와의 관계

여기서 우리가 또 하나 생각해 보아야 하는 것은 심각한 지구적 환경문제를 다루는 데 있어 자유주의적 사회이론이나 서구식 교육의 빈곤은 적절성 있는 철학적 기초를 찾는 과정에서 확연히 드러나고 있다는 것이다. 오늘날 전반적인 교육과정과 목적은 대체로 지구촌 시장경제를 중신으로 이루어지고 있으며, 자연환경은 세계화를 향한 최근의 경향으로 미루어 볼 때 이전보다 더욱 철저히 황폐화되고 있다. 이는 다른 많은 나라와 마찬가지로 우리나라의 근대화와 발전의 경험으로 미루어 볼 때 급속한 경제성장과 환경·사회위기 사이의 내재적 긴장을 명백히 보여주고 있음을 알 수 있다.

이와 같은 자연공동체로부터 인류의 분리는 서구의 교육과 사회생활의 이념적 원리나 실제에 광범위하게 퍼져 있는데, 이는 기본적으로 자연계와 인간사회의 단절된 관계를 당연한 것으로 보는 인간중심적 세계관과 자유주의 사회이론으로부터 파생된 것으로 볼 수 있다. 이렇게 볼 때, 경제적 세계화로 인한 환경위기의 도전과 이에 대한 '환경관리주의'와 더불어 '지속가능한 발전'이라는 환경교육의 응답은 신자유주의에 의해 표현된 세계관과 사회이론의 황폐한 지적 전통의 결과라고 할 수 있을 것이다.

하지만 우리가 생태학적 위기의 본질을 깨닫고 자연과 환경 그리고 생태계와 우리 자신을 올바로 바라볼 수 있다면, 우리는 환경교육을 위한 새로운 패러다임의 전환가능성에 다소 접근할 수 있을 것이다. 이런 관점에서 정영홍은 인간과 나머지 자연 사이의 비연속성의 관념을 거부하고 자연공동체의 회복 및 과학에 대한 전일적(全一的) 접근방식[37]을 옹호한다. 그는 이러한 노력을 통해 '지속가능한 발전'이라는 개념의 그릇됨[38]을 밝히고 세계화의 진전을 멈추기를 희망한다. 그렇게 되면 환경교육은 관리주의와 같은 미봉책의 접근방법을 포기하고 전반적인 교육과정에서 중핵적인 위치를 갖게 될 것[39]이라고 주장한다. 이러한 사색은 환경교육과정에 있어서 전 지구적 환경위기를 극복할 수 있는 통일된 모형 및 중심적인 주제를 제공해 준다고 할 수 있다.

이러한 관점에서 최근 카프라(F. Capra), 로버트슨(J. Robertson), 하트(S. L. Hart), 헨더슨(H. Henderson) 등은 그간의 베이컨-데카르트적 이원론이 환경위기의 근본 원인이라고 지적하면서 환원주의적 패러다임을 포기하고 새로운 환경-의식적 사회의 패러다임을 주장한다. 이들이 주장하는 새로운 패러다임[40]은 환경의 물리적, 생물학적, 문화적 부분들의 통합을 의미하며, 매우 광범위한 자원들로부터 나온 관념들의 새로운 종합을 포함하는 전일적 접근이라고 볼 수 있다.[41]

이러한 유기적 세계관은 지구를 하나의 살아 있는 생태학적 유기체, 하나의 전체 체계로 인식하며, 지구적 사고는 개인들이 세계 속에서 자신의 위치를 보다 더 큰 전체의 한 부분으로 보도록 한다. 지구적 관점은 행동 계획을 의식적으로 설계하고 보완하며 새로운 행동 패턴들을 창조하는 입장을 제공한다. 이러한 새로운 행동 패턴들은 제한된 자원들을 보존하고 최적으로 사용할 수 있도록 한다. 지구적 관점은 과거, 현재, 미래가 연결된 전체적 맥락에서 인간적 가치를 고려하도록 하며, 물질적 재화의 획득만을 배타적으로 강조하기보다는 정신의 발달, 의식의 변화 그리고 생태학적 균형을 지지하기 위한 행동의 조화로운 통합을 강조한다.[42]

오늘날 제도의 대부분은 자연적-과학적-기술적인 것, 사회적-과학적-정치적인 것들을 구분하고, 예술적-정신석-종교적인 하위문화들을 구분한다. 그러나 이러한 낡고 잘못된 구분으로 인해 사람들은 자신과 자신의 시대에 대한 통합적 안목을 얻지 못하고 단편화된 사고와 시각만을 갖게 된다. 그러므로 지금 우리에게 필요한 것은 현재와 미래에 대한 적절한 관념과 비전을 길러 줄 수 있는 유연하고 기능적인 학습환경이라고 할 수 있다.[43] 따라서 새로운 환경교육

은 전문적인 내용에만 매달리는 것이 아니라, 지식의 통합과 전체론
적 비전을 발달시키는 데 기여해야 할 것이다.

1) 심성보, 『도덕교육의 담론』(서울: 학지사, 1999), pp.425-426. 심성보, 『전환시대의 교육사상』(서울: 학지사, 1995), pp.181-182.

2) 대표적으로 근대 서양철학의 시조인 베이컨(F. Bacon)은 "자연을 정복, 개조함으로써 인간을 이롭게 할 수 있다."라고 주장했다.

3) D. W. Orr, 앞의 책, p.80.

4) G. Buck, *Rückwege aus der Entfremdung, Studien zur Entwicklung der deutschen humanistischen Bildungsphilosophie*, Paderborn / München, 1984, 재인용.

5) H. J. Heydorn, *Über den Widerspruch von Bildung und Herrschaft, Bildungstheoretische Schriften Bd. Ⅱ*, Frankfurt am Main, 1979, 재인용.

6) 정유성, 「환경교육 이론 정립을 위한 고찰: 새로운 교육이념으로서의 인간다운 생존을 위한 환경교육」, 『환경교육』, 제2권, 한국환경교육학회, 1991, p.84.

7) G. Anders(1983)는 이러한 위기를 '인류적 비상사태(Ausnahmezustand der Mensch-heit)'로까지 표현하였다.

8) 이에 대한 자세한 논의(위기에 대한 '새로운' 담론의 시도와 위기의 윤리적인 성찰)는 정유성, 위의 글, pp.86-87을 참조.

9) 정영홍, 「환경위기에 맞서는 교육철학」, 『녹색평론』 2000년 3-4월호, pp.40-41.

10) 파편화된 지식으로 이루어진 근대교육의 목적들은 지속가능한 지식이 아니다. 따라서 우리는 분절된 인지주의적 교과전문주의와 전문적 능력, 주입식 교육을 극복해야 한다. D. W. Orr, 위의 책, p.137.

11) 근대교육이 인간중심의 자연지배를 정당화하는 교육과정이었다면, 생태학적 교육과정은 '발전'과 사회적·도덕적 '진보'라는 근대성의 기획을 극복하고자 하는 포스트모던한 교육으로 자연과 인간이 조화되는 교육을 지향한다. 심성보, 앞의 책, p.193.

12) 한상훈, 「새로운 교육의 모색」, 『녹색교육』 봄호(통권 27호), 환경을 생각하는 전국교사모임, 1999, pp.15-18.

13) '생태학적 세계관'은 거시적 입장에서 미시적 입장에 갇혀 있는 인간중

심적 세계관의 포기를 의미한다. 즉 자연은 인간의 욕망 충족을 위한 도구나 자료가 아니라 인간의 근원적 모체이며 조화를 찾아야 할 대상이며. 인간 이외의 생물체는 정복과 약탈의 대상이 아니라 인간과 공생할 권리를 갖고 있다. 박이문, 『문명의 위기와 문화의 전환-생태학적 세계관을 위하여』(서울: 민음사, 1996), p.127.

14) J. Julian, *Social Problems*, Englewood Cliffs, New Jersey: Prentice Hall, 1977, p.566.

15) C. A. Bower, *Education, Culture Myths, and Ecological Crisis*; *Toward Deep Changes*, State University of New York Press, Albany, 1993, p.167, p.171.

16) 모든 생명체는 개체적으로 독립해서 살아가는 존재일 뿐만 아니라 생명 간에 서로 살면서 더 적극적으로 서로 살려 주는(相生) 역할을 한다는 개념으로, 최근에 와서 '공생(symbiosis)'이라는 말과 함께 생태학적 개념으로 널리 사용되고 있으며, 21세기를 향한 새로운 패러다임의 핵심어가 되고 있다.

17) 상생관계는 '사회적 존재인 인간이 준수해야 되는 사회 질서의 윤리인 연대성과 공익성 및 보조성(補助性)의 원리'(진교훈, 1990, p.30)를 실천하는 과정에서 유지될 수 있다. 종교나 철학 및 사회과학적 논의도 궁극적으로는 상극관계(相剋關係)를 상생관계(相生關係)로 전환시키려는 데에 목적을 두고 있으며, 교육도 궁극적으로는 이를 지향하기 위한 활동이라고 할 수 있다(김정호, 1997, p.56).

18) F. Capra, 김용정·김동광 역, 앞의 책, pp.389-398. 참조. 생태계는 자유로운 종의 집단들이 공생하는 '생명의 그물(망)(web of life)'이라고 할 수 있으며, 서로가 분리될 수 없는 생명의 그물 속에서 협동하고 '다름이 동등함의 근거가 되는 원리'에 의해 움직인다. 그리고 이 원리는 복잡하고 다양한 공생적(상생적) 관계에 의해 뒷받침되어 전체 구조가 심각한 교란이 일어나지 않는 한 어느 한 고리가 파괴되어도 곧바로 회복되어 안정성을 찾게 된다.

19) D. W. Orr, 앞의 책, pp.92-95.

20) 한준상, 『사회교육론: 교육사회적인 이해』(서울: 상아출판사, 1987).

21) 정유성, 앞의 글, pp.88-90.

22) '평화'는 한 사회, 전체 세계의 '정의로운 형평성'의 구현상과 함께 인

간과 자연의 화해와 일치를 지향하는 구체적이고 참다운 생명의 존재 조건이자 사람다운 삶의 모습이다. 정성헌, 「상생(相生)의 공동체를 향하여」, 『20세기 딛고 뛰어넘기』, 앞의 책 p.30. '평화교육(Peace Education)'에 관해서는 고병헌, 「평화교육의 성격에 관한 연구」, 고려대학교 대학원 박사학위논문(1994) 참조.

23) '환경관리주의'란 기존의 정치, 경제 체제 안에서 환경 기술을 발전시키고 환경정책과 환경관리를 강화하여 사람들의 행위양식을 변화시키면 환경문제가 해결될 수 있다고 본다. 이러한 주장은 자본주의나 제국주의, 현대 과학문명 등에 대한 거시적이고 구조적인 문제를 제기하기보다는 기존의 체제 내에서 합리적 관리를 통해 환경문제를 해결할 수 있다고 보는 입장이다.

24) 정영홍, 앞의 책, pp.47-48.

25) W. Beer & de Haan, *Ökopädagogik, Aufstehehn gegen den Untergang der Natur*, Weinheim / Basel, 1985. 참조.

26) Y. S. Cheong, *Ein Beitrag zur Friedenserziehung aus der Sicht der Dritten Welt*(unveröffentlichte Magisterarbeit), München, 1990. 재인용.

27) 위의 글에서 재인용.

28) W. de Haan, 「동구의 경험과 개발도상국의 환경교육 촉진가능성」, 초·중등학교 교육과정에서의 환경교육 강화방안, 한국환경교육학회, 1991, pp.11-26.

29) '감수성'이란 상대방의 심정을 깊이 이해하고, 상대의 마음의 움직임에 대하여 정확하게 반응할 수 있는 것을 말한다. 남상준 외, 「삶의 맥락적인 경험과 감수성 함양」, 『환경교육의 원리와 실제』(서울: 원미사, 1999), p.91.

30) Sara Ebenreck은 새로운 환경윤리학을 모색하는 데 필요한 상상력의 특성을 다음과 같이 정리하고 있다.
    1) 우리가 매몰되어 있는 현실과 창조적으로 구상하는 것. 그리하여 목적, 목표 혹은 이상을 설정하는 것.
    2) 다른 사람의 관점을 이해하고 그 관점에 참여하는 것.
    3) 윤리적 원칙이 요청하는 공감과 존중심을 구현할 수 있는 행위를 창조적으로 구상하는 것.

4) 우리들의 생각을 적절히 보여줄 수 있도록 이념에 대한 실례를 구성하고, 전형적인 경우들을 만들어 내는 일.

5) 선형적 논리로는 표현하기 어려운 역설적인 성질들을 이미지 관계로 포착하거나 표현하는 일.

6) 비유나 이야기 등 창조적인 이름 짓기를 통하여 현실에 대한 기술에 접근하기 등. S. Ebenreck, *Opening Pandora's Box: Imagination's Role in Environmental Ethics*, in Environmental Ethics, 1996, p.12.

31) 한상훈, 앞의 글, p.13.

32) 이인재, 앞의 글, p.248.

33) '전일적(holistic) 세계관'으로 대표되는 장회익의 '온생명' 사상의 주요 개념은 생명과 정신, 사회와 문화 등을 포괄하는 프레임이라고 볼 수 있다. 그는 세포나 DNA 등 점점 더 세분화된 영역으로 들어가면서 생명현상을 밝히는 대신 오히려 하나의 개체가 자족적으로 살아갈 수 있는 범위에서 생명의 단위를 찾았고, 그것은 태양계 안에서 지구 정도의 생존 환경을 갖춘 '온생명'이라고 불렀다. 그는 지구상에 나타난 전체 생명현상을 하나하나의 개별적 생명체로 구분하지 않고 지구 자체를 하나의 전일적(全一的) 실체로 인정해야 하며, '온생명'을 통해 인간 문명이 온전한 길을 가고 있는지를 반성해야 한다고 하였다. 동아일보, 2000년 12월 11일자 참조. '온생명'에 관한 논의는 본서 Ⅵ. '새로운 환경윤리교육의 모형 개발을 위한 논의와 방향'에서 다룰 것이다.

34) 지금까지 '지속가능성'이란 개념은 경제성장과 환경보존이라는 상반된 활동을 조화시켜야 한다는 주장을 펼치는 데 주로 사용되어 온 경향이 있다. 그러나 진정 인간의 기본적 가치가 실천되는 안정된 지속가능한 세계시민사회를 만들기 위해서는 더 폭넓은 정의, 즉 포괄적인 테두리 속에서 다섯 가지 지속가능성(경제적, 제도적, 생태학적, 기술적, 문화적 지속가능성)을 포함시키는 것이 바람직하다. 임길진, 「21세기 환경 유토피아를 위하여」, 『20세기 딛고 뛰어넘기』, 앞의 책, pp.37-41. 참조.

35) 안기희, 「새 천년을 맞이하는 21세기 환경교육」, 『환경교육』, 제12권 1호, 한국환경교육학회, 1999, p.2.

36) 윤오섭, 『최신 환경학』(서울: 세진사, 1999), pp.644-645.

37) 환경파괴의 원인이 바로 기계적이고 분절된 사고에서 비롯된 것이라면 환경위기를 극복하기 위해서는 '전일적(全一的) 접근'을 통한 사고가

반드시 필요하다.

38) 소위 "미래세대의 가능성을 훼손시키지 않는 범위에서 현재의 개발"이라는 지속가능한 개발(ESSD) 논리가 갖고 있는 그릇됨 중에 하나는 바로 세대 간의 평등만을 문제로 삼을 뿐, 남북 간, 즉 선진국과 후진국 간의 평등은 문제 삼지 않는다는 것이다. 시간적 형평만 생각하고 공간적 평등성에 무관심한 것이 바로 선진국 중심의 환경문제를 보는 심각한 문제점이라고 할 수 있다.

39) 정영홍, 앞의 책, p.35.

40) 과거의 낡은 패러다임이 인간중심적 가치에 기반하고 있다면, 새로운 패러다임은 생태중심적 가치를 토대로 삼고 있다. 이는 인간 이외 다른 생물의 고유한 가치를 인정하는 세계관이며, 모든 생물은 상호의존성이라는 연결망 속에 한데 얽혀 있는 생태학적 공동체의 성원들이라고 할 수 있다. F. Capra, 김용정·김동광 역, 앞의 책, pp.26-28.

41) P. E. O'sullivan, *Environmental Science and Environmental Philosophy*: *Part 2 Environmental Science and the Coming Social Paradigm*, J. Rose, ed., *Environmental Concepts, Policies and Strategies*, Philadelphia: Gordon and Breach Science Publishers, 1991, pp.77-78.

42) D. N. Pagano, *Ecoarchaeology*: *Ethics, Human Systems Design and Action in the 21st Century*, proceedings of the 38th Annual Meeting of ISSS on New Systems Thinking and Action for A New Century, 1995, pp.840-841.

43) E. Laszlo, Vision 2020: Reordering Chaos for Global Survival, New York: Gordon and Breach, 1994, pp.90-95. 자연적 체계들 안에서의 인간 행동과 관심의 위상 등에 관한 전체적 이해는 존속가능한 미래를 창조하는 교육과정의 성패를 좌우한다. J. A. Palmer, *Towards a Sustainable Future*, D. E. Cooper & J. A. Palmer, ed., *The Environment in Question*: *Ethics and Global Issues*, New York: Routledge, 1992, pp.185-186.

환경윤리와 환경윤리교육의
새로운 패러다임 모색

인류는 생태학적 위기라는 현실을 바탕으로 이른바 새로운 가치체계의 대전환을 시도하지 않으면 안 될 심각한 기로에 서 있다. 이러한 위기의식에 대응하기 위한 환경교육에 대한 국제적 노력과 활동들[1]은 종래의 성장체제와 전통적인 교육체계로는 현대사회의 급격한 변화를 수반하는 생태학적 위기를 효율적으로 관리하기에는 한계가 있다는 데서 출발한다.

지금까지의 개발 위주의 양적 성장을 지향하는 개방사회(open society)나 성장사회(growth society)를 전제로 하는 현 교육의 이론과 실제는 생태학적 패러다임(ecological paradigm)의 새로운 문제해결에 부적절하므로 생태계의 새로운 인식 전환을 위한 '발상의 대전환'이 있어야 한다. 이러한 시점에서 "종래의 사회·경제체제가 지향하고 있는 개방사회 또는 성장사회로부터 이른바 균형사회(equilibrium society), 정상상태의 사회(steady-state society) 또는 반(半)성장사회(semi-growth society)로의 코페르니쿠스적인 전환을 뒷받침하는 새로운 교육, 즉 환경윤리교육의 중요성이 점차 강조되고 있다."[2]

우리가 환경윤리교육의 모형을 정립해 보기 위해 환경윤리와 환경윤리교육의 새로운 패러다임을 모색해 보고자 하는 것은 한 시대의 주도적인 연구 개발 활동이 패러다임 논의에 필수적인 철학적 쟁점과 인식론적 과제 그리고 방법론적 가정과 밀접히 연관되어 있기 때문이다. 즉 특정 시기 동안의 연구 개발 활동에 패러다임 공존의 논리를 전제하고, 각 패러다임 간의 긴장과 갈등관계를 파악하면서 패러다임 논의에 함의되어 있는 근본적인 과학철학적 쟁점을 규명함으로써 특정 시대의 교육 모형 정립의 방향과 의도 및 교육적 효과와 한계를 진단하고 깊이 있는 논의를 할 수 있기 때문이다.[3]

따라서 지금까지 살펴본 환경윤리학 연구의 과제와 방향 그리고 환경교육의 방향을 바탕으로 환경윤리와 환경윤리교육의 새로운 패러다임을 모색해 봄으로써 환경윤리교육의 모형을 정립하기 위한 과제와 방향을 설정해 보고자 한다.

1. 환경윤리의 새로운 패러다임 모색

오늘날 생태학적 위기와 환경문제는 단순히 수많은 사회문제들 가운데 하나가 아니라, 인간중심주의적 자연관과 세계관에 기초한 과학기술문명, 대량생산과 대량소비체제, 불평등한 국제관계 등 여러 요인이 하나로 얽혀 생겨난 문제라고 할 수 있다. 그것은 사회체계의 목표와 가치, 생산양식, 정치구조, 교육내용, 인성의 구조와 연결된 총체적이고 복합적인 문제이기 때문에 단순한 정책적 처방만으로는 해결되기 어려운 문제이다.

하지만 오늘날 생태학적 위기 극복이 중대한 문제로 대두되면서 환경에 대한 인식상의 변화가 활발히 일어나고 있다. 이제 환경은 어떤 자연과학적 사실이 아니라 인간의 주관적 의식 또는 사회적 이념으로 받아들이게 되었다.[4] 그것은 생태학적 환경위기를 해결하기 위해서는 무엇보다도 인간의 의식체계의 변화가 관건이라는 믿음에서 비롯된 것이라고 하겠다. 이러한 믿음은 환경전문가만의 전유물이 아니라 일반인 사이에서도 서서히 확산되고 있는 추세이다.

카프라(F. Capra)[5]는 이러한 움직임에 대해서 실제로 패러다임의 수정이 일어나고 있다고 말한다. 그는 지금 나타나고 있는 새로운 패러다임은 여러 가지 방법으로 기술될 수 있는데, 그것은 세계를 분리된 부분들의 집합체라기보다 통합된 전체로 보는 '전일적 세계관(holistic worldview)' 또는 생태학적 세계관(ecological worldview)으로 부른다. 이러한 '생태학적'이라는 용어를 일반적으로 쓰이는 의미보다 더 넓고 깊은 의미로 사용하면서 이와 같은 의미에서의 생태학적 인식은 모든 현상들은 근본적으로 상호의존하고 있으며, 개인과 사회가 자연의 순환과정에 깊이 있음을 깨닫게 해 준다고 하였다. 이러한 생태학적 자각은 우리 사회의 여러 방면에서 그리고 과학의 안팎에서 나타나고 있다는 것이다.

카프라는 생태학적 패러다임에 일반적인 과학의 틀을 넘어서는 일종의 정신적인 통찰이 함축되어 있다고 하면서 다음과 같이 주장한다.

생태학적 패러다임은 현대 과학의 지지를 받고 있다. 그러나 그것은 과학의 틀을 넘어서 모든 생명의 일체성, 다양한 현상들의 상호의존성, 그것의 변화와 변형의 순환성 등으로 나아가게 하는 실재에 대한 인식에 뿌리를 두고 있다. 궁극적으로 그러한 깊은 생태학적 자각은 정신적인 자각이다. 인간 정신이 각 개인은 전체로서의 우주와 관련되어 있다는 것을 느끼는 의식의 형태로 이해될 때, 생태학적 자각은 본질적으로 정신적이라는 것이 명백해지고, 실재에 대한 새로운 통찰이 정신적인 전통과 조화를 이룬다.

이와 같이 최근 새로운 패러다임으로서 생태학적 세계관으로의 전환은 오늘날 우리가 겪고 있는 생태학적 환경위기를 극복하는 데 있어 대안적인 틀(alternative framework)을 제공해 준다고 하겠다.

1) 생태학적 패러다임으로의 전환

오늘날 세계적 차원의 생태학적 위기상황에서 경제성장제일주의를 넘어서는 생태주의적 문명전환운동이 등장하고 있다. 이제 경제성장과 생태적 균형 사이의 대립이 사회적 갈등의 새로운 중심축으로 등장하고 있다. 19세기에서 20세기에 이르는 시기가 인간과 이성과 과학기술에 대한 신뢰 위에서 무한한 성장을 추구하면서 생겨난 인간사회 내부의 불평등의 문제를 두고 자본주의와 사회주의라는 대립된 세계관과 정치체계가 서로 갈등하는 역사였다면, 21세기는 물질적 풍요의 증대를 내세워 기존 사회체계를 유지하려는 개발주의 세력과 인간문명과 자연의 공진화(共進化)를 주장하면서 '삶(생명)'의 회복을 위해 새로운 방식으로 사회체계를 재구성하려는 생태주의 세력 간의 갈등이 중심적 갈등으로 부상할 것이다.[6]

생태주의자들의 입장[7]에서 보았을 때 기존의 사회체계 안에서 환경위기를 극복할 수 있는 가능성은 없다고 본다. 그들의 입장에 따르면, 기존 사회체계의 짜임새를 패러다임 수준에서 전환하지 않고서는 생태학적 환경위기를 극복하기 어렵다는 것이다. 그들에 따르면, 생태학적 위기를 극복하기 위해서는 인간과 자연과의 관계뿐만 아니라 사회체제의 짜임의 방식, 생산과정, 과학기술과 소비양식을 기존의 인간중심적 패러다임에서 생태중심적 패러다임으로 이동시키는 것이 필요하다고 주장한다.[8] 이러한 주장은 민주주의와 사회주의라는 이념에 이어서 생태주의[9]라는 이념이 기존의 사회체계를 전면적으로 재구성할 것을 요구하는 변혁이론으로 형성되고 있음을 의미한다.

특히 심층[10]생태론자들에 따르면, "자연은 인간의 삶과 건강과 행복을 위해 도구적인 가치를 지니고 있기 때문에 보존되어야 한다."라는 인간중심주의적 환경윤리를 '표층생태론(shallow ecology)'이라고 부르면서, 지금은 인간을 위한 윤리가 아니라 자연을 위한 윤리가 필요한 시기라고 본다. 이제 인간을 넘어서 생물의 '생존권(Recht auf Leben)' 그리고 비생물의 '존재권(Recht fürs Sein)'에 관심을 기울여야 한다고 주장하면서, 인간중심석인 환경적 관심을 동식물, 생태계, 생물종 그리고 생명이 없는 자연 모두를 포괄하는 생태적 관심으로 확장시켜야 한다는 것이다.[11] 이러한 새로운 생태학적 패러다임은 여러 사람들에 의해 비슷한 형태로 제시되었는데, 그 가운데 심층생태론자들인 안 네스(A. Naess)[12]의 심층생태주의 강령[13]을 요약하여 제시해 보면 <표 V-1>과 같다.

〈표 V-1〉 네스의 심층생태주의 강령

인간과 자연의 관계
1. 인간과 지구상에 존재하는 모든 생물체의 번성은 그 자체로서 가치가 있다. 인간 이외의 생물체의 가치는 그것이 인간에게 얼마나 유용한가와는 관계없이 독립적인 가치(본래적인 가치, 내재적인 가치)를 지닌다.
2. 현재 자연에 대한 인간의 간섭이 지나쳐서 상황은 급속하게 악화되고 있다.
3. 인간은 없어서는 안 될 필수불가결한 욕구를 충족시키는 경우를 제외하고는 생명체의 풍요로움과 다양함을 축소시킬 권리가 없다.
4. 생명의 풍요로움과 다양함은 그 자체로서 가치 있고, 인간과 지구상에 존재하는 모든 생명체의 삶이 번성하는 데 이바지한다.
5. 인간의 삶과 문화의 번영은 근본적으로 인구감소가 있어야 가능하며, 자연계의 번영을 위해서도 인구감소는 필요하다.
새로운 사회를 위한 변화의 필요성
6. 새로운 사회에서는 '높은 생활수준(high standard of life)'에 집착하는 것이 아니라 높은 '삶의 질(quality of life)'을 추구하는 가치가 중시되어야 한다.
7. 더 나은 삶의 조건의 중요한 변화는 정치적 변혁을 필요로 한다. 그리고 정치적 변혁을 통해 경제적, 기술적, 이념적 기본 구조를 변화시킬 수 있다.
8. 이 점을 인식하는 사람들은 필요한 변화를 위해 각자에게 요구되는 행동을 할 의무가 있다.

* 출처: Naess(1989)에서 항목을 만들고 순서를 바꾸어 재구성하였음.

　네스에 따르면, 근대적 계몽은 인간과 자연을 분리시키고 자연을 인간의 욕구충족의 수단으로 취급한다는 점에서 인간중심주의적 사유라는 것이다. 자연보호운동, 로마클럽,[14] 동물보호론자들의 환경론은 여전히 인간중심주의적 시각에서 문제의 개선만을 중시하는 '피상적인' 수준에 머물러 있기 때문에 생태학적 위기의 해결은 자연과 인간이 하나의 생물권을 구성하는 동등한 존재라는 생태적 자기의식의 획득을 통해서만 가능하다는 것이다.

위 표에서 보는 바와 같이 네스는 기존의 인간-자연 관계의 틀을 벗어나는 새로운 틀을 주장한다. 그는 인간중심주의에서 생태중심주의로의 이동을 주장하면서, 그에 따른 사회체계의 변화를 요구하고 있다. 네스는 인간이 자연의 법칙을 존중할 것을 요구하며, 생태계의 법칙이 인간의 욕구나 필요보다 더 근본적이라고 인식한다. 다시 말하면 지구는 인류를 포함한 모든 생명체의 공유지(commons)라는 것이다.

그는 현재 자행되고 있는 인간에 의한 자연파괴는 점차 더 심각한 상황으로 변할 것이며, 사회체계는 생물의 다양성을 존중하는 방식으로 현재의 모습과는 다른 모습으로 바뀌어야 함을 주장한다. 또한 그는 기존의 인간중심주의에서 생태중심주의로의 이동을 주장하면서 그에 따른 사회체계의 변화를 요구하고 있다. 그러나 네스가 내놓은 심층생태론 헌장에서 새로운 사회체계의 모습은 원칙으로만 제시되었을 뿐 그 구체적인 모습은 나타나지 않고 있다. 하지만 심층생태론자들인 드볼(B. Devall)과 세센(G. Sessins)이 제시하는 현재의 인간중심주의의 지배적 세계관(Dominant Worldview)에서 새로운 세계관, 즉 생태중심주의의 심층생태주의(Deep Ecology)로의 패러다임 전환은 현재의 지배적인 사회체계의 패러다임과 대안적인 패러다임으로서의 심층생태주의 패러다임을 잘 대비시켜 주고 있다.

지배적 세계관(인간중심주의) ⇒	심층생태주의(생태중심주의)
자연에 대한 인간의 지배	자연과 인간의 조화
인간을 위한 자원으로서의 자연환경	모든 자연은 내재적 가치와 생명중심적 평등성을 가짐
인구성장에 맞춘 물질적, 경제적 성장	우아하고 단출한 물질적 필요 (보다 큰 자아실현에 필요한 물질적 목표)
자원이 풍부하게 보존되어 있다는 믿음	지구는 제한된 자원만을 공급한다는 믿음
거대 기술과 기술적 해결책 강조	적정한 기술과 자연에 대한 비지배적 과학
소비주의적 삶	충분하고 의미 있는 일과 재순환
국가적 또는 중앙집중식 공동체	최소한의 전통과 생태적 소공동체

* 출처: Devall & Sessions(1985)에서 수정, 재구성함.

앞에서 제시된 네스의 심층생태론 입장에서 드볼과 세션은 오늘날 생태학적 위기의 요체는 인간중심주의에 있다고 보고, 이러한 위기 극복을 위해서는 현재의 지배적 세계관에서 새로운 세계관으로의 패러다임 전환, 즉 생태중심적 형이상학을 주장한다.[15) 그들은 자연과 조화를 이루며 살기 위해서는 모든 생명을 존중하며, 경제성장을 위한 거대 기술보다는 자연과의 조화를 고려한 적정 기술을 대안으로 제시한다. 또한 정치적으로는 분권적 지역공동체를 주장하며 경제성장에 기반을 둔 소비주의적 삶보다는 소박하면서도 의미 있는 삶의 방식을 제시한다.

그들은 자연자원을 인류가 마음대로 쓸 수 있는 가용재산으로써가 아니라 그 자신이 내재적 가치를 지닌, 인류의 생존을 위해서 우리가 항상 아끼고 가꾸어야 할 귀중한 동반자적 존재로 인식한다. 그리고 이러한 동반자적인 자원의 보존을 위해서는 현대 문명 생활이 제공하는 상당한 부분의 편리와 풍요를 포기해야 한다고 주장한다.

그들은 자연 생태계와 생물권 보호를 위해서 우리 인류가 취해야 할 입장을 생태학적인 관점에서뿐만 아니라 철학적, 사회학적, 정치제도적인 관점에서 분석하고 그 현실적인 대안을 추구하고자 한다.[16)]

특히 생태주의적 패러다임으로의 이동을 옹호하는 대표적인 학자 가운데 굿윈(R. Goodwin)[17)]은 현재의 생태학적 환경위기를 극복하기 위해서는 국내적 또는 국제적으로 "현재의 경제, 정치, 사회질서의 핵심적 요소들의 기본 방향을 재정립하는 것"이 필요하다고 주장한다. 스털링(S. Sterling)[18)]은 이것을 '기계적 세계관(Mechanistic World View)'에서 '생태학적 세계관(Ecological World View)'으로의 이동이라고 표현하면서 대립적인 두 세계관을 <표 Ⅴ-3>와 같이 요약하고 있다.

〈표 Ⅴ-3〉 스털링의 패러다임 이동

기계주의적 / 데카르트적 세계관 ⟹	생태적 / 전체론적 세계관
전체적 성격	
-기계주의, 환원주의, 객관주의, 기술중심적	-유기체주의, 전체론, 참여적, 생태중심적
인식과 가치상의 특성	
-주체와 객체의 분리	-주체와 객체의 상호작용
-인간과 자연의 분리: 지배 관계	-인간과 자연의 비분리성: 시너지관계
-분리적, 가치중립적, 경험적 지식	-비분리적, 가치관여적, 경험인 동시에 직관적·감정이입적 지식
-분석(analysis)이 이해의 열쇠	-종합(synthesis)이 더 강조됨
-직선적인 시간관과 인과관계	-순환적인 시간관과 인과관계
-자연은 불연속적 부분의 총합이며 전체는 부분의 총합일 뿐이다	-자연은 상호 관련된 전체로 이루어지며, 그것은 부분의 총합보다 크다.
-개체의 힘(돈, 영향력, 자원)이 안녕(well-being)	-체계들 사이의 상호관계의 질이 안녕
-양적인 것을 강조	-질적인 것에 관심
-물질적 현실 강조	-자연적, 형이상학적 실제에 관심
-사실과 가치의 무관함	-사실과 가치의 밀접한 관련성
-윤리와 일상생활의 분리	-윤리와 일상생활의 통합
-수단적 가치	-체계의 가치를 통해 통합된 내재적 가치
사회체계적 특성	
-권력의 집중화(centralization)	-권력의 분산(decentralization)
-전문화, 경쟁 강조	-다차원적 접근, 협동 강조
-동질성의 증가와 해체	-다양성 증대와 통합
-기술적, 생태학적 한계의 불인정	-생태학적 한계가 기술적 한계 결정
-획일적인 경제 성장	-안정상태의 경제 또는 질적 성장

* 출처: Sterling(1992, p.82)에서 재구성하였음.

스털링은 세계관의 이동은 인식과 가치라는 근본적인 요소를 포함해야 한다고 본다. 그리고 그러한 인식론과 가치론상의 변화를 바탕으로 하여 새로운 사회체계가 짜여야 한다고 본다. 주체와 객체, 인간과 자연, 사실과 가치, 윤리와 일상생활을 분리시키는 기계주의적이고 환원주의적인 인식론과 가치론에서 그것들 사이의 상호작용을 중시하는 생태적이고 전체론적인 인식론과 가치론으로의 전환이 패러다임 전환의 기본적인 요소로 제시된다.

그는 이러한 인식과 가치상의 변화 위에서 사회체계의 패러다임 이동의 방향을 제시하고 있다. 스털링은 사회체계상의 패러다임의 이동이 권력집중화(centralization)에서 분권화(decentralization)로, 전문화 강조에서 다양한 영역에서의 다차원적·종합적 접근으로, 경쟁에서 협동으로, 동질성 증대에서 다양성 강조로, 획일적 경제성장에서 안정상태의 질적 성장의 방향으로 이루어져야 한다고 주장한다.

이와 함께 기존의 패러다임에서 새로운 패러다임으로의 전환을 가장 종합적이고 구체적인 원칙으로 제시한 사람은 밀브레이스(L. Milbrath)라고 할 수 있다. 그는 "생태학적 패러다임으로의 이동에 대해 '지배적인 사회적 패러다임(Dominant Social Paradigm: DSP)'에서 '새로운 생태적 패러다임(New Ecological Paradigm: NEP)'으로 전환시키지 못한다면 생태학적 환경위기는 결코 극복될 수 없다."[19]라고 보았다.

<표 Ⅴ-4>는 성장 위주의 지배적 패러다임과 생태학적 환경위기를 극복할 새로운 생태학적 패러다임을 대비시켜 보여주고 있다.

〈표 V-4〉 지배적인 사회적 패러다임에서 새로운 생태적 패러다임으로의 이동

지배적인 사회적 패러다임(DSP) ⟹	새로운 생태적 패러다임(NEP)
현재 사회에 만족	**새로운 사회의 추구**
-자연파괴를 심각하게 생각지 않음	-자연파괴의 심각성 우려
-위계질서와 효율	-개방과 참여
-시장 강조(경쟁)	-공공선 강조(협동)
-복잡한 생활양식	-단순한 생활양식
-돈을 벌기 위한 노동	-노동 자체의 즐거움
자연에 낮은 가치 부여	**자연에 높은 가치 부여**
-인간의 자연 지배	-인간과 자연의 전체적 공존
-자연을 상품생산에 이용	-자연 자체를 애호함
-성장의 한계 거부	-성장의 한계 인정
-환경보다 경제성장을 우선	-경제성장보다 환경을 중시
-생산과 소비 강조	-자연의 보존과 유지 강조
-자원고갈 부인	-자원고갈 인정
-인구문제 경시	-인구폭발의 문제 인정
좁은 범위의 제한적 연민	**넓은 범위의 보편적 연민**
-현세대에만 관심	-미래세대에 대한 관심
-타 인종에 대한 무관심	-타 인종에 대한 관심
-인간 욕구를 위해 다른 종착	-다른 종에 대한 연민
부의 극대화를 위해 위험 감수	**위험을 피하고 사려 깊은 계획과 행동**
-과학과 기술의 숭배와 맹신	-과학과 기술에 대한 비판적 통제
-핵무기 개발	-핵무기 개발 중단
-대규모 경성(hard) 기술 강조	-소규모 연성(soft) 기술 개발
-자연보호를 위한 정부의 규제 소홀	-자연보호를 위한 정부의 규제 강조
기존 정치	**새로운 정치**
-전문가에 의한 지배	-협의 및 참여
-시장기능의 신뢰	-예측 및 계획
-제도정치 강조	-직접 행동 의사
-좌우 대립과 생산수단 소유 여부	-개발과 환경이라는 새로운 축의 형성

* 출처: Milbrath(1989, p.119)에서 재구성하였음.

198

위 표는 인간과 자연과의 관계를 재조정하고 과학기술과 경제, 정치체계와 삶의 양식에서의 새로운 패러다임 전환의 방향을 제시해 준다. 새로운 생태학적 패러다임은 오늘날 환경위기 혹은 생태학적 위기가 근본적으로 잘못된 자연 인식에 기초한 세계관에서 비롯되었다고 보고, 전통적인 자연관에서와는 달리 자연을 더 이상 인간의 착취 대상으로 파악하지 않는다. 인간과 자연과의 관계는 이제 지배-복종 또는 착취-수탈의 관계에서 더불어 공존해야 하는 동반자 관계로 바꾸고자 하는 것이다. 다시 말하면 자연과 조화에 대한 인식이 나타나게 된 것이다.

인간은 이제 더 이상 우월적인 예외적 존재로서 자만하지 않고 인간 이외의 다른 종과의 관계 및 전 지구적인 생태체계와의 관계성 속에서 겸허한 존재이며, 예외 없이 자연의 법칙을 적용받는 것으로 인식되었다. 이로써 인간은 더 이상 자연 위에 군림하지 않으며, 오히려 자연세계의 일부분으로 인식된다.[20] 이러한 생태학적 전일성(全一性)에 의한 인간 존재의 규정이야말로 새로운 생태학적 패러다임에서 가장 우선적인 가치이자 핵심적인 요소라고 할 수 있다.

이제 생태학적 위기에 직면한 인류에게 필요한 것은 생명관계가 단절된 분리주의적 지배 패러다임이 아니라, 자연적 존재들의 생명유지 관계가 반영되는 패러다임, 즉 분리를 넘어선 공생(共生, symbiosis)적 패러다임이어야 한다. 따라서 21세기 생태학적 패러다임은 현재 지구에 거주하는 인간을 비롯한 자연적 생명체의 생명을 유지하고 보전할 '호혜주의 공생 패러다임'[21)]으로 나아가야 할 것이다.

2) 환경윤리의 체계론적 접근

체계론적 관점에서 볼 때, 자연적 체계에서의 위기는 인간체계를 구성하는 하위체계들 간의 불균형적 상호작용에서 비롯되었다고 본다. 여기에는 당연히 인간과 하위체계들 간의 불균형적 상호작용도 포함된다. 생태학적 위기의 근원은 한마디로 인간이 지닌 가치체계의 위기라고도 할 수 있다. 그러므로 생태학적 위기 극복을 바로 새로운 가치체계의 정립에서부터 찾는 것은 지극히 당연한 일이라고 할 수 있다. 이를 근거로 먼저, 생태학적 환경위기의 원인을 체계론적 분석 모형[22]으로 나타내 보면 <그림 Ⅴ-1>과 같다.

이 모형은 생태학적 환경위기의 원인을 설명하는 다양한 이론들, 예컨대 인구 이론, 풍요 이론, 테크놀로지 이론, 자본주의 이론, 성장 이론 등 입장을 모두 수용할 수 있다.[23] 이 이론들에서 언급된 환경위기의 원인들 대부분은 사회적 체계와 관련된다. 그러나 "더욱 근본적인 원인은 정신적 체계와 관련된 그릇된 사고·인식·가치관·태도라고 할 수 있다. 무제한으로 환경을 착취할 수 있다는 태도, 재화의 생산이 그것을 사용하는 사람보다 더 중요하다는 태도, 자연이 무제한으로 자원들을 공급해 줄 것이라는 태도, 미래 세대들에게 자원을 물려줄 의무가 없다는 태도, 테크놀로지 문제들을 해결하기 위해 더 많은 테크놀로지를 개발해야 한다는 태도, 재화와 용역에서의 불평등이 허용될 수 있다는 태도 등이 그것이다."[24] 이 모형에서 볼 수 있듯이 인간과 환경을 이원적으로 구분하여 인간의 이익을 우선시하고 환경을 부수적인 것으로 취급해 버리는 인간중심적 사고·인

식·가치관은 결국 인간체계의 다양한 측면들 가운데 일면만 보게
함으로써 인간 위주의 관념과 도덕률을 낳고 만다는 것을 알 수 있다.

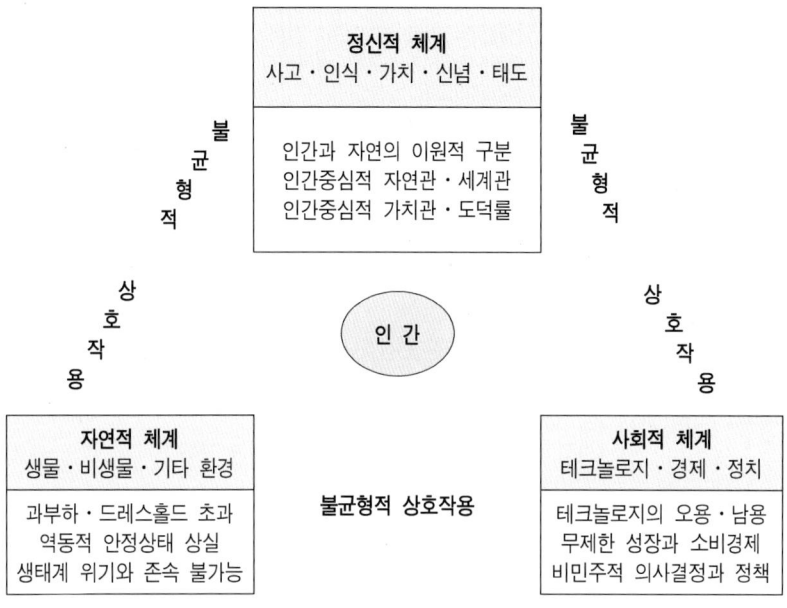

〈그림 Ⅴ-1〉 생태학적 환경위기의 원인에 관한 체계론적 분석 모형

<그림 Ⅴ-2>는 생태학적 환경위기의 원인에 관한 체계론적 분석
모형에 근거하여 환경윤리의 체계론적 접근 모형을 재구성한 것이
다. 자연적 체계들의 역동적 안정 상태 및 기능적 건강성(functional
health)[25]을 유지하기 위해서는 체계들 간의 균형적 상호작용을 회복
해야만 한다. 이를 위한 구체적인 실천 과제는 사회적 체계를 구성하
는 하위 체계들(테크놀로지, 정치, 경제)을 새롭게 디자인하는 것이

고, 정신적 체계의 패러다임을 새롭게 전환하는 것이다.

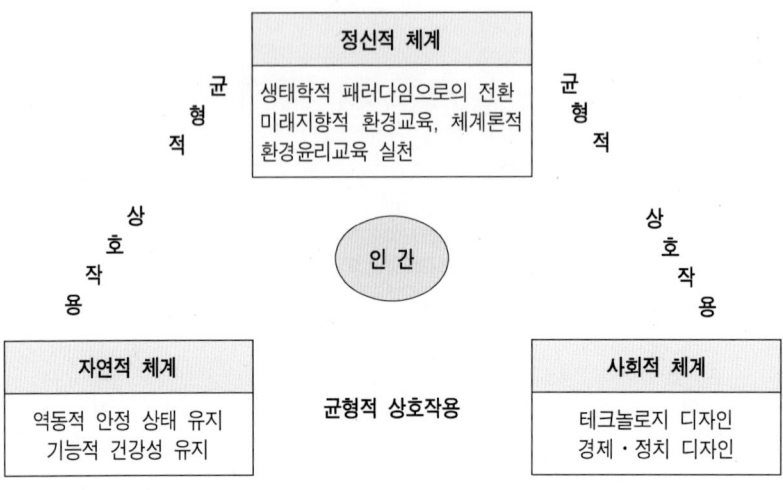

〈그림 Ⅴ-2〉 환경윤리의 체계론적 접근 모형

일반적으로 생태학적 환경위기를 해결하는 데에는 긴장이 발생한다. 이러한 긴장을 해결하기 위한 최선의 방안으로 체계 디자인(systems design)[26]을 들 수 있다. "디자인은 앞으로 환경윤리에서도 핵심 주제가 될 것이다. 예컨대 '환경보존이냐 경제개발이냐'라는 딜레마를 해결하기 위해서는 경제·법·행정체계 등에서의 제도적 디자인이나 민주적 의사결정과정의 디자인이 필요하며, 교육 등에서의 문화적 디자인도 필요하다."[27]

"환경윤리를 체계론적 접근에서 본다면, 가장 중요한 것은 자연적 체계와 사회적 체계 그리고 자연적 체계와 정신적 체계들 간의 균형적 상호작용을 회복하는 것이다. 자연적 체계의 역동적인 안정 상태 및 기능적 건강성을 유지하고, 존속가능성을 높이기 위해서는, 먼저 사회체계에서의 테크놀로지 체계와 경제·정치체계를 생태학적 원리에 맞춰 새롭게 디자인해야 한다. 또한 정신적 체계에서는 생태학적 패러다임에로의 전환이 요청된다."[28] 그리고 이러한 전환을 촉진하고 일상화하기 위해서는 미래지향적인 환경교육 또는 체계적인 환경윤리교육을 실시해야 한다.

따라서 생태학적 위기상황에서 인간이 살아남기 위해서는 그리고 환경과 사회정의가 평화롭게 조화를 이룬 사회를 건설하기 위해서는 인류의 가치체계가 근본적으로 변혁되어야 한다. 다니엘 벨(D. Bell)이 말한 것처럼, 현대인의 위기와 비참함은 바로 과학기술에 대한 맹신에 의해 '자신을 무한화하려는 과대망상증'에서 비롯되었다. 그리하여 현대인은 끊임없는 경제성장과 소비생활의 향상이 가능하다고 믿었다. 무제한적인 경제번영과 소비생활을 지속하기 위해 현대인은 너무나 무절제하고 타인의 존재를 부정하는 자기중심적이고 침략적인 삶을 살고 있다. 또한 현대 매스컴의 과대 및 허위 광고에 의한 인간의 무한한 욕심은 멈출 줄 모르고, 이러한 욕구를 채우기 위해 인간은 인간다움의 길을 버리고 나 하나의 자유와 쾌락과 평안만을 추구하는 이기적인 인간이 되고 말았다. 이와 같이 이타적이고 공동체의 가치를 무시한 인간의 삶 속에서 우리는 자연 혹은 타인과의 조화와 공존을 생각할 수 없다. 따라서 인간의 능력에는 한계가 있음을 겸허하게 받아들이는 보다 성숙한 태도를 바탕으로 자연과 타인을 존중하고 더불어 살아가야만 진정으로 나 자신의 삶의 질을 충족시킬 수 있다는 사실을 인식해야 한다.

"오늘날 인류가 직면한 절박한 위기의 밑바닥에는 '정복'이라는 이념과 과학적 자연관으로 표현된 인간중심적 세계관이 깔려 있다면 그런 위기를 극복할 수 있는 유일한 가능성은 바로 세계관을 원천적으로 수술하는 데서만 찾을 수 있다. 그것은 세계관의 근본적인 전환을 의미한다. 근원적 문제는 근원적으로만 해결된다. 그러므로 근원적 해결책은 인간중심적 세계관을 생태학적 세계관으로 전환·대치시키는 데 있다. 이때 생태학적 세계관은 거시적 입장에서 미시적 입장에 갇혀 있는 인간중심적 세계관의 포기를 의미한다. 자연은 인간의 욕망 충족을 위한 도구가 아니라 인간의 근원적 모체이며 조화를 찾아야 할 대상이다. 그리고 인간 이외의 생물체는 정복과 약탈의 대상이 아니라 인간과 공생할 권리를 갖고 있다. 이러한 생태학적 세계관에 비추어 볼 때 '발전'과 '진보'의 의미는 재해석되어야 할 것이다."[29]

"지금 우리는 우리가 필요로 하는 것과 연관되어 있으며, 모든 것은 어디엔가 쓸모 있고, 자연이 가장 잘 알고 있다."라는 커머너(B. Commoner)의 생태법칙에 대해 환기할 필요가 있으며, "우리가 필요로 하는 것은 환경교양(ecoliteracy)[30]과 인간중심적이고 경제적인 사고가 아닌, 생태적인 체계가 스스로의 가치의 근원이라고 믿는 생명중심적인 '깊은' 생태학(deep ecology) 혹은 생명중심적 환경윤리관(life-centred environmental ethics values)을 갖는 것이다."[31]라고 말한 카프라(F. Capra)의 충고도 귀담아 들어야 한다. 또한 우리는 "자연과 인류는 서로 분리해서 생각할 수 없는 치밀한 관계에 있으며,

인류 혹은 자연이 다른 쪽을 지배하거나 손상할 수 있는 관계가 아니라 한 배를 탄 운명공동체"라는 '우주선 윤리(spaceship ethics)'를 주장하는 사람들의 관점도 깊이 고려해야 할 것이다.

2. 환경윤리교육의 새로운 패러다임 모색

"한 시대에 특정한 사회에서 보통으로 인정되는 정상과학의 변화는 역사적 견지에서 누적되거나 직선적인 진보를 통하여 이루어지지 않고 기존의 패러다임을 거부하는 비정상적인 제 요소의 도전을 받아 위기와 혼돈, 저항과 갈등의 과정을 거치는 동안 새로운 지식, 견해, 대안 등이 급진적 또는 혁명적으로 득세하여 새로운 패러다임의 위기와 갈등 속에서 변화·발전되어 왔다."[32]

여기에 역사적 발전 단계를 대입해 보면 20세기를 지배해 온 경제패러다임의 원리는 21세기의 환경패러다임의 원리로 전환되어야 하고, 경제성장교육은 이제 생태적 패러다임 우선의 환경교육으로 바뀌어야 한다.[33] 이러한 생태적 패러다임은 가치체계 면에서 볼 때 새로운 환경윤리교육을 요청하고 있다.

스트롱(D. H. Strong)의 환경윤리 단계론에 의하면, "1단계는 자연과 물질의 세계를 보호, 보존하고 돌보아야 하는 의무를 사람들에게 부과하는 단계이며, 2단계는 복잡한 생물학적 과정에 보다 많은 지식을 구하는 단계이며, 3단계는 정식화된 윤리의 원칙을 실천함에 있어서 일반인에게 주지시키는 단계로 이루어진다."[34]라고 하였다.

여기서 3단계는 환경문제 해결이 얼마나 어려운가를 보여준다. 현대사회에 사는 인간은 이기적일 뿐만 아니라 탐욕스럽기까지 한데, 문제는 이기심과 탐욕에 높은 지능과 많은 지식을 갖추고 있다는 사실이다. 그래서 원시사회라면 공동체 전체가 환경과 관련된 가치를 포함하는 가치체계를 수용하는 일은 손쉬웠을 것이다. 그러나 현대사회는 그 다양성과 인간들의 이기심과 탐욕으로 인하여 환경이라는 가치체계를 바람직하게 수용하는 것은 힘겨운 일이 되었다. 따라서 환경윤리는 순전히 철학적, 윤리학적 사유와 이론만으로 환경친화적인 도덕심이 생기는 것은 아니기 때문에 환경윤리의 원칙과 이론화는 정치적 행위와 결합되지 않으면 안 된다는 것이다. 하지만 가치체계의 수용은 환경윤리교육을 통해서 가능하며,[35] 특히 우리는 환경윤리교육을 통해 생태학적 위기 극복을 위한 대안적 패러다임을 모색해 볼 수 있다는 점에서 교육적 가능성을 발견할 수 있다.

1) 환경교육과 환경윤리교육의 의의

환경문제는 일단 발생하면 그 피해가 광역화, 장기화되어 먼 후대까지 악영향을 미치며, 한 번 오염되거나 파괴된 환경은 원상회복이 매우 어렵다. 설령 회복이 가능하다고 할지라도 많은 경비와 시간이 소요되는 특성을 가지고 있다. 따라서 환경문제에 슬기롭게 대처하는 방법은 사전에 환경문제를 예방하여 최악의 사태가 발생하지 않도록 하는 일이다.

환경문제를 예방, 극복하고 해결하는 방법으로는 과학적 접근, 사회계몽적 접근, 행정적 접근, 교육적 접근 등을 들 수 있다. 즉 환경을 이해하기 위한 과학기술적 탐색 또는 환경을 잘 이용하고 보전하기 위한 학술적 연구, 이에 병행해야 할 행정적 조치나 법적 규제 등 여러 측면에서 조직화된 사회조직을 잘 활용하여 환경문제를 예방하고 극복·해결할 수 있을 것이다. 그러나 환경문제는 일정한 지역 내에서 그리고 짧은 기간에 해결할 수 있는 성질의 문제가 아니다. "환경문제는 근본적으로는 환경에 대한 인간의 잘못된 인식에서 비롯되었기 때문에 '교육적 접근'이 가장 필요하고 효율적이라고 할 수 있다. 특히 초·중등학교 수준에서의 교육적 접근은 더욱 효과적이다."[36]

우리가 날로 심각해져 가고 있는 환경문제에 대해서 그 해결방법과 대응책을 논의함에 있어 교육적 역할에 기대를 거는 것은 교육적 처방이야말로 보다 미래지향적으로 지역과 국가가 당면하고 있는 문제들에 대하여 조화로운 최선의 길을 제시하는 데 가장 효과적이라고 할 수 있다. 왜냐하면 환경교육은 그 특성상 미래의 관심사이며, 환경을 보전하고 개선하려는 사람들의 신념에 기초를 두고 있기 때문이다.

이미 앞에서 언급한 바와 같이 환경문제는 근본적으로 인간의 환경에 대한 잘못된 태도와 가치관에서 비롯된 것이므로 환경교육을 통해 현재의 기성세대는 물론 자라나는 세대들에게 환경의 소중함을 심어 주고 생활 속에서 환경보전을 실천하도록 지도하는 것이 중요하다. 궁극적으로 환경교육은 환경문제의 심각성에 대한 인식의 고양을 통하여 환경적으로 바람직한 의사결정과 실천적 행동을 이끌어

내려는 것이므로, 현재의 환경문제 해결뿐만 아니라 미래의 환경문제를 예방할 수 있는 바람직한 교육적 방안이라 할 수 있다.

그러면 먼저, 환경교육의 정의에 대해 살펴보자.

북미환경교육협회(NAAEE)[37]는 환경교육은 전체적인 환경－자연환경과 인공환경 모두－에 대해 지식과 인식을 갖춘 시민을 계발하는 간학문적(間學問的) 과정으로, 이때 지식과 인식은 인간의 행동에 의해 유발된 환경문제를 해결하는 것과 이들 환경문제를 어렵게 만드는 가치 갈등과 새로운 문제가 생겨나는 것을 막는 기초가 된다고 한다. 따라서 환경교육은 좋은 환경을 만듦으로써 좋은 삶을 성취하고 유지할 수 있게 해 주는 탐구, 문제 해결, 의사 결정과 행위에 참여할 수 있도록 하는 의지와 능력을 가진 대중을 기르는 데 목표를 두었다.

환경교육의 목표를 한마디로 표현하면, '인간과 환경과의 관계에 대한 이해와 인식을 바탕으로 책임 있는 행동을 취할 수 있도록 육성해 나가는 것'이라고 할 수 있다. 그러나 이러한 표현으로는 무엇을 목표로 하고, 어떻게 행동하면 좋은지를 잘 모르는 경우가 있다. 다시 말하면 어떠한 사회로 가는 것인지, 그러한 사회를 만들기 위해서는 어떠한 가치관을 가지고, 어떻게 행동하면 좋은지 등 구체적인 모습이 떠오르지 않을 수도 있다. 인간은 일반적으로 목표가 있으면 그것을 이루기 위해 노력하는 경향성을 가지고 있어, 교육은 그 목표를 달성하기 위한 과정과 수단이라고 말할 수 있다. 따라서 환경교육이 방향성을 갖기 위해서는 환경교육의 목표를 보다 명확하게 제시할 필요가 있다.

「베오그라드 헌장」(1975)에서 제시하는 환경교육의 구체적 목표[38)]에 따르면, '관심', '태도', '참여'는 정의적 측면에, '지식'은 이해적 측면에, '기능', '평가능력'은 사고적 측면에 영향을 미치고 있음을 알 수 있다. 따라서 환경교육은 환경에 대한 지식 습득뿐만 아니라 총합적인 목표를 지향하고 있음을 알 수 있다. 이러한 구체적 목표를 종합해 보면, 환경교육의 목표는 "환경과 환경에 관련된 문제에 관심을 가지고 인간과 인간을 둘러싼 환경과의 관계에 대해서 총합적인 이해와 인식을 바탕으로 환경을 위한 바람직한 행동을 할 수 있는 기능과 문제해결능력, 판단력 등을 몸에 익혀 스스로의 생활과 인간으로서의 바람직한 자세, 살아가는 자세를 환경보전의 입장에서 성찰해 봄과 동시에 환경에의 책임 있는 행동을 취할 수 있는 적극적인 태도를 육성하는 데 있다."고 할 수 있다.

한편 UNESCO(1980)에서는 환경교육의 목표를 "인류로 하여금 생물학적, 물리적, 사회적, 경제적 및 문화적 제 요소들 간의 복잡한 상호관련성을 이해하게 하고, 동시에 환경문제를 발견하고 해결하며 환경의 질을 관리할 수 있는 지식, 가치관, 태도 및 기능을 습득하는 것"이라고 정의하고, 이를 달성하기 위한 구체적 목표를 다음과 같이 열거하고 있다.

(1) 인식: 개인과 사회 집단으로 하여금 전체 환경과 이에 관련된 문제에 대한 인식과 감수성을 갖도록 도와준다.
(2) 지식: 개인과 사회 집단으로 하여금 전체 환경과 이에 관련된 문제에 대한 다양한 경험과 기본적인 이해를 얻도록 도와준다.

(3) 태도: 개인과 사회 집단으로 하여금 환경보호와 개선에 능동적으로 참여하려는 동기 및 환경에 대한 가치와 관심을 갖도록 도와준다.

(4) 기능: 개인과 사회 집단으로 하여금 환경문제를 확인하고 해결하는 기능을 습득하도록 도와준다.

(5) 참여: 개인과 사회 집단으로 하여금 환경문제의 해결과정에 능동적이며 책임 있게 참여할 수 있는 기회를 제공한다.

이상과 같이 베오그라드 헌장과 UNESCO에서 제시한 환경교육의 구체적 목표를 종합적으로 정리해 보면 <표 Ⅴ-5>과 같다.

〈표 Ⅴ-5〉 환경교육목표에 따른 영역별 구분

구분	목 표	영 역	내 용	세 부 내 용
환경교육목표	인간과 환경과의 관계에 대한 이해와 인식을 바탕으로 환경문제 해결을 위한 지식, 기능, 평가능력, 관심, 태도, 참여의지, 실천력 등을 갖추고 책임있는 행동을 취할 수 있는 인간을 육성하는 것	인지적 영역	이해적 측면	인식, 지식	· 환경문제 해결을 위한 행동을 확실하게 하기 위해 환경문제에 관한 책임과 사태의 위기성에 대해서 깊이 인식하도록 하는 것 · 전체의 환경과 관련된 생태학적 지식을 토대로 환경문제 및 인간과 환경과의 상호관계에 대해 이해할 수 있도록 하는 것
			사고적 측면	기능, 평가능력	· 환경문제 해결을 위한 기능을 몸에 익히도록 하는 것 · 환경상황의 측정과 교육프로그램을 생태학적, 정치적, 경제적, 사회적, 미적, 그 외의 교육적 견지에 평가할 수 있도록 하는 것

구분	목 표	영 역	내 용	세 부 내 용
환경 교육 목표		정의적 또는 심동적 영역	관심, 태도, 참여	· 전체의 환경과 그것에 관련된 문제에 대한 관심과 감수성을 몸에 익히도록 하는 것 · 사회적 가치와 환경에 대한 강한 감수 성, 환경보전과 개선에 적극적으로 참여 하고, 이를 내면화하도록 하는 것

* 「베오그라드 헌장」(1975)과 UNESCO(1980)에서 제시한 구체적인 환경교육목표를 영역별로
구분·재구성하였음.

위 표에서 알 수 있듯이 환경교육의 궁극적인 목표는 "인간과 환
경과의 관계에 대한 이해와 인식을 바탕으로 생태학적 환경위기 문
제를 깨닫고 관심을 가짐과 동시에, 당면한 환경문제 해결과 새로운
환경문제 발생을 미연에 방지하기 위해 필요한 지식, 기능, 평가능
력, 태도, 참여의지, 실천력 등을 갖추고 책임 있는 행동을 취할 수
있는 인간을 육성하는 것"이라고 할 수 있다. 이러한 환경교육의 목
표에는 환경파괴, 환경오염의 실태 등 환경문제를 인식하는 것뿐만
아니라 환경에 대한 감수성과 환경문제를 해결하려는 능력, 책임 있
는 행동 등 폭넓은 개념들이 포함된다.

Lane과 그의 동료들은 "환경교육의 궁극적인 목표가 환경문제를
해결하기 위해 행동할 수 있는 지식과 기능을 갖춘 시민을 양성하는
것"[39]이라고 하였으며, Hungerford과 그의 동료들은 "환경교육을 통
해 삶의 질과 환경의 질 사이의 건강한 균형을 유지하는 것이 얼마
나 중요한지를 이해해야 한다."[40]라고 하였다. 그리고 Iozzi와 그의
동료들은 "책임감 있는 환경적 행동을 하도록 촉진하는 것이 환경교

육의 최종 목표"[41]라고 하였다. 즉 환경교육의 다른 측면에 대한 강조도 중요하지만, 환경과 관련된 활동에 대해 활발한 참여가 책임 있는 행동으로 이어지기 때문에 환경교육은 책임감 있는 행동과 관련지어 정의될 수 있다. 따라서 책임 있는 행동을 할 수 있도록 학교나 사회교육을 통하여 환경적 소양과 연관된 지식, 태도, 기능과 행동을 습득할 수 있는 환경교육이 이루어져야 한다. 이러한 교육은 서로 의미 있게 상호작용하며 각각 직·간접적인 방식으로 학생들의 환경에 대한 지식, 기능, 태도, 나아가 행동에 영향을 미치기 때문에 특정 측면에 대한 강조보다는 이들의 상호연계를 통해 교육이 이루어질 때 효과적인 환경교육이 이루어질 수 있음을 강조하고 있다.[42]

또한 "환경교육은 종합학문적으로 교육되어야 한다. 다시 말하면 환경교육은 환경문제의 자연현상을 규명하는 자연과학, 해결기법을 제시하는 공학, 환경윤리와 철학을 다루는 인문과학, 사회적인 문제와 경제적인 측면 등을 다루는 사회과학까지도 다 포함하는 종합학문적인 성격을 지니고 있기 때문에 학교에서 배운 지식을 이용하여 실제 현실에 적용해서 문제를 분석해 내고, 실제 환경문제를 해결하는 데 도움이 되는 해결책을 도출하고, 현실에 적용해서 실천에 옮기는 산교육이 되어야 한다."[43] 이러한 교육이라야 인간의 덕성까지도 기르는 산환경윤리교육이 될 수 있다.

이러한 환경교육의 목표를 바탕으로 환경윤리교육의 방향성에 대해서 균형성, 통합성, 계속성, 일상성의 원칙 등으로 나누어 살펴보면 다음과 같다.

첫째, '균형성의 원칙'으로, 환경윤리교육은 학생의 지적, 정의적,

심동적 교육목표를 균형 있게 고려하여야 한다. 즉 환경윤리교육은 '환경에 대한 교육(Education *about* Environment)', '환경 내의 교육(Education in Environment)' 그리고 '환경을 위한 교육(Education for Environment)'이 균형을 유지하면서 이루어져야 하는 것으로서, 학생들로 하여금 환경에 관해 아는 것(knowing), 느끼는 것(feeling), 행동하는 것(acting)을 균형 있게 학습하도록 해야 한다. 여기서 환경윤리교육의 궁극적인 목적은 '환경을 위한 교육'이며, '환경에 대한 교육'과 '환경 내의 교육'은 환경윤리교육의 수단이라고 할 수 있다. 따라서 '균형성의 원칙'이란 환경윤리교육의 목적 및 목표설정, 내용 선정에서 '환경을 위한 교육'이 되어야 한다.

둘째, '통합성의 원칙'이란, 환경문제는 일반적으로 상호관련성, 시·공간적 광범위성이라는 속성을 지니고 있으므로 환경을 총체적 시각에서 파악하고, 환경문제를 예방, 극복하고 해결하는 데에는 범교과적 지식, 방법, 기능을 활용할 수 있도록 환경윤리교육의 목표, 내용 및 방법이 통합적이어야 한다. 또한 환경윤리교육은 지식의 전수에만 그치도록 해서는 안 되고, 의식의 변화, 습관·기능의 개발, 가치관의 함양, 문제해결 능력 및 의사결정 능력을 배양하는 목표를 동시에 강조해야 한다. 그리고 환경윤리교육이 기존의 교과 과목에 추가되는 분야의 새 교과가 아니라, 전통적인 학문 분야 간의 새로운 관계를 정립하는 새로운 개념과 새로운 방법, 새로운 기술을 요한다는 점에서 환경윤리교육은 교과목의 독립이나 세분화된 교과내용으로서가 아니라 간학문적(interdisciplinary), 다학문적(multidisciplinary), 횡학문적(transdisciplinary)인 관점에서 새롭게 선정되고 구성된 통합적 내용과 활동지향적, 미래지향적이어야 한다. 이러한 목표와 교과 내용의 통합성의 관점에서 본다면, 초기에는 환경문제에 대한 논의가 주로 자연과학중심으로 이루어졌으나 최근에는 사회과학뿐만 아니라 인문학, 특히 철학과 윤리학에서의 참여도 활발하게 이루어지고 있다.

셋째, '계속성의 원칙'으로, 환경윤리교육은 가정교육과 사회교육과 연계되어 전인교육 및 평생교육의 일환으로 계속되어야 한다. 환경문제의 성격상 전문가나 특정 분야의 사람들의 노력만으로는 환경문제의 해결은 불가능하므로 환경윤리교육은 모든 연령, 모든 국민을 대상으로 그리고 한 개인의 일생 동안 지속적으로 이루어져야 한다. 또한 교육 단계에서 다루는 교육내용과 활동을 보다 체계화하고 내용 영역 간에 균형이 유지되면서 선수학습내용과 후속학습내용 간에 연계성이 계속 유지되어야 한다.

넷째, '일상성의 원칙'이란, 개인이 자주 볼 수 있고, 가까이 있는 환경윤리교육 자원의 활용필요성과 환경문제에 대한 인식은 각자의 자연스럽고 일상적인 생활 속에서 이루어지는 것이 바람직하다는 것이다. 왜냐하면 거창한 구호나 자극적인 선동보다는 생활 주변에서 얻은 경험과 깨달음 속에서 이해하기 쉽고 오랫동안 기억되는 교육적 효과가 있기 때문이다.

이상의 논의들을 통하여 환경윤리교육의 발전방향에 대한 중요한 시사점을 얻을 수 있는데, 즉 환경윤리교육은 모든 계층의 생활과 관련되어 이루어져야 한다. 이는 곧 환경윤리교육이 일상생활과 결부되어 이루어지는 '계속적인 과정'이 되어야 한다는 것을 의미하며,

환경윤리교육이란 환경친화적 원리에 입각한 '삶의 과정'으로서 성
립되어야 한다. 또한 환경윤리교육은 '생존의 전략'으로서 자리매김
되어야 하며, 이를 위해서는 자연과학, 과학기술, 역사 및 철학, 사
회적 지식 등 총체적인 접근이 요구된다.[44]

　앞에서 언급한 바와 같이 환경교육의 형태를 '환경에 대한 교육
(Education *about* Environment)', '환경 내에서의 교육(Education *in*
Environment)' 혹은 '환경으로부터의 교육(Education *from* Environment)',
'환경을 위한 교육(Education *for* Environment)'으로 크게 세 가지 범주
로 구분해 볼 때,[45] '환경에 대한 교육'은 환경에 대한 이해를 근간으
로 하여, 탐구적이고 발견적 접근법으로, 환경에 대한 지식, 이해 등과
같은 인지적 측면과 관련된다. '환경 내에서의 교육'과 '환경으로부터
의 교육'은 환경을 두 가지의 주요 원천으로 사용하는 것을 일컫는다.
첫 번째는 환경을 탐구와 발견을 위한 매체로서 사용하는 것으로, 이
때 중요한 것은 학습방법을 학습(learning how to learn)하는 것이다.
두 번째는 환경을 언어, 사회, 과학 등 실제적인 활동을 위한 자료의
원천으로 사용하는 것이다. 어느 경우든 환경과의 실제적인 접촉이 일
어나고, 이를 통해 환경에 대한 애착심, 감수성, 상상력 증진 등 효과
가 발생할 수 있다.

　'환경을 위한 교육(Education *for* Environment)'은 지식이나 기능
습득을 초월해서 행동에 영향을 미칠 수 있는 가치로 확장되는 차원
을 말한다. 이는 특히 개인적인 환경윤리로 이어질 수 있는 태도와
이해 수준을 발달시키는 교육으로, 개인 혹은 집단의 행동이 지구환
경에 도움이 되는 방향으로 이어질 수 있도록 학생들을 교육시키는

것이다.[46)]

'환경 내에서의 교육'과 '환경으로부터 교육'은 궁극적으로 '환경을 위한 교육'으로 나아가는 과정이라고 할 수 있다. '환경을 위한 교육'은 학생들에게 환경을 만드는 도덕적·정치적 의사결정에 대한 인식능력을 증진시켜 주고, 그들로 하여금 환경의식 및 환경정책에 대하여 스스로 판단을 내리고 참여할 수 있도록 도와주는 교육이다. 이것은 주로 쟁점을 중심으로 한 교육이며, 구체적인 프로젝트에 있어서 공동체적인 결정에 도달하는 과정을 스스로 경험하도록 도와주는 교육이다. 그러므로 '환경을 위한 교육'은 환경에 대한 교육과 환경으로부터의 교육에 대한 비판을 통하여 환경문제의 해결에 보다 실천적인 대안을 찾아내고자 하는 접근방법이라고 할 수 있다.

이러한 "환경교육의 근본은 환경친화적 이해를 바탕으로 이루어지는 것으로 통합된다. '환경에 대한 교육'과 '환경으로부터의 교육' 그리고 '환경을 위한 교육'은 근본적으로 자연에 대한 사랑과 생태계의 구성물질들 간의 상호작용에 대한 보다 심층적인 이해를 통한 생태계 간의 그리고 궁극적으로는 인간과 환경 간의 공존공생의 길을 찾아내어 환경오염을 줄여나가기 위한 실천으로 이끌기 위한 교육이다. 따라서 환경교육에서 추구하는 인간과 환경 간의 상호조화를 통한 공존공생의 길을 도모하는 것은 '바람직한 행동으로의 변화'를 추구하는 교육의 근본 목적과도 일치한다."[47)]

지금까지의 환경교육이 그 역할을 제대로 수행하지 못한 것으로 평가받고 있는 것은 '환경에 대한 교육'을 통하여 환경에 대한 지식과 환경오염의 해결을 위한 기술을 배양하는 데 힘써 왔지만 이러한 노력이 환경을 위한 실천적 태도 함양과 활동으로 연결시키는 데 있어서 실패해 왔기 때문이다. 따라서 환경문제의 해결을 위해서는 실천적인 환경윤리교육을 통하여 달성될 수 있다는 관점에서 앞으로의 환경윤리교육은 '환경을 위한 교육'이 되어야 한다는 당위성이 제기된다.

2) 환경윤리교육의 필요성

우리가 환경교육을 하는 이유는 단순히 오염의 정도를 측정하거나 숲의 영감을 느끼기 위해서가 아니라 우리의 가치관과 삶의 방식을 바꿈으로써 환경과의 조화를 회복하기 위해서다. 문제해결을 지향하지 않는 환경교육은 단순한 말장난에 그칠 우려가 있기 때문에 환경문제를 해결하기 위한 실천적인 환경교육의 활성화는 필연적이라고 할 수 있다. "우리는 이미 환경문제가 단순히 현상적으로 나타난 오염문제를 벗어나 이 세계를 직관적이고 총체적으로 파악할 수 있는 능력의 퇴화로부터 비롯된 것이며, 환경교육은 인간과 환경 사이의 바람직한 관계를 찾아나가는 일환이라는 것을 잘 알고 있다."[48] 그러므로 환경윤리교육은 이러한 환경철학적 바탕 위에서 인간과 환경의 바람직한 만남을 가능하게 하는 경험으로 이루어져야 한다.

아울러 환경문제의 발생 원인이 인간의 그릇된 가치체계에서 유래되었기 때문에 환경윤리교육은 궁극적으로 환경에 대한 인간의 가치관 및 태도를 변화시키고자 하는 것이어야 한다. 따라서 환경윤리교육은 자연에 대한 인간의 가치관, 태도 변화를 추구하는 데 그 목표와 강조점을 두고 전개해 나가야 한다. 그러므로 환경윤리교육은 환경을 위한 인식과 태도를 변화시켜 환경문제 해결에 접근하려는 교육으로 환경과 윤리의 교량적 역할에 기여하며 인간과 자연에 대한 올바른 인식과 환경친화적 가치관을 내면화하여 환경문제 해결에 자발적으로 참여하고 실천하는 데 역점을 두는 교육이라고 할 수 있다.

이러한 관점에서 환경문제를 보다 장기적이고 근본적으로 해결하기 위해서는 지금까지의 성장 위주 발전관과 인간 위주의 자연관에서 환경의 질과 새로운 생태학적 패러다임으로 모색되고 있는 환경윤리교육은 환경문제를 환경윤리적, 생태철학적 관점에서 해결하려는 접근방법으로, 생태학적 환경위기를 극복하고자 하는 데 있어서 새로운 대안적인 시사점을 제공해 준다고 할 수 있다. 환경윤리가 하나의 사회적 제도와 국제간의 인식으로 나타난 것은 1989년 유럽공동체(EU)가 환경관련 국제회의를 개최하면서부터이고, 같은 해 9월에 유엔환경계획(UNEP)과 일본 정부가 공동 개최한 『지구환경보전을 위한 동경회의』에서 결의한 이른바 「동경선언문」에서 환경윤리의 중요성과 함께 환경윤리교육의 필요성이 제기된 것으로 보고 있다.

오늘날 인류는 자연자원과 자연현상에 대한 올바른 이해로 환경을 보전하기 위한 가치관의 회복이 특히 강조된다. "원시시대에는 인간이 자연을 경외하고 살아왔으나, 과학문명의 발달로 자연을 활용하고 자연현상의 변화를 무시함으로써 오늘날과 같은 환경파괴 현상을 야기하게 되었다고 본다. 이제는 자연의 무조건적인 경외보다는 오히려 윤리적 차원에서 다루어져야 할 것이다. 제한된 자연공간, 자연자원, 생태계를 파괴하는 것은 그 해악이 인간에게 되돌아오는 죄악임을 일깨워 주는 교육, 공기와 물이 오염되면 인간의 건강을 유지할 수 없으며, 개인적으로는 소량의 오염 배출이 커다란 재앙을 낳을 수 있는 교육이 요청된다."[49]라는 점에서 앞으로 논의될 환경윤리교육은 더욱 강조될 필요가 있으며 그 프로그램의 개발이 절실히 요망된다고 하겠다.

우리가 직면하고 있는 생태학적 위기는 인류의 생존 기반과 삶의 터전에 관한 문제로 외부로부터의 억압이나 구속 때문이 아니라 인간의 과욕과 지나친 물질주의가 불러온 인간 내부로부터 비롯된 위기이기에 더욱 심각하다. 따라서 환경에 대한 가치관, 태도 그리고 생활양식을 근원적으로 바꾸지 않는 한, 이 위기로부터 인간은 벗어날 수가 없다. 현대의 생태학적 위기는 무엇보다도 사고와 가치, 인식과 판단의 위기라고 할 수 있다. 달리 말하면 그것은 '인간의 마음, 정신의 위기'라고 할 수 있고, '마음을 변화시킬 목적으로 하는 교육의 위기'이기도 하다.

그러므로 "진정한 변혁은 바로 우리 인간에게 뿌리 깊게 박힌 교만성과 생태적 야만주의를 철저히 근절시키는 것이다. 이러한 변화에 가장 효과적인 방안은 바로 환경윤리관을 확립시키는 교육일 것이다. 그러므로 인간과 자연 그리고 환경에 대한 올바른 인식과 가치관을 갖고 환경문제에 대한 책임의식을 갖게 하는 교육의 과제는 바로 환경윤리학의 과제와도 직결된다."[50]

"환경문제에 대한 해결을 위해서는 자연에 대한 인간의 행위를 조절하는 원리를 확정하는 작업이 선행되어야 하는데, 이러한 상황이 환경윤리학이란 철학적 반성을 등장시켰다."[51] 이러한 환경윤리학은 자연파괴와 환경의 위기에 직면하여 이를 극복하기 위한 실천적 윤리를 탐구하고 확정하는 것을 과제로 한다. 생태학적 위기를 극복하기 위한 환경윤리교육의 필요성이 제기되는 이유도 바로 여기에 있다.

사실 현재까지 환경교육에 있어서 생명가치와 관련된 환경윤리적인 측면에 대한 고려가 거의 이루어지지 않았다는 점이다. 환경문제의 발생은 결국 그 시대를 살아가는 사람들의 삶의 양태에 근거한 것이라고 할 수 있기 때문에 환경문제 해결과 관련된 환경교육에 있어서 환경윤리적인 접근은 이제 필수적이라고 할 수 있다. 이러한 접근이야말로 장기적으로 볼 때 환경을 살리는 길이 될 것이기 때문이다.[52] 따라서 환경철학적 바탕 위에서 환경윤리적 접근을 시도하는 환경윤리교육은 현세대뿐만 아니라 다음 세대의 '지속가능한 생존'을 보장해 주는 매우 중요한 교육이라고 할 수 있다.

지금까지 환경문제를 해결하기 위한 다양한 연구와 접근방법이 제시되고 있으며, 교육적 접근방법에 대한 중요성에 대해서도 이미 많은 문헌과 연구결과를 통해 강조되고 있지만, 환경교육에 있어 환경윤리적, 환경철학적 측면의 고려는 그리 오래된 논의는 아니다. <표 V-6>에서 보는 바와 같이 환경문제를 대중요법이 아닌 예방요법을 통해 문제 자체의 해결하려는 노력을 기울이지 않는 한 환경문제의 해결은 요원하다고 할 수 있다.[53] 이러한 관점에서 볼 때, 환경교육에서 환경윤리와 환경철학에 대한 논의의 필요성이 제기되며, 환경윤리에 대한 고민과 자성이 앞으로의 환경윤리교육이 지향하는 목표를 더욱 분명하게 할 것으로 사료된다.

〈표 V-6〉 환경문제 해결을 위한 접근법 비교

구 분	주 요 영 역	실 천 내 용	A. Naess의 구분	비 고
환경공학적 접근	• 물리, 화학, 생물	• 공해 물질의 최소화 • 대체 에너지 개발 연구	표층생태학 (Shallow-Ecology)	대증요법
제도적 · 법적 접근	• 환경정책, 제도 • 환경법 • 국제간 협약	• 환경 규제 • 환경 법제화 • 국제간의 각종 협약 및 환경 관련 기구 설치	표층생태학 (Shallow-Ecology)	대증요법
사회운동적 접근	• 환경정치학 • 환경경제학 • 환경사회학	• 각종 환경관련 NGOs • Eco-Feminism • 환경감시단 활동	표층생태학 (Shallow-Ecology)	대증요법
교육적 접근	• 관련 교과목의 교수-학습	• 교과목별 지도 • 환경 지식과 실천적 활동	표층생태학 (Shallow-Ecology) +심층생태학 (Deep-Ecology)	대증요법 + 예방요법
환경윤리적 접근	• 심층생태학 • 철학, 윤리학, 신학, 문학, 미학 등	• 인간관, 자연관에 대한 의식 개혁 • 환경주의의 이데올로기화 • 생명중심, 생태중심주의	심층생태학 (Deep-Ecology)	예방요법

* 출처: 김동규(1996)에서 수정·재구성하였음.

위 표에서 알 수 있듯이 환경문제를 해결하기 위해 여러 영역에서 다양한 접근들이 이루어져 오고 있지만 대부분 예방요법이 아닌 대증(對症)요법에 치중하고 있음을 알 수 있다. 이는 네스(A. Naess)가 지적한 바와 같이 환경문제를 해결하는 데 있어 그간 대부분의 연구와 접근방법은 인간중심적이고 기술관료적인 입장, 즉 표층생태학적 관점에서 이루어져 왔음을 알 수 있다. 하지만 교육적 접근과 환경윤리적 접근은 기존의 대응방식인 대증요법에서 예방요법에 중점을 둠으로써 생태중심적인 입장, 즉 심층생태학적 관점에서 환경문제를 원천적으로 해결하고자 한다.

이렇게 볼 때 앞으로 전개될 환경윤리교육은 학생들로 하여금 환경문제의 심각성을 사전에 충분히 인식하고, 환경친화적 가치관, 신념, 태도, 생명중심 또는 생태중심적 환경윤리관를 가지게 함으로써 환경적으로 바람직한 의사결정과 실천적 활동을 이끌어 낼 수 있도록 해야 한다. 다시 말하면 환경윤리교육은 '인지적 목표(환경보전에 기여하는 데 필요한 지식과 기능의 습득)', '정의적 목표(자연과 환경 그리고 생명을 사랑하는 마음의 함양)', '심동적 목표 (환경친화적이고 책임 있는 행동 실천)' 등 세 가지 영역의 목표를 모두 포함하면서 인간의 삶과 환경의 질 향상과 유지를 위한 행동에 참여할 수 있는 인간을 육성할 수 있어야 한다.

그리고 특히 "환경윤리교육은 환경문제 그 자체에 대한 학문적, 이론적 지식과 이해에 기초하여 문제를 건전하게 해결하는 데에 능동적, 적극적으로 참여하는 정의적 영역의 특성들, 즉 가치관, 신념, 태도 등을 함양하는 데 중점을 두어야 한다."[54] Kinsey(1979)는 환경에 대해 많은 지식을 가지고 있다고 해서 환경에 대한 태도가 길러지는 것이 아니라고 하면서 단순한 지식의 확장에 대해 부정적인 견해를 피력한 바 있다. 따라서 전통적인 수업방식에서 탈피하여 직접 학생들의 참여를 유도할 수 있는 다양한 교수-학습방법들[55]이 앞으

222

로 연구·개발되어야 할 것이다.

3) 환경윤리교육의 내용

환경윤리교육은 환경에 관해 알고(knowing), 느끼고(feeling), 행동하기(acting)를 균형 있게 학습하도록 지도해야 한다. 이와 같이 환경교육이 환경에 관한 지식은 물론 올바른 환경친화적 가치관과 태도를 기르고 이를 실천에 옮기도록 한다는 점에서 자연에 대한 인간의 가치관과 태도 변화를 지향하는 전인교육 및 도덕교육과도 밀접한 관련을 갖는다.

최근에 와서 환경교육에 관한 국제적인 관점도 '환경윤리의 내면화'에 맞추어지고 있으며, 이에 다른 일련의 노력들은 환경윤리교육의 함양에 큰 강조점을 두고 있다. 즉 "환경교육에서는 학습자에게 지식을 갖추게 하는 데 한정되어서는 안 되고, 가치관이 고려되어야 하여 인간의 삶과 환경의 질의 개선하고 향상시키기 위한 인식과 가치를 기르는 데 목적을 두어야 한다."[56]라는 점을 강조하고 있다. 이러한 인식은 환경에 대한 건전하지 못한 태도와 가치는 생태학적 지식의 결여에 원인이 있는 것이 아니라, 사람들의 인성에 도덕적·심미적 측면이 충분히 발달하지 못했기 때문이라는 것에서 출발한다. 그러므로 환경윤리교육은 자연과학적 지식 못지않게 바람직한 인격의 형성에 초점을 두고 행해져야 한다.

환경윤리교육의 궁극적인 목표는 환경에 대한 책임 있는 행동을 하는 인간을 기르는 것이지만, 교육이 바로 행동 그 자체를 대상으로 할 수는 없다. 행동은 상황에 따라 가변적이고 일시적인 현상이므로 교육은 그 행동의 원천이 되는 신념 체제를 바르게 하는 데에 집중해야 한다. "환경윤리교육에서 과학적 지식과 함께 윤리적 가치를 강조하는 것도 그 자체의 중요성보다는 그것이 신념 체제를 결정하는 기본 속성이기 때문이다."[57]

이러한 목표를 달성하기 위해 구체적으로 환경윤리교육은 어떠한 원리에서 출발해야 할 것인가? 우리는 무엇보다도 먼저 인간은 생태계의 일부분이며, 인간의 행위가 모든 생명체에게 영향을 미치고 있으며, 그 결과 인간의 생존에도 치명적인 결과를 줄 수 있다는 윤리적 자각이 선행되어야 한다. 즉 "인간은 본래 자연과 공존하며 살아가야 할 '관계적 존재'인 동시에 자연보전의 의무가 있는 '책임적 존재'라는 사실을 일깨우는 것이 가장 중요하다. 이와 함께 자연자원과 자연현상에 대한 윤리적 책임감을 회복하고 생태계를 위험에 빠뜨리는 것은 명백한 악이라는 사실을 인식하게 하는 생태학적 양심을 지니게 하는 것이 요청된다."[58]

따라서 환경윤리교육은 우리의 삶의 터전인 환경에 대한 종합적 이해를 통하여 환경문제에 대한 올바른 가치관과 태도를 가지게 하고, 쾌적한 환경을 만들기 위한 여러 활동에 적극 참여하고 실천하는 데 있다. 따라서 환경윤리교육에서 강조되어야 할 요소들은 다음과 같은 내용이 포함되어야 할 것이다.

(1) 생태학에 대한 기초 지식의 함양

먼저, 환경윤리교육의 내용에 포함되는 환경에 대한 윤리적 가치 판단은 무엇보다도 생태학에 대한 지식을 근거로 해야 한다.[59] "생태학적 지식은 생태적 양식을 형성하는 기초가 되고, 생태학에 대한 지식 없이는 각자가 하는 행동이 유익한지 유해한 것인지를 판단하지 못한다."[60] 그러므로 생태학적 지식을 함양함에 있어 다음과 같은 요소를 포함하는 것이 바람직할 것으로 본다.[61]

첫째, 모든 생명은 서로 의존하면서 생물 공동체 속에서 살아가고 있으며, 인간의 이해관계에 관계없이 각자가 나름대로의 가치와 존엄성을 가지고 있다는 점.

둘째, 자연은 인간에게 있어 무한한 자원이 아니라 유한성을 가지므로 현재의 우리만을 위해 자연환경이나 자원을 이용할 수 없고 미래 세대의 권리도 고려해야 한다는 점.

셋째, 인간에 의한 환경오염은 자가 증세가 없이 진행되다가 임계점을 넘으면 갑자기 나타나고, 한 번 오염된 자연환경은 원상회복이 불가능하기 때문에 환경을 오염시킨 후 다시 복구하고자 하는 노력보다는 사전에 오염시키지 않는 것이 무엇보다도 중요하다는 점.

넷째, 생태계의 보존과 다양성을 이해할 수 있는 지식을 갖추는 것. 즉 자연은 스스로 자정능력과 동적인 평형을 유지할 수 있는 능력이 있으므로 인간 위주의 사고와 행농으로 자연에게 정당하지 않는 침해를 가해서는 안 된다는 사실.

다섯째, 자연은 단순히 인간에게 경제적 가치나 이익의 대상으로만 존재하는 것이 아니라 물질적 가치를 따질 수 없이 인간에게 심미적, 정신적 가치의 근원이라는 점. 그러므로 자연에 대한 단기적인 손익계산에만 치중하여 장기적인 가치를 잃고 무한한 대가를 지불해야 하는 어리석음을 범하지 말아야 한다는 점.

여섯째, 환경을 보호하고 자연을 사랑할 줄 아는 사람은 곧 자신을 존중하고 사랑하며, 타인에게도 무한한 존중과 사랑을 줄 수 있다는 점. 바람직한 환경보호는 자연에 대한 올바른 사고로부터 시작하고 그것을 실천하는 것으로 끝을 맺어야 한다는 것과 무엇보다도 거창한 구호보다는 진실한 작은 실천이 중요하다는 점.

일곱째, 환경보호는 한 사람, 한 사회나 국가만의 과제가 아닌 전 지구적인 협력사항이며, 일시적인 것이 아닌 지속적으로 관심을 가지고 실천해야 할 과제라는 점 등을 포함하는 것이 생태학적 지식을 함양하는 데 반드시 고려되어야 한다.

(2) 인간중심적 자연관의 극복: 도덕적 책임의 범위 확대

생태학적 위기를 극복하기 위해 환경윤리교육의 내용에 포함되어야 하는 새로운 패러다임의 가장 핵심적인 내용은 이전의 인간중심적 윤리관이나 과학기술의 진보를 맹신한 진보에의 낙관주의로부터 벗어나는 것이다. 이는 인간의 도덕적 책임의 범위를 시·공간적으로 넓히고 그 대상도 인간만이 아닌 생명체 전체에로 확대하는 것이다.

환경윤리교육에서는 종래의 인간중심적 자연관이 갖는 한계가 무엇이었는지를 명확하게 가르쳐야 하고 바람직한 대안을 제시해 주어

야 한다. 그러나 인간중심적 윤리관이 문제가 있다고 해서 그 대안
으로 극단적인 자연중심적 관점으로 흐른다거나 과학기술의 한계가
있다고 해서 과학기술 무용론을 주장하여 성장을 도외시하는 것은
금물이다.[62] 최근의 환경윤리학에서 자연 그 자체의 가치를 인정하
는 바탕 위에서 그러나 좀 더 신중한(약한) 인간중심주의에 의한 생
태학적 위기 극복을 제시[63]하고 있는데 상당 부분 설득력 있게 들린
다. 따라서 환경윤리교육에서는 조화롭고 균형 잡힌 자연관이나 윤
리관을 정립하도록 지도하는 데 중점을 두어야 한다.

(3) 동양적 전일적(全一的) 자연관의 함양

전통적으로 동양사상에서는 우주를 하나의 유기체적 과정으로 이
해하는 존재의 연속성을 믿었으며, 그 결과 자연은 비인격적인 우주
적 기능들의 포괄적 조화로서 이해되었고 더 이상 작은 것으로 환원
할 수 없는 자체로서 통합된 전일적(holistic) 자연관 또는 우주관을
찾아볼 수 있다.

"전일적이고 역동적인 세계관은 불교에서 근본사상의 하나로 나타
나는데, 불교는 모든 실상(實相)이 무상(無常)하다는 깨달음에서 출
발한다. 삼라만상은 생겼다가 사라지며, 유전(流轉)하고 변화하는 것
이 우주와 생명의 근원적인 모습이다. 그러므로 인간의 번뇌는 움직
이고 변화하는 세계를 그대로 받아들이지 않고 고정된 현상과 관념
에 집착하는 데서 생기는 것으로 본다."[64]

중국의 노장사상도 모든 실재를 유동하고 변화하는 과정으로 보았

으며, 인간을 대자연의 일부로 파악하고 자연과 인간의 합일(合一)을 강조함으로써[65] 결국 그 궁극의 원리를 도(道)로 표현하였다. 도의 참모습은 대립하면서도 상보관계에 있는 음과 양의 순환적 활동의 주기성에서 찾아진다. 이렇게 모든 변화를 음과 양의 순환적 파동으로서 끊임없이 전진적으로 진행하는데, 이러한 변화는 어떤 외적인 힘에 의해 일어나는 것이 아니라 모든 사물에 내재해 있는 자연적 경향이고, 음과 양의 균형이 바로 사물의 질서라는 것이다.[66]

한국의 전통 속에 나타난 환경윤리를 살펴보면, 우선 토속신앙은 주변의 모든 자연물에 정령이 깃들었다고 보았기 때문에 자연에 대한 외경의식을 가지고 있었으며, 동시에 자연에 순응하며 살아가려고 했다. 후한서 동이전의 기록을 보면 인이호생(仁而好生)이라는 말이 나오는데, 이는 '어질고 살리기를 좋아한다'는 뜻으로 우리 민족의 환경윤리가 어떤 것인지를 충분히 짐작할 수 있다.[67]

"동양사상은 자연과 인간을 상호 분리할 수 없는 관계로 인식한다. 자연 속에서 인간을 보고, 인간 속에서 자연을 보고, 언제든지 상호조화의 관계에서 바라볼 뿐 결코 대립적 관점으로 바라보지 않는다."[68] 이러한 자연과의 조화와 순응을 통한 전일적 자연관의 교육은 환경윤리의식의 함양에 중요한 함의를 제공한다.

(4) 결핍의 윤리 실천: 절제의 미덕

앞으로 다가올 미래는 절약하고 저축하는 것이 미덕으로 여겨지는 '결핍의 윤리'를 생활화해야 할 것이다.[69] 이는 단순한 소비절약의

차원의 문제에 머물지 않고 생존을 위한 절제된 삶의 지혜로 이어지는 것을 뜻한다.[70]

아울러 생태적으로 지속가능하고 공정한 공동체를 세우기 위해서 환경윤리교육의 내용에 절제의 미덕을 포함시켜 가르쳐야 한다. 편리하고 풍부한 것이 좋은 것이고 진보한 것이라는 환상에서 벗어나도록 하는 것이다. 학생들이 지구에게 '부담'을 주지 않고 지구 위에 인간적인 '흔적'을 덜 남기도록 가르쳐야 한다.

지나친 욕심과 과잉욕구 충족욕에서 비롯되는 대량 소비적인 삶의 구조에서 벗어나지 않고서는 보다 질 높은 삶을 추구할 수 없다. 문제는 그동안 익숙해진 편리하고 풍족한 삶에서 탈피하여 조금 불편하더라도 환경을 생각하는 삶을 어떻게 살도록 할 것인가 하는 것이다. 물질적인 풍요로움과 편리함이 인간이 추구하는 최상의 가치가 아니라는 점을 정확히 인식하여 과소비, 무분별한 낭비적 생활상에서 과감하게 벗어나 절제하고 금욕하는 생활을 습관화하도록 해야 한다. 자연은 인간에게 무한한 자원을 제공해 주는 영원한 샘이 아니라는 인식하에 자연세계와 조화를 이루는 '가난한 삶'을 살 수 있는 지혜를 길러 주어야 한다.

또한 절제를 강조한 우리의 전통적인 윤리관과 자연과 인산의 조화로운 관계를 강조한 동양의 사고에서 오늘날의 생태학적 위기 극복의 지혜를 찾자고 호소하는 사람들의 주장을 주의 깊게 새겨들어야 한다. 절제는 근대 과학기술문명의 덕택으로 이미 습관화되어 온 편안한 일상생활과 환상을 방해하는 고통이 될 수 있다. 그러나 이것은 우리 자신의 삶의 터전을 빼앗기는 존재론적 고통에 비하면 얼

마든지 감내할 수 있는 것이다. 현대인들의 극단적인 이기주의, 소유
주의, 욕구충족주의, 쾌락주의가 어떤 방식으로든 극복되어야 하며,
모든 문화체계가 인간을 완성해 가는 구도자적 방향으로 전환되어야
한다는 점을, 이를 위해서는 인간 각자의 장기적 안목을 생각하는
지혜가 요청된다는 점을 환경윤리교육에서 분명히 가르쳐야 한다.

(5) 환경적으로 건전하고 지속가능한 균형 개발(ESSED)

환경적으로 건전하고 지속가능한 개발(Environmentally Sound &
Sustainable Development)[71]은 '개발은 하되 한정된 자원 범위 내에서
지속가능한 방법을 찾자'는 지속가능과 개발의 조화적인 의미를 가
진다. ESSD의 개념은 매우 광범위한 관점과 여러 가지 측면에서 접
근될 수 있지만 일반적으로 세 가지 기본적이고 공통적인 내용, 즉
환경의 가치, 미래지향성, 형평성으로 요약될 수 있다.[72]

첫째, '환경의 가치(The Value of Environment)'에 대한 강조이다.
즉 자연환경은 전통적으로 인식되어 왔던 경제적 자원으로뿐만 아니
라 삶의 질을 향상시키는 데 필요한 존재로서 그 가치를 평가받아야
한다는 것이다. 둘째, '미래지향성(Futurity)'의 강조이다. 이는 단기적
인 영향뿐만 아니라 장기적인 영향도 고려한 사전 예방적인 조치의
필요성을 강조하는 것으로, 우리 후손들이 받게 될 영향을 고려하는
장기적인 시각에서도 개발을 생각해야 한다는 것이다. 셋째, 세대 내
에서의 그리고 세대 간의 '형평성(Equity)'의 추구이다. 개발이 지속
가능하기 위해서는 모든 개발 행위가 가져오는 결과를 후손에게 물

려줄 유산으로 간주해야 하며, 따라서 적어도 선조에게서 물려받은 것만큼은 후손에게 물려줘야 함을 의미한다. 이를 위해서는 구성원 모두가 일체감을 불러일으키고, 대립관계가 아닌 공동운명체로서의 공감대를 이루어야 한다. 또한 환경의 질에도 가치를 부여하고, 이러한 가치에 대해 구성원 간의 형평을 추구할 뿐만 아니라 세대 간의 형평도 중요시하는 도덕적 각성을 촉구하는 것이다.[73]

이러한 ESSD 개념에서 우리는 한 걸음 더 나아가 ESSED 개념, 즉 세대 간의 형평성뿐만 아니라 남북 간의 형평성 문제, 즉 선진국과 후진국 간의 형평성을 모두 고려하는 '환경적으로 건전하고 지속가능한 균형 개발(Environmentally Sound, Sustainable & Equilibrium Development)'의 개념을 환경윤리교육을 통해서 인간과 자연 그리고 환경 간의 상호관계를 인식시키며, 환경친화적인 태도와 가치관을 함양하는 것이 무엇보다도 중요하다고 하겠다.

4) 환경윤리교육의 방법

환경에 대한 인식과 행동은 지식과 앎의 문제이다. 하지만 전통적인 과학교과의 개념체계에 입각한 자연 또는 환경 그 자체에 관한 지식은 자연과학이나 환경과학의 범주에 속하지만, 환경윤리교육은 자연이나 환경 그 자체보다는 환경문제를 일차적인 교육대상으로 하기 때문에 지식은 물론 환경에 관한 인식, 가치관, 태도 등을 균형 있게 교육할 수 있는 방안이 모색되어야 한다.

우리가 갖고 있는 환경윤리 가치관이 환경문제 해결에 중추적 역할을 한다는 사실은 의심할 여지가 없다. 1977년 소련에서 개최된 환경교육에 관한 정부 간 국제회의(Tbilisi, 1977)에서 발표된 보고서에 의하면 "……개인과 사회의 발전에 관한 모든 결정은 무엇이 유용하고 아름다운가에 기초하고 있다."라고 함으로써 '가치'의 중요성을 주장했다. 여기서 정의된 가치는 우리가 사물의 가치를 판단하는 방법과 관련되어 있으며, 우리의 삶에 고루 영향을 미치고, 우리의 많은 행동을 유도하는 매우 강한 힘을 갖는 사고라고 할 수 있다. 이와 같은 관점에서 지식은 태도, 감정과 결합되어야만 행동으로 나타난다고 한 Eiss & Harbeck(1969)의 주장은 인지적, 정의적, 심동적 영역 간의 균형 잡힌 관계에 기초한 환경윤리교육의 실시에 강력한 논거가 된다고 할 수 있다.

물론 교육에 있어서 '지식'이 갖는 가치가 결코 낮게 평가되어서는 안 된다. 이 경우는 환경윤리교육에서도 마찬가지이다. 그러나 어떤 종류의 사회적 문제를 해결 또는 완화하기 위해 채택되는 접근의 하나로서의 교육적 활동은 항상 사회적 '문제' 자체에 대한 학문적, 이론적 이해보다는 그러한 지식의 이해에 기초하여 문제를 건전하게 해결하는 활동에 능동적이고 적극적으로 참여하는 기능, 가치관, 신념, 태도 등을 갖추게 하는 데 보다 중점을 두어야 한다.[74]

대부분의 환경교육 관련 연구자들은 예외 없이 환경교육에 있어서의 정의적 영역의 중요성을 지적하는 점에서 일치하고 있다. 환경윤리교육의 핵심은 환경에 대한 올바른 인식과 행동을 배워서 이것을 실천에 옮기도록 하는 것이기 때문에 이를 달성하기 위한 효과적인 교육적 방법이 무엇보다도 요구된다. 교육에서 지식이 갖는 가치를 결코 무시하여서도 안 되지만, 특히 환경윤리교육에서는 환경문제 그 자체에 대한 이론적 지식보다는 그러한 지식과 이해에 기초하여 문제를 해결하는 활동에 능동적이고 적극적으로 참여하는 정의적 영역의 특성들, 즉 가치, 신념, 태도 등을 갖추게 하는 데 보다 중점을 두어야 한다.[75]

이러한 논의들을 정리하여 Iozzi[76]는 다음과 같은 8개의 기본적 아이디어(major idea)들을 제시하고 있다.

○ 환경에 대한 긍정적인 태도와 가치를 성취하기 위해 구안된 특정한 프로그램과 방법이 활용될 때 환경교육은 그러한 태도와 가치의 교수에 효과적이다.

○ 환경에 관한 지식과 환경에 대한 긍정적인 태도와 가치관의 관계는 불명확하다.

○ 환경에 대한 긍정적인 태도와 가치는 한번 획득되면 오랫동안 지속된다.

○ 환경에 대한 태도와 가치는 유치원 이전부터 개발되어야 하며, 학생이 초등학교, 중학교, 고등학교를 거치는 과정에서 보다 더 개발되고 정기적으로 강화되어야 한다.

○ 환경에 대한 태도와 연령, 사회·경제적 지위, 거주지 그리고 성별 간의 관계는 갈등적, 불확정적이다.

○ 야외교육은 환경에 대한 태도, 가치를 촉진시키는 데 효과저인 방법이다.

○ 환경에 대한 태도, 가치를 촉진시키는 데 효과적인 교수방법의 형태는 다양하다.

○ 대중매체는 환경에 대한 태도, 가치에 강력한 영향을 미치는 원천이다.

위에서 Iozzi(1989)가 제시한 8개의 기본적 아이디어들을 바탕으로 보다 효과적인 환경윤리교육의 방법적 원칙을 제시해 보면 다음과 같다.[77]

첫째, 유치원부터(가능하다면 유치원 이전부터) 고등학교까지 모든 교육단계의 기존 교육과정에 정의적 영역에 강조를 둔 교육이 이루어져야 한다. 태도와 가치는 어릴 때 형성되기 때문에 초등학교와 중학교 교육과정에서는 정의적 영역에, 고등학교 교육과정에서는 인지적 영역에 더 큰 비중을 두어야 한다. 이를 그림으로 나타내면 <그림 Ⅴ-3>과 같다.

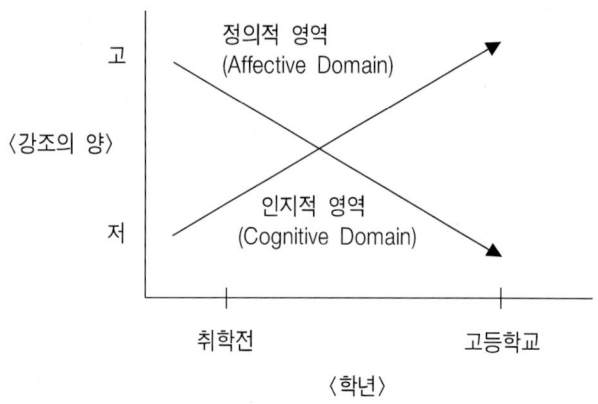

* 출처: Iozzi(1989)에서 재구성하였음.

〈그림 Ⅴ-3〉 학년에 따른 정의적 영역과 인지적 영역의 상대적인 강조둘째, 학생들로 하여금 그들 자신의 환경의 가치를 이해하게 하고, 학생들이 그 가치를 증진시키기 위한 방법을 결정하는 데 도움을 주기 위하여 가치화 과정(가치분석적 접근, 가치명료화 수업 등)을 활용해야 한다.[78] 이 중 가치분석적 접근은 아래 <그림 Ⅴ-4>와 같이 개인적인 환경에 대한 가치의 인식과 확인 → 개인의 가치와 행동이 환경에 미치는 영향 분석 → 보다 환경적으로 책임 있는 사람이 되기 위해서는 어떤 행동으로 변화시켜야 하는가의 결정 → 새로운 행동의 수행이라는 네 단계를 거치게 된다.

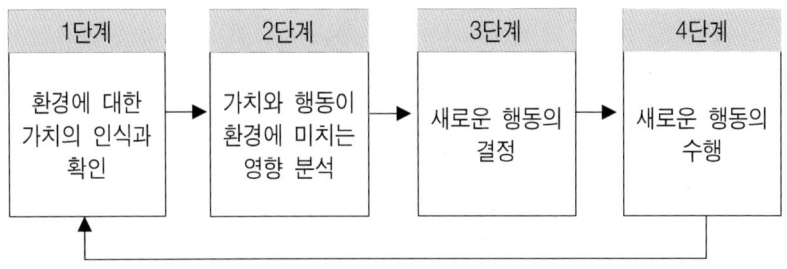

〈그림 Ⅴ-4〉 환경윤리교육에서의 가치분석적 접근 모형

셋째, 환경문제와 쟁점 대부분은 도덕과 관련된 것이므로 학생들로 하여금 도덕적으로 성숙하도록 도와주는 활동을 포함해야 한다.[79] 이는 환경문제 해결과 의사결정을 서로 관련시키는 것을 말한다.

넷째, 가능하면 항상 야외경험을 포함시켜야 한디. 많은 연구 설과에 따르면, 학생들이 야외경험을 즐길 뿐만 아니라 이를 통해 많은 도움을 받는다는 점을 밝히고 있다. 물론 교실 자체의 환경을 무시하지 않아야 하지만, 환경에 대하여 말로만 하지 말고 밖으로 나가서 보고, 만지고, 냄새 맡고, 느끼고 행동할 수 있는 현장체험학습이 되어야 한다. Eiss & Harberk(1989)는 지식-감정-태도의 상관관계를 통하여 지식은 감정·태도와 결합되어야만 행동으로 나타난다고 하였다. 이를 <그림 Ⅴ-5>로 나타내면 다음과 같다.

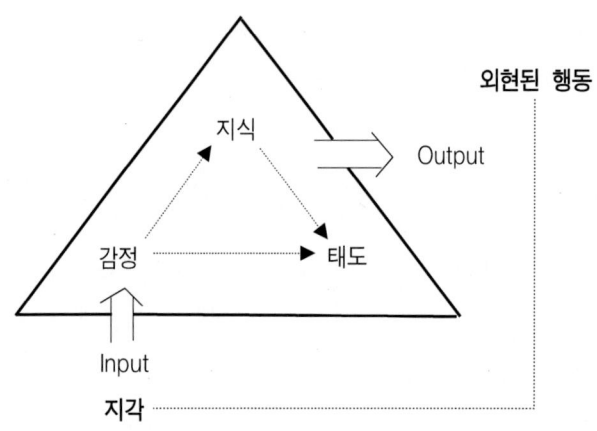

* 출처: Eiss & Harberk(1989)를 인용한 L. A. Iozzi, *Environmental Education & the Affective Domain*, The Journal of Environmental Education, 1989, Vol.20(3), p.4에서 재인용, 재구성하였음. 여기에서 지식은 인지적 영역, 감정은 정의적 영역, 태도는 심동적 영역을 의미함.

〈그림 Ⅴ-5〉 환경윤리교육에서 지식-감정-태도의 상관관계

다섯째, 사회·경제적 지위, 연령, 거주지 혹은 성별에 관계없이 모든 학생들에게 비슷한 유형의 환경교육적 학습경험이 유익하다.

여섯째, 환경윤리교육을 함에 있어서 특히 정의적 영역을 다루는

데 유용한 다양한 교수기법들이 있을 수 있다. 이 가운데 '탐구기법'은 학생들이 현실적인 환경문제와 현상을 직접 조사하는 일에 관련시킴으로써 특히 더 효과적이라고 할 수 있다. 학생들은 일차적인 경험을 통해서 가장 많이 배우기 때문에 학생들로 하여금 다양한 현실 생활의 환경문제를 다루는 데 직접 참여토록 해야 한다. 이는 정의적 영역과 인지적 영역의 경우에 모두 해당된다.

일곱째, 교실수업에서 TV, 비디오테이프, 컴퓨터, 필름, 오디오 테이프, 각종 신문과 잡지 등 시청각 매체를 적극 활용해야 한다. 학생들은 여러 종류의 감각을 통해 경험할수록 더 많이 배우기 때문이다.

여덟째, 활용가능한 값싼 혹은 무료로 얻을 수 있는 자료를 많이 구하여 사용하도록 해야 한다. 그러나 유의할 점은 특히 무료로 얻을 수 있는 홍보 자료 가운데에는 비전문가들이 판단하기 어려운 숨겨진 메시지, 편견 등이 담겨 있다는 점이다.

이와 함께 환경윤리교육의 방법적 원칙을 통하여 보다 효과적인 교육전략을 선택하는 데 있어 고려해야 할 사항은 환경관련 가치의 유형과 그것을 학습할 학생의 도덕적 발달단계라고 할 수 있다. 환경윤리교육에서 다루어지는 모든 내용이나 개인이 부딪히는 환경문제 속에 함의된 가치의 유형은 크게 국가 시회적인 당위성과 요구에 따른 '바람직한 가치'와 개인이 주체적으로 명료화시켜 존중하고 내면화하여 합리적 결정에 직접 활용하게 되는 '합리적 가치'로 나누어 볼 수 있는데,[80] 이에 따른 교육전략은 '바람직한 가치에 대한 가치수용학습'과 '합리적인 가치에 대한 가치탐구학습'으로 구분하여 적용할 수 있다.

초등학생들의 경우, 높은 수준의 인지적 도덕적 추론의 역량 혹은 개인적인 윤리체계를 발달시키지 못하고 있으므로 교화(敎化)가 효과적인 환경윤리교육의 전략이라고 보고, 그 기법으로는 모델제시, 설득, 경험학습, 행동수정, 행동학습 등을 들 수 있으며, 중·고등학생들 경우에는 가치탐구식 수업전략, 즉 가치분석이나 가치명료화 수업전략이 큰 효과를 거둘 수 있을 것이다. 왜냐하면 중·고등학생 시기는 대체로 자율적 도덕성의 시기라고 볼 수 있는바, 집단적 가치화 과정을 통한 의사결정의 경험은 학생들을 여러 관점에 노출시킬 수 있으며, 자신의 판단이나 행위가 보다 높은 도덕성 차원에 미치지 못한다는 점을 깨닫게 해 줌으로써 자신의 태도와 행동을 변하게끔 하는 데 효과적이기 때문이다.[81]

위에서 논의된 8가지 방법적 원칙과 도덕적 발달단계에 따른 가치탐구식 수업전략을 토대로 환경윤리교육에 적용해 볼 수 있는 가치화과정의 모형을 제시해 보면 <그림 V-6>과 같다.

여기에 제시된 5단계의 가치화과정에서 가장 중요시되어야 할 단계는 제3단계인 '가치참여과정'과 제4단계인 '가치확인과정'으로, 이 단계에서는 학생들의 '현장체험학습'이 주된 내용이기 때문에 학생들 스스로 체험하고 참여할 수 있는 분위기와 학습의 장이 마련되어야 한다. 또한 환경윤리교육은 '가치의 내면화'에 비중을 두고 현장학습을 위주로 진행하면서 이후 실천확인 및 가치심화를 위한 반성(feedback) 및 평가의 기회가 반드시 주어져야 한다.[82]

단 계	가치화 과정	내 용
제 Ⅴ 단계	가치심화과정 ↑	반성 / 평가
제 Ⅳ 단계	가치확인과정 ↑	내면화 / 실천
제 Ⅲ 단계	가치참여과정 ↑	현장체험학습
제 Ⅱ 단계	가치명료화(분석)과정 ↑	계획착수
제 Ⅰ 단계	가치수립과정	계획협의

〈그림 Ⅴ-6〉 환경윤리교육 가치화 과정의 모형

5) 환경윤리교육의 과제와 방향

환경윤리교육은 무엇보다도 먼저, 인간을 바로 알고 자연을 바로 이해하는 교육이어야 한다. 다시 말하면 이 지구 생태계 내에서 인간이 점하고 있는 위치를 깨닫고, 인간과 자연과의 올바른 관계를 이해하는 교육이어야 한다.[83] 인간환경을 구성하고 있는 모든 요소들은 상호 관련되어 있고 상호 작용할 뿐만 아니라 인간은 자연을 근간으로 삼고 있고 자연의 한 부분이다. 따라서 자연이란 인간의 종속물이 아닌 인간과 더불어 살아가는 내적 영혼을 가진, 우리 인간과 똑같은 영적 사율성을 가진 생명체라는 사실을 가르치고 배워야 한다.

인간의 삶은 개체로서의 생존추구 활동과 환경과의 상호관계 속에서 이루어지는 것으로, 이때 개체로서 생존을 추구하는 이기적인 경우를 '악'이라고 하고 환경과 상호작용하는 가운데 공존공생을 위할 때를 '선'이라고 분류한다면, 인간의 이익을 추구하기 위하여 공동체적인 환경을 파괴하는 것은 결코 공존공생의 선한 행동이 될 수 없다. 또한 인간과 환경은 분리될 수 없는 것으로 환경위기로 인하여 자신의 생존까지 위협받게 된다는 사실은 인간 스스로 자멸의 길을 걷게 되는 것이나 다름없다고 할 수 있다. 따라서 환경윤리교육은 이러한 환경오염이라는 자멸의 길에서 벗어나 환경과의 공존공생이라는 바람직한 길로 이끌기 위한 교육이어야 한다.[84]

생태적으로 볼 때, 인간의 삶은 개체로서 이루어지는 것이 아니라 군집을 형성하여 환경과의 상호작용에 의해서 이루어진다. 즉 인간의 삶은 환경을 떠나서 개체로서 존립하는 것이 아니라 환경(물리적, 인공적, 생물적 및 심리적 환경 등 총체적인 환경)과의 상호작용 속에서 성립된다. 그러므로 인간이 자신의 삶을 사랑하고 고양시키기 위해서는 자신의 삶을 구성하는 환경을 사랑하고 보전시켜야 한다.[85] 따라서 환경윤리교육은 근본적으로 인간과 환경과의 상호작용에 있어서 바람직한(선한) 공동체의 이익을 추구하는 인간과 환경 간의 상호 조화적인 관계 형성을 도모해야 한다. 이를 위한 환경윤리교육의 방향은 환경문제의 해결을 위한 실천적이고 생활윤리적인 과정으로 정착되어야 한다. 즉 환경문제를 환경친화적, 철학적 또는 윤리적 측면에서 재해석하고 학생들로 하여금 새로운 가치관을 형성하도록 하는 것이 무엇보다도 중요하다고 하겠다.[86]

우리는 생태학적 위기를 통해 인간이 생태계의 한 부분이며, 인간의 행위가 인간 이외의 존재들에게까지도 위협을 가하고 있고, 그러한 행동의 결과는 곧 인간들에게 치명적인 위협을 가져다준다는 윤리적 자각을 하게 되었다. 즉 환경문제에 관한 한 우리 모두는 가해자인 동시에 피해자라는 철저한 자아성찰의 계기가 부여된 것이다. 그러므로 "자연에 대한 인간의 태도와 가치관이 이제 명백한 도덕적 가치판단의 탐구대상이 되어야 한다는 사실을 자각시킴으로써, 인간은 본래 자연과 공존하며 살아가야 할 '관계적 존재(relation being)'인 동시에 자연과 환경을 보전해야 할 책임을 진 '책임적 존재(responsible being)'라는 사실을 일깨워 주는 것이야말로 환경윤리교육의 중핵적인 과제"[87]라고 할 수 있다.

아드리아노 부자티-트라벨소(Adriano Buzzati-Traverso)는 "인류가 점차 환경파괴 등 과학기술의 부작용에 대해서 그리고 과학기술이 인간의 진보를 보장하지 못한다는 깨달음에 다다르게 되었으며, 이러한 문제를 해결하기 위한 방법으로는 첫째, 이성을 믿는 신념을 버리고 감성과 직관에 따르는 방법, 둘째, 과학과 기술이 이러한 부작용까지도 해결할 수 있다고 믿고 따르는 방법, 셋째, 사회학적 및 철학적 사상을 통하여 진보에 대한 새로운 의미를 찾는 방법이 있는데, 여기서 세 번째 방법만이 진보의 가능성을 재확인시켜 주며 새로운 지성의 모험을 위한 폭넓은 지평을 열어 주는 생명력을 지닌 것"[88]이라고 하였다.

우리 인간은 지난 3백여 년간 가장 효율적인 '과학기술'이라는 도구를 이용하여 무한한 혜택을 누린 대가로 자연은 파괴되고 환경은 오염되어 이제 더 이상 원상회복이 불가능할 정도로 지구를 죽음에 이르게 하고 있다. 따라서 환경윤리교육을 통하여 자연과 환경 그리고 생명을 살릴 수 있는 '생태중심 생명가치관(eco-centred life values)'[89]을 회복해야 한다.

현대 사회를 살아가는 우리는 많은 윤리적인 갈등에 직면하게 된다. 특히 환경문제와 관련해서는 더욱 그렇다.[90] 현재 환경교육현장에서도 동물보호 문제 및 생명의 가치와 관련된 생명윤리적인 측면에 대한 고려나 배려가 부족하거나 소홀히 다루어지고 있다. 예를 들면 생태기행 등 자연관찰 활동을 하는 경우에도 식물이나 곤충 등에 대한 지적 호기심만을 충족시키다 보면 그들 자체도 살아 있는 생명체로서의 배려를 위한 프로그램을 계획하거나 진행하는 고려와 검토가 부족하다는 것이다. 따라서 우리는 보다 바람직한 환경윤리교육을 실현하기 위해서는 생명윤리적인 측면에 대한 심층적인 고려가 반드시 필요하다.

이제 우리는 그간의 인간중심주의 교육에서 탈피하여 인간과 자연과의 올바른 관계를 이해하고 모든 생물과 비생물을 포함하는 자연의 가치를 존중하는 생태중심주의 교육으로 나아가야 한다. 다시 말하면 "인간과 자연의 관계를 바로잡아 인간과 자연이 함께 어울려 사는 지혜를 가르쳐야 한다. 지금 우리에게는 '인간을 위한 윤리'가 아닌 '자연을 위한 윤리'가 필요한 시기라고 할 수 있다."[91]

생태학적 위기를 극복하는 데 거창한 구호나 제도가 있어야만 되는 것은 아니다. 어쩌면 지금 시점에서 작지만 꾸준한 행동이 더 필요할지도 모른다. '지구적으로 생각하되 작은 것부터 실천하는 것(thinking globally, acting locally)'이 보다 중요하다. 또한 인간을 포함한 모든 생물체가 서로 의존하면서 살아가고 있다는 조화론적인 자연관을 토대로 단기적인 이익에 눈멀어 장기적인 큰 희생을 치르는 잘못을 더 이상 범해서는 안 된다.

오늘날 환경오염과 생태계 파괴는 전 지구적인 문제이며, 우리 자손들의 생존이 걸린 문제이다. 환경윤리교육의 중요한 목표는 단지 환경문제의 중요성을 이해하는 차원을 넘어 이를 해결할 수 있는 능동적이며 책임감 있는 태도와 가치관을 형성하는 것이라고 할 수 있다. 따라서 이러한 생활화된 환경윤리의식을 심어 주기 위해서는 보다 장기적이고 체계적인 교육과정이 요구된다.

이를 위해서는 학교, 가정, 사회에서의 평생에 걸친 지속적이고 체계적인 환경윤리교육이 이루어져야 한다. 특히 어린 시절부터 환경윤리의식을 심어 주는 체계적인 교육이 요청되며, 이는 환경윤리교육의 중심적 과제로서 지속적으로 강조되어야 한다. 특히 학교에서의 환경윤리교육은 단순한 환경지식을 전달하는 것이 아니라 가슴으로 느끼고 손발로 실천하는 지식, 감정, 행동의 통합적 교육으로 실천되어야 한다. 그리고 이것은 단지 학교 울타리 안에서만 이루어질 것이 아니라 모든 삶의 터전, 즉 가정, 이웃, 사회 등 모든 장소에서 사회교육 및 평생교육의 차원에서 이루어져야 한다.

이러한 환경윤리교육은 ① 인간과 환경의 상호작용, ② 환경문제의 새로운 인식으로서 인간과 환경과의 공동운명체적 관계, ③ 환경문제의 발생과 인간의 가치관의 관계, ④ 환경친화적 원리에 따르는 자연관과 삶, ⑤ 생태학 원리에 따르는 지속적인 발전과 지속적 사회의 원리 등에 대한 일련의 깨달음과 체험의 과정을 경험해야 한다. 이러한 일련의 과정은 일생 동안 계속되는 과정으로 환경에 대한 그리고 삶에 대한 반성과 윤리의식을 함양하는 과정이며,[92] 이러한 과정에서 환경문제를 야기한 인류의 삶에 대해 반성하고 성찰하며, 환경윤리의식과 가치관의 함양을 통하여 환경친화적 삶을 지향하는 지속적인 사회로의 변화가 가능하게 될 것이다. 따라서 이러한 과정이 바로 생태학적 위기 문제를 극복해 나가는 길이며, 궁극적으로는 환경윤리교육이 지향해 나가야 할 과제와 방향이라고 할 수 있다.

일반적으로 지구 생명을 살리는 위한 방법으로는 두 가지 입장이 있을 수 있다. 하나는 과학기술에 의해 죽은 지구 생명을 보다 고도의 과학기술개발(higher technology development)로 자연파괴와 환경오염 문제를 해결할 수 있는 처방이 나와야 한다는 과학적 낙관론자들의 입장이며, 다른 하나는 과학기술에 의해 파괴된 지구생명을 구하기 위한 고도의 과학기술개발은 또 다른 환경파괴를 가중시키는 결과만을 초래할 뿐이라는 반과학적 비관론의 입장이다. 전자가 서양의 인간중심주의적 입장인 반면에, 후자는 동양의 비인간중심주의적 입장을 반영한다[93]고 할 수 있다.

그렇다면 과학에 의한 환경과 생명파괴를 예방하면서 탈인간화를 지향하는 환경윤리교육적 프로그램의 대안은 무엇인가? 그것은 게쉬탈트 스위치(Gestalt Switch), 즉 '사고의 전환'[94]을 통한 환경윤리교육과정(Environmental Ethics Education Curriculum)을 개발하는 일이다. 다시 말하면 인간과 자연이 상생하는 '생태주의적 패러다임(ecological paradigm)중심의 환경윤리교육'으로 전환하여야 한다.

이를 위한 구체적인 생태주의적 환경윤리교육의 방향으로는 첫째,

탈인간중심적인 새로운 가치관, 즉 생태주의적 세계관을 지향하는 인간교육, 둘째, 자연이 지니는 내재적 가치(intrinsic value)와 생명의 존엄성을 인정하는 생명교육, 셋째, 인간과 자연의 상생적(相生的) 관계 속에서 생태학적 감수성과 상상력을 발휘하는 교육, 넷째, 자연이란 인간의 종속물이 아닌 인간과 더불어 살아가는 영적 자율성을 가진 생명체라는 사실을 깨닫는 생태적 각성과 영성 회복을 위한 교육으로 나아가야 한다.

최근 환경교육의 목적에 대해서 '행동의 변화'에서 '질적인 실천'이라는 새로운 방향으로의 모색에 대한 논의가 활발하게 이루어지고 있는데, <표 V-7>에 따르면, 이러한 변화의 모색은 새로운 사회를 지향하는 환경윤리적 틀 속에서 함께 이루어져야 함을 알 수 있다.

소위 환경공학이 오염원의 발생과정과 이미 발생된 오염원을 사후에 처리하기 위한 접근이라면 환경윤리는 이들을 발생 이전에 차단하기 위한 접근으로서, 오염물질이 아니라 인간을 대상으로 한다는 점에서 보다 근본적이라고 할 수 있다. 여기서 우리가 유의해야 할 점은 환경윤리적, 철학적 반성에서 출발하는 새로운 환경교육의 도입과 그 효과에 대한 검증은 여타 교육 영역에서와 마찬가지로 아주 까다로운 문제라고 할 수 있다. 왜냐하면 양적으로 잴 수 있는 것들만을 기준으로 인간의 변화를 가늠하는 것은 매우 위험할 뿐만 아니라 장기적인 변화까지도 놓치기 쉽기 때문이다.

<표 Ⅴ-7> 새로운 환경윤리교육의 방향

구 분	현재의 환경교육	새로운 환경윤리교육
목 적	행동의 변화 (Behavior modification)	질적인 실천 (Action qualification)
특 성 측 면	환경론자와 교육가는 환경교육 쟁점의 해결 방안을 알고 있다.	모든 사람들이 가장 바람직한 해결방안을 모색하기 위한 의사결정에 참여해야 한다.
	지도력에 의존	민주적인 참여 방식 옹호
	개발을 멈추거나 연기해야 한다.	개발을 위한 가능한 방안이 다양하게 있다.
	현재 우리 활동의 척도로서의 과거	'유토피아'에 대한 추구
	자연과의 조화 추구('균형있는 자연' 개념)	우리 후손과의 조화 추구
	자연의 내재적 가치 중시	자연을 포함한 세계를 이용하는 가장 바람직한 방법과 관련된 가치 중시
	환경윤리 중시	현재와 미래의 여러 사람들에 대한 적절한 형태와 관련된 윤리 중시
	·보존을 위한 논쟁: 동물에 대한 미안한 감정을 갖는다. ·가능한 한 최소한의 자연의 변화를 허용한다.	·보존을 위한 논쟁: 우리는 동물이 없어서 아쉬워 할 미래 세대에 대한 미안한 감정을 갖는다. ·자연에 비가역적인 변화(irreversible change)를 초래하지 않는다.
	인간과 자연을 분리하여 사고	인간과 자연의 상호 관련성 강조
	환경교육의 주요 영역으로 자연과학을 강조	환경교육의 주요 영역으로 사회과학과 인간성(humanities) 강조
	자연생태학(인간이 자연의 한가족이라는 생각)에 관심	인간생태학(인간이 세계의 자원을 관리하는 역할자)에 관심
	환경교육에서 자연체험을 중시	환경교육에서 공동체의 체험 중시
	환경교육에서 인간의 건강(health)에 대한 개념이 중시되지 않음	환경교육에서 인간의 건강에 대한 개념이 매우 중시됨
	인간의 삶과 환경의 질간의 균형	현세대의 요구와 미래세대의 요구 사이의 균형

구 분	현재의 환경교육	새로운 환경윤리교육
목 적	행동의 변화 (Behavior modification)	질적인 실천 (Action qualification)
특 성 측 면	사실적 개념(factual concept)으로서의 인간 요구	규범적 개념(normative concept)으로서의 인간 요구
	한정된 자원을 지속가능하게 이용	미래의 이용을 고려한 적절한 이용을 위해 우리가 판단한 척도하에 지속가능하게 이용
	여러 가지 다른 가치에 관심	상충되는 관심이나 사회적 갈등에 관심
	인간간의 평등을 강조하지 않음	인간간의 평등을 강조함

삶의 과정은 여러 가지로 정의될 수 있겠지만 문제를 해결하는 과정 또는 주어진 상황 내에서 최선의 대안을 찾고, 만들고, 선택하는 과정이라고도 할 수 있다. "문제 해결과 대안 선택의 과정은 무엇이 더 중요한가에 대한 우선순위 문제이기도 하며 활용가능한 자원을 어디에 얼마나 배분할 것인가와도 밀접하게 관련되어 있다."[95] 환경윤리교육에서도 역시 이 문제를 다루고 있지만 인간과 환경의 관계에 대한 반성과 재정립을 목표로 한다는 점에서 그 고유한 영역적 특성과 함께 새로운 환경윤리교육의 방향을 설정하는 데 시사점을 준다고 하겠다.

이제 우리에게 참으로 중요한 것은 지구가 단 하나뿐이며, '단 하나의 인류'가 있을 뿐이라는 사실을 우리 모두가 깨닫고 실천하는 것이다. 단 하나뿐인 지구에서 자연과 환경의 보선을 위한 환경윤리교육이야말로 환경윤리학의 근본과제라고 할 수 있다. "자연보전은 특정한 개인이나 집단 또는 민족의 번영과 안녕과 질서를 도모하는 그 어떤 이데올로기 교육보다 우선되어야 한다."[96] 자연과 인간의 공생관계야말로 자연보전의 윤리적 기반을 형성하는 것이다. 그러므로 환경윤리교육은 인간의 교양교육 가운데에서도 가장 중요한 부분을 차지해야 할 것이다.

〈주〉

1) 생태학적 위기 극복을 위한 국제적 활동으로는 1972년 유엔인간환경회의에서의 환경교육의 개발 요청을 시작으로, 1975년 「베오그라드 헌장」, 1977년 구소련 트빌리시에서의 「환경교육에 관한 정부간 회의」, 1987년의 「환경교육 및 훈련에 관한 UNESCO-UNEP 회의」 등을 들 수 있다.

2) 안기희 외, 『환경학 개론』(서울: 학문사, 1998), p.408.

3) 임형택, 『한국교육과정 학문공동체의 학문활동 분석』(서울: 연이출판사, 1992), pp.29-38. 참조.

4) 오늘날 환경과 더불어 생태, 녹색 등 용어들은 윤리, 도덕, 규범, 가치를 담지하는 것으로 규정되고, '민주'나 '자유' 등과 같은 인류의 보편적 이념들과 동등한 또는 그 이상의 것으로 인식되고 있다. 또한 '환경'은 순수한 자연의 순리, 경외스러운 생명으로 의미 지어지거나 환경윤리, 환경정의, 환경평등으로 개념화되고, 인류의 이상 세계인 생태유토피아를 지향하거나 또는 새로운 사회체제로서 '생태사회주의'를 건설하기 위한 실천의 토대가 되기도 한다. 최병두, 『녹색사회를 위한 비평』(서울: 한울, 1999), p.345.

5) F. Capra, *The Future of New Physics*, 1996.

6) 정수복, 「21세기 대안사회의 구성원리와 패러다임 전환」, 『환경과 생명』, 통권 제16호, 1998, p.30.

7) 생태주의자들은 '환경'이라는 용어보다는 '생태'라는 용어를 사용함으로써 더욱 근본적인 변화를 지향한다. 고르즈(A. Gorz)에 따르면, 환경주의적 접근과 생태주의적 접근은 근본적으로 다르다. 물론 환경주의도 자본주의에 의해 발전된 경제적 합리성의 자유로운 활동에 새로운 구속을 가하고 새로운 한계를 부여한다. 그러나 한계와 구속은 경제직 합리성의 영역을 확장하고 자본의 가치를 증대시키는 범위 안에서 이루어지는 것이기 때문에 사회체계의 패러다임 자체를 변화시키는 것은 아니다. 반면에 생태주의적 접근은 사회체계의 패러다임의 전환을 포함한다. 이는 '덜 그러나 더 낫게(less but better)'라는 슬로건으로 요약된다. 그것은 경제적 합리성과 상품교환이 적용되는 영역을 축소시키고, 그것을 계산이 불가능한 사회문화적 목표 그리고 개인의 자유로운 발전에 종속시키는 것이라고 주장한다. A. Gorz, *Capital, Socialism, Ecology*, London, New

York: Verso, 1994, pp.94-95.

8) 정수복, 「생명가치와 대안적 사회체계」, 『생명가치와 환경윤리 학제 간 연구』, 한국환경정책·평가연구원, 1997, p.355.

9) 여기서 인간중심적인 입장 안에 있는 '환경'이라는 용어보다는 생태계중 심적인 '생태'라는 말을 사용함으로써 더욱 근본적인 변화를 지향하고자 한다.

10) 심층생태학에서 '심층(Deep)'이란 대부분 녹색운동에서 보이는 인간중심 의 사고에 대한 강조를 배척하기 위해 사용된 것이다. 단지 인간만을 강조하는 편협성에서 벗어나 전체 생태계를 강조하는 '심오한' 가치를 주장한다.

11) 구승회, 『에코필로소피: 생태·환경의 위기와 철학의 책임』(서울: 새길, 1995), 서문 vii. 참조.

12) 1970년대 초반에 심층생태학(Deep Ecology)이란 개념을 만든 안 네스 (A. Naess)는 생태학적 위기의 원인으로 인간과 자연의 이분법에 기반 을 둔 서구의 합리성 개념에 주목한다. A. Naess, *The Shallow and Deep, Long-Range Ecology Movement*: A Summary, Inquiry 16, 1973. 참조.

13) 강령은 드볼(B. Devall)과 세션(G. Sessions)의 책, 5장에서는 '기본원리 (basic principle)'로, 네스의 책에서는 '강령(platform)'으로 표현되고 있 다. A. Naess, *Ecology, Community, and Lifestyle*, Cambridge. England: Cambridge University Press, 1989, pp.26-27.

14) 1991년 로마 클럽은 지속가능한 사회를 위해 '최초의 지구 혁명(the first global revolution)'이 불가피하다고 주장했는데, 그것은 인류가 살아남기 위한 '지속가능한 발전(sustainable development)'의 패러다임으로 전환하 는 것이었다. 즉 환경과 발전을 서로 대립되는 관계로 볼 것이 아니라 상호의존적이라는 인식을 거쳐 환경을 유지할 수 있는 발전전략을 수 립하고 실천하자는 것이다.

15) 그들의 주장에 따르면, 이러한 전환은 완전히 새로운 것이 아니라, '오래 전부터 있었던 것을 자각하는 것'이다. 이것은 '생태의식'을 계발하는 것 이며, '인간과 식물, 동물, 지구의 통일성'을 인정하는 '생태적, 철학적, 영성적 접근'이라고 할 수 있다. B. Devall and G. Sessions, 앞의 책, ix.

16) G. Session, *Deep Ecology for 21th Century*, Shambhala, Boston, 1995.

17) R. Goodwin, *Green political Theory*, Cambridge: Polity Press, 1992, p.14.

18) S. Sterling, *Towards an ecological world view*, J. R. Engel and J. G. Engel(ed), *Ethics of Environment and Development*, Arizona: The University of Arizona Press, 1992, pp.77－86. 그에 따르면, 어느 사회이든 전통과 신념, 이데올로기와 철학들이 종합되어 만들어진 하나의 세계관을 공유한다는 것이다. 여기서 '세계관(World View)'이란 실재(reality)와 세계에 대한 일련의 가정들을 말한다. 그는 현재 지구가 처해 있는 위기를 극복하기 위해서는 '기계주의적이고 데카르트적인 세계관(Mechanistic / Carte-sian World View)'에서 '생태학적이고 전체론적인 세계관(Ecological / Holistic World View)'으로 이동해야 한다고 주장한다.

19) 정수복, 『녹색 대안을 찾는 생태학적 상상력』(서울: 문학과 지성사, 1996), pp.77－78. L. Milbrath, *Envisioning A Sustainable Society*, Albany: State University of New York Press, 1989, p.119. 재인용.

20) 생태학적 세계관의 보다 구체적인 원리나 원칙에 대해서는 골드스미스 (E. Goldsmith)의 '생태학적 세계관의 67개 원칙' 참조. E. Goldsmith, *The Ecological World－View*, The Ecologist, Vol.18, no.4 / 5, 1988.

21) 한면희, 「생명가치 패러다임과 한반도 녹색공동체의 이념」, 제11회 한국철학자연합학술대회 대회보, 1998, pp.115－128. '호혜주의 공생 패러다임'에 관한 구체적인 내용은 제Ⅵ장, '새로운 환경윤리교육의 모형 개발을 위한 논의와 방향'에서 보다 자세히 다루고 있음.

22) 최문기, 「환경윤리의 체계론적 접근」, 『국민윤리연구』, 제41호, 한국국민윤리학회, 1999, pp.17－18.

23) R. Attfield, *The Ethics of Environmental Concern*, 2nd, Athens: The University of Georgia Press, 1983, pp.9－17. 최문기, 「환경윤리의 접근 유형과 전개」, 『인문과학연구』, 제7호, 서원대학교 인문과학연구소, 1998, pp.573－595. 참조.

24) W. T. Blackstone, *Ethics and Ecology*, W. T. Blackstone, ed., *Philosophy and Environmental Crisis*: University of Georgia Press, 1974, pp.16－17.

25) '기능적 건강성(functional health)'은 마아스(S. Maas)가 윤리적 적용 맥락을 사회적 맥락뿐만 아니라 비인간적 맥락에까지 적용하기 위해 제시한 개념이다. S. Maas, *A Critical Analysis of Environmental Ethics*, Proceedings of the 38th Annual Meeting of ISSS on New Systems

Thinking and Action for A New Century, B. Brady & L. Peeno, ed., 1994, pp.881-884. 참조.

26) '체계 디자인(systems design)'은 우리와 세계 간의 관계를 체계적으로 재구성하려는 지식·신념의 표현이자, 목적추구적인 창조행위이다. B. H. Banathy, Designing Social Systems in A Changing World, New York: Plenum Press, 1996, p.33.

27) C. A. Hooker, *Responsibility, Ethics and Nature*, D. E. Cooper & J. A. Palmer, ed., *The Environment in Question: Ethics and Global Issues*, New York: Routledge, 1992. p.163.

28) 최문기, 앞의 글, p.32.

29) 박이문, 앞의 책, p.127.

30) '환경교양(ecoliteracy)' 또는 '환경 문해력(environmental literacy)'이라고도 표현되기도 하는데, 이는 환경교육과 관련하여 환경윤리적인 세계관과 가치관을 뜻한다.

31) 카프라(F. Capra)는 인간사회에 실제로 타당성을 갖는 사회이론과 역사적인 과정의 실재적인 삶의 구조를 정신적, 형이상학적인 차원의 '깊은 생태학(deep ecology)'과 연결하여 인간의 삶에 있어서 근본적인 패러다임의 변혁을 모색하고 돌파구를 찾아야 한다고 주장한다. F. Capra, 「생태학적 세계관의 기본원리」, 『과학사상』, 1994년 가을호 참조. 본서 제 Ⅵ장, '(2) 새로운 패러다임으로서의 환경윤리교육'에서는 '생태학적 문해력(ecological literacy)'이란 용어로 다루어진다.

32) T. Kuhn(2nd ed.), *The Structure of Scientific Revolutions*, Chicago: University of Chicago Press, 1970.

33) 21세기 환경교육을 주도해 나갈 생태적 패러다임의 주제들을 살펴보면, ① 환경파괴로 인하여 인류의 생존이 위험하다는 비관적인 주제, ② 폐쇄된 체제(closed system), 생명유지체제(life support system)로서의 우주선(spaceship)의 개념, ③ 리사이클링(recycling)의 급격한 요구, ④ 현대기술산업사회에 있어서 환경 이슈의 긴급성, ⑤ 제로성장(zero growth), 정상상태(steady state), 비성장(non-growth) 등 균형개념(equilibrium concept), ⑥ 계획·통제를 통한 급진적 변화(radical change), ⑦ 유기적 시스템의 상호의존성, ⑧ 환경오염 및 환경파괴의 예측불가능성, 경험적 검증의 곤란성 등으로, 이들 생태적 패러다임과 관련된 주제들은 환

경문제와 종합성, 포괄성 및 다양성을 시사하고 있는바, 이에 대응하는 교육체계의 이론과 실제로 이러한 변화를 신속하고 효율적으로 관리하는 방향으로 연구되고 전개되어야 한다. 안기희 외, 앞의 글, p.13. 참조.

34) 김용정, 「과학과 윤리」, 『과학사상』, 1995년 봄호, p.14. 재인용.

35) 환경윤리교육의 중요성과 그 실천에 관한 문제를 다룬 것으로는, 이인재, 「생태학적 위기극복을 위한 환경윤리교육의 방향」 『국민윤리연구』, 제37호, 한국국민윤리연구학회, 1997. D. Pepper, 이명우 외 역, 『현대 환경론』(서울; 한길사, 1989), 제8장 등 참조.

36) 최돈형, 「한국 환경교육의 교수-학습방안」, 『한국의 환경교육』(서울: 교육과학사, 1996), 한국환경교육학회, p.147.

37) NAAEE(1996) Preliminary Review Draft for the Report to Congress on the Status of Environmental in the United States, Washington, D.C.

38) 「베오그라드 헌장」(1975)에서 제시한 6개항의 환경교육의 목표는 다음과 같다.

1) 관심: 개인 및 사회집단이 전체의 환경과 그것에 관련된 문제에 대한 관심과 감수성을 몸에 익히도록 하는 것.

2) 지식: 개인 및 사회집단이 전체의 환경과 그것에 관련된 문제 및 인간의 환경에 대한 엄격한 책임과 사명에 대해서의 기본적인 이해를 몸에 익히도록 하는 것.

3) 태도: 개인 및 사회집단이 사회적 가치와 환경에 대한 강한 감수성, 환경보호와 개선에 적극적으로 참가하는 의욕 등을 몸에 익히도록 하는 것.

4) 기능: 개인 및 사회집단이 환경문제 해결을 위한 기능을 몸에 익히도록 하는 것.

5) 평가능력: 개인 빛 사회집단이 환경상황의 측정과 교육 프로그램을 생태학적, 정치적, 경제적, 사회적, 미적, 그 외의 교육적 견지에 서서 평가할 수 있도록 하는 것.

6) 참여: 개인 및 사회집단이 환경문제 해결을 위한 행동을 확실히 하기 위해 환경문제에 관한 책임과 사태의 위기성에 대해 깊이 인식하고 참여하는 것.

39) J. Lane, R. Wilke, R. Champeau, and D. Sivek, *Strengths and weaknesses*

of teacher environmental education preparation in Wisconsin, The Journal of Environmental Education, 27(1), 1995, pp.36−45.

40) H. R. Hungerford, B. Peyton, and R. Wilke, *Goals for curriculum development in environmental education*, The Journal of Environmental Education, 11(3), 1990, pp.42−47.

41) L. A. Iozzi, D. Laveault, and T. Marcinkowski, *Assessment of learning outcomes in environmental education*(draft copy), Paris, France: UNESCO, 1990.

42) P. Tamir, *Factors associated with the relationship between formal, informal and nonformal science learning*, The Journal of Environmental Education 22(2), 1990 / 1991, pp.34−42.

43) 김정욱, 『환경위기와 생존대안』(서울: 푸른미디어, 2000), p.216.

44) Arjen. E. J. Wals, *Caretakers of the Environment: A Global Network of Teachers and Students to Save the Earth*, Journal of Environmental Education, Vol.21, No.3, 1990, pp.3−7.

45) D. Pepper, 앞의 책, pp.355−357. 참조.

46) J. A. Palmer, *Environmental Education in the 21th Century*, Routledge, London, 1998.

47) 김대희, 「환경친화적 가치관에 따른 환경교육의 발전방향에 관한 연구」, 서울대 박사학위논문, 1997, p.48.

48) 이선경, 「학교환경교육의 실태와 과제」, 『환경과 생명』, 제12호, 1997, pp.38−39.

49) 정용, 「한국의 환경전문인력 양성교육」, 『한국의 환경교육』, 한국환경교육학회 편, 1996, p.216.

50) 이인재, 앞의 글, p.248.

51) 이종관, 「자연의 적: 인간중심주의?−목적론적 자연관에 대한 비판과 환경친화적 인간중심주의 윤리학의 가능성」, 제9회 한국 철학자 연합학술대회 대회보, 1996, p.546.

52) 이선경, 앞의 책, pp.38−51. 참조.

53) 김동규, 앞의 글, pp.7−16. 참조.

54) 남상준, 「환경가치관 교육의 전략」, 『교육월보』, 통권 제129호, 1992, p.41.

55) Iozzi(1989)는 환경교육을 보다 효율적으로 행하기 위해서는 현장학습, 발견학습, Simulation 활동, 가치분석활동 등을 제안하고 있다. L. A. Iozzi, *What Research Says to the Educator－Part One: Environmental Education & the Affective Domain*, The Journal of Environmental Education, Vol.20, No.4, Summer 1989, pp.3－9. 참조.

56) M. J. Caduto, *A Guide on Environmental Values Education*, 1985, UNESCO－UNEP Series, 13, p.2.

57) 김정호, 「환경교육에서 과학적 지식과 윤리적 가치의 관계」, 『환경교육』 제 10권, 1997, p.53.

58) 이인재, 앞의 글, p.264.

59) 윤리적 가치판단을 위해서는 ① 생태계 보전과 다양성을 이해할 수 있는 지식, ② 인간은 자연의 지배자가 아니라 자연의 한 구성원이라는 것, ③ 모든 생물종(生物種)은 생존할 권리가 있으므로 인간이 함부로 생태권을 위험에 빠뜨려서는 안 된다는 것, ④ 지구 자원의 낭비는 환경오염 및 파괴와 직결된다는 등 생태학적 지식이 요구된다. 진교훈, 「생태학적 위기와 윤리학의 상관성에 관한 연구」, 『사회와 사상』, 제10집, 서울대 대학원 국민윤리교육과, 1989, p.55.

60) 진교훈, 위의 책, p.55.

61) 이인재, 앞의 글, p.265.

62) D. R. Joseph, *Environmental Ethics: an introduction to environmental philosophy*, U.S: Wadsworth Publishing Company, 1993, pp.5－13. Joseph 에 따르면, 윤리적 가치교육도 윤리적 가치판단만으로 환경문제를 해결할 수 없다는 점에서 '윤리를 배제한 과학(science without ethics)'이나 '과학을 경시하는 윤리(ethics without science)'는 모두 환경문제 해결에 한계가 있다고 주장한다.

63) 대표적으로 이종관, 앞의 글, pp.546－562. 참조.

64) 문종길, 「생태 위기 극복을 위한 환경윤리」, 석사학위논문, 고려대학교, 1996, pp.82－83.

65) 김영자, 『농서양의 과학전통과 환경운동: 인류의 미래를 위한 환경보고서』(서울: 동아출판사, 1995), p.100.

66) 방영준, 「생명공동체 사상의 윤리적 정초」, 『민주화 논총』, 통권 제12호, 민주문화아카데미, 1991, pp.105－107.

67) 최근덕, 「한국의 전통 속에 나타난 환경윤리」, 『동양사상과 환경문제』(서울: 도서출판 모색, 1996), pp.256-257.

68) 유승국, 「동양사상에서의 환경의식」, 『동양사상과 환경문제』, 위의 책, p.30.

69) 박상만, 「환경보전을 위한 환경가치교육 교수-학습방법 탐색」, 한국교원대학교 석사학위논문, 1994. p.34.

70) 조용개, 『선생님, 환경사랑, 생명사랑이 뭐예요?』(서울: 내일을 여는 책, 1997), p.55.

71) 1987년 브룬트란트 위원회의 보고서인 「우리 공동의 미래」에서 제시되어 1992년 리우 세계환경회의의 기본 방향으로 채택된 이후 '지속가능한 개발(sustainable development)'이란 개념으로 사용되고 있다. 여기서 지속가능한 개발은 "미래 세대의 욕구를 충족시킬 수 있는 능력을 손상하지 않고 현세대의 욕구를 충족시키는 개발"(WCED, 1987: 8-9)을 말한다. 지속가능한 개발론은 얼핏 보기에는 환경과 개발의 조화를 지향하는 듯지만 실질적으로는 지속적 성장을 강조한다는 비판을 받고 있다. 최근에 와서는 성, 직관, 감성, 모성, 생명력, 다양성, 역동성, 순환성 등을 전 인류의 문명 차원으로 확장하여 '지속가능한 생존(sustainable existence)'을 우선적으로 선택해야 한다는 주장도 제기되고 있다. 김명자, 「생명가치・과학기술・환경윤리」, 『생명가치와 환경윤리 학제간 연구』, 한국환경정책・평가연구원, 1997. p.11. 참조.

72) B. J. Stedman & H. Teresa, *Introduction to the Special Issue*: *Perspectives on Sustainable Development*, Environmental Impact Assessment Review, vol.12, 1992, pp.1-9.

73) 김훈기, 「지속가능한 개발과 환경기술」, 『환경논의의 쟁점들』(서울: 나라사랑, 1994), pp.191-192.

74) 최돈형, 앞의 글, p.10.

75) 환경교육에 있어서도 지식의 특수화와 단편화가 불가피하겠지만 생태학적 지식의 틀 속에서 자신의 지식을 실천하는 것이 중요함을 인식하는 것이 무엇보다도 필요하다. J. Julian, 앞의 책, p.566.

76) L. A. Iozzi, 앞의 글, pp.3-9.

77) L. A. Iozzi, 위의 글, pp.6-10.

78) 이에 관한 수업모형에 관해서는 서강식, 『도덕・윤리과 수업 모형』(서울: 양서원, 1999) 참조.

79) 도덕과 관련된 교수-학습 모형 가운데에는 역할놀이 모형, 가치갈등 모형, 집단탐구 모형, 가치명료화 모형, 실천동기강화 모형 등을 들 수 있다. 윤현진, 「도덕과 교육에서의 환경교육」, 『환경교육』, 제12권 제1호, 한국환경교육학회, 1999, pp.73-74. 참조.

80) 남상준, 앞의 글, pp.42-43.

81) 인간의 도덕적 발달단계는 보통 타율적인 도덕성의 단계로부터 자율적인 도덕성의 단계로 나아가는데, 전자의 시기는 대체로 초등학교에 해당되고 후자는 대체로 중·고등학교에 해당된다. 따라서 초등학교와 중·고등학교에서의 환경윤리교육의 구체적인 전략이나 기법이 달라야 한다. 결국 이 두 가지 요소를 결합하면 도덕적으로 타율적인 초등학교 학생에게는 '바람직한 환경가치에 대한 수용적 학습전략'을, 도덕적으로 자율적인 중·고등학생들에게는 '합리적인 가치에 대한 탐구적 학습전략'이 적절하다고 본다. 이인재, 앞의 글, pp.268-269.

82) 유정복, 앞의 글, pp.128-129.

83) 국제환경교육학회(1977)에서는 환경교육의 기본 목적을 모든 사람이 다양한 형태의 자연환경과 인위적으로 이룩한 환경, 즉 사회적, 경제적 및 문화적 환경 간의 복잡한 상호관련성을 인식하는 데 두었다. 이는 환경교육이 자연, 인간 및 문화 환경의 상호관련성을 이해하고 존중할 줄 아는 데 필요한 기능과 태도를 갖도록 하는 가치관을 기르는 인간교육이어야 함을 강조한 것이라고 할 수 있다. 진교훈, 앞의 책, p.228.

84) 김대희, 앞의 논문, p.49.

85) 정화열, 앞의 책, pp.30-31.

86) 이와 같이 철학적·윤리학적 방법을 사용하여 근원적인 의식개혁을 목표로 하는 환경교육적 접근 방법은 심층생태주의(Deep-ecology)적 접근법과 유사하다고 할 수 있다.

87) 추병완, 「환경윤리 함양을 위한 지도방법의 모색」, 『교육개발』, 제14권 제2호, 1992, pp.43-44.

88) A. B. Traverso, 김귀곤 역, 「환경교육철학에 관한 몇 가지 고찰」, 『환경교육의 세계적 동향』(서울: 배영사, 1995), pp.18-19.

89) '생태중심 생명가치관(eco-centred life values)'은 생태중심주의에 입각한 전체론적(holistic) 가치관으로, 인간과 자연 그리고 생명과 환경에 대한 분절화된 개체론적 접근을 넘어서 인간, 자연, 환경을 동시에 배

려하는 전체론적 접근을 통해 환경문제를 인식하고 해결해 나가고자 하는 태도를 말한다. '생태중심적 생명가치관'에 대해서는 본서 제Ⅵ장, '2. 새로운 환경윤리로서의 생명가치관'에서 별도로 논의될 것이다.

90) 가령 유조선 기름 유출 사고가 나면 오염 자체의 현상에 대한 과학·기술적 접근도 만족스럽지 않지만 바닷물 속에 사는 많은 생물들에 대한 배려, 즉 인간 이외의 다른 생물체와 다른 자연물의 생명에 대한 배려로 논의될 수 있는 환경윤리적인 측면의 고려는 거의 이루어지지 않고 있다.

91) 구승회, 앞의 책, 서문 vii.

92) J. R. Desjardins, *Environmental Ethics*: *An introduction to Environmental Philosophy*, Wadsworth Publishing Co., California, 1993, pp.2−17. 참조.

93) 배영기, 「생명윤리에 관한 생태문화적 고찰」, 『환경과 생명』, 1999년 8월호, pp.145−146.

94) 지난 3세기 동안 서양과학은 환원주의에 의존해 왔다. 즉 사물을 간단한 구성요소로 나누어 이해하면 그것을 종합해 전체를 이해할 수 있다고 생각했다. 그러나 복잡성 과학의 이머전스 개념은 전체가 그 부분들을 합쳐 놓은 것보다 항상 크다는 것을 의미한다. 특히 생태계는 환원주의의 분석적 틀로는 이해가 불가능하다. 따라서 사물을 구성요소의 합계가 아니라 통합된 전체로 이해하는 전일적(holistiic) 사고로의 전환이 요구된다.

95) 환경윤리는 순전히 철학적, 윤리학적 사변(思辨)과 이론만으로 환경친화적 도덕심이 생기는 것은 아닐 것이다. 환경윤리의 원칙과 이론화는 '민주주의 국가에서의 정치행위'와 결합되지 않으면 안 된다. 이런 결합의 노력을 구승회는 환경윤리교육이라고 말한다. 환경윤리교육은 환경적 가치와 경제적 가치는 양립가능한 것이며, 환경윤리가 세워 놓은 제 원리에 일치해서 행위하고 살아갈 수 있는 길을 가르치는 것이다. 구승회, 「환경문제의 윤리학적 근거지움: 환경문제가 왜 윤리학적인 문제인가?」, 앞의 글, p.109.

96) 진교훈, 「생태학적 위기 극복과 환경윤리학의 과제」, 『한국의 환경교육』, 한국환경교육학회편(서울: 교학사, 1990), pp.40−41.

환경윤리교육의 모형 정립을 위한
논의와 방향

이제 환경은 새로운 주제가 아니다. 많은 학자들뿐만 아니라 일반인들에게까지도 환경이 얼마나 중요한지에 대해서 어느 정도 합의가 가능한 상태이고, 이러한 인식의 공유는 전 지구적으로 통용되고 있다. 이러한 일반적인 합의의 토대 위에서 이미 서구 철학 및 윤리학계에서는 환경윤리에 대한 상당한 연구[1]가 있어 왔으며, 우리나라에서도 환경윤리를 연구하는 학자들[2]이 늘어가고 있다.

특히 최근에 들어 우리나라의 경우, 이미 환경을 전공하는 학부 및 대학원[3] 교육과정에 환경철학 또는 환경윤리 강좌가 개설되어 있고,[4] 초중고의 경우 제7차 교육과정에서 각 교과별로 환경윤리와 관련된 내용을 포함하고 있으며,[5] 기존의 환경교육과정에도 환경윤리 및 철학의 필요성이 증대되고 있다.[6]

환경윤리를 연구하는 학자들이 증가하고 환경윤리가 교육적 차원에서 다루어진다는 것이 곧 환경문제 해결을 보장하는 것은 아니지만 최소한 전문적인 논의의 기회가 마련되고 교육적 차원에서 그 필요성의 증대는 앞으로 생태학적 환경위기 문제를 다각적인 차원에서 다루고 또 그러는 과정에서 다양한 해결책을 모색해 볼 수 있는 기회가 확대될 수 있다는 점에서는 바람직한 추세임에는 분명하다. 하지만 문제는 이러한 환경윤리에 관한 논의가 다른 철학적 논의와 유사하게 주로 서구적인 담론체계로부터 자유롭지 못하다는 사실에 있다.

이러한 관점에서 현재 서구중심적으로 논의되고 있는 환경윤리 논의의 한계와 의미에 대해서 논하고, 새로운 가치관으로서 생태중심 생명가치관을 확립하기 위한 체계적인 환경윤리교육의 모형 정립과 함께 앞으로 새로운 환경윤리교육의 모형을 개발하기 위한 과제와 방향을 제시해 보고자 한다.

1. 서구중심적 환경윤리 논의의 의미와 한계

그동안 환경윤리에 관한 논의가 거의 대부분 서구인들의 환경의식과 전통을 배경으로 하는 서양적 환경윤리학에 기초해서 이루어져 왔다는 심각한 결함을 노출시키고 있다. 물론 이러한 접근들이 모든 점에서 유효하지 못하다는 것은 아니다. 현재 우리가 직면하고 있는 환경문제 자체가 그들의 산업화를 모방하는 과정의 부산물로 생긴 것이라는 점과, 그런 문제에 먼저 부딪혀야 했던 그들의 경험이 갖는 의미 등을 미루어 볼 때 어느 정도 유의미성을 지닐 수 있는 담론 체계들임을 인정해야 할 것이다.

그러나 환경윤리에 관한 국내의 논의는 주로 미국, 호주, 영국, 독일 사람들의 환경적 세계관에 근거한 것이었다. 그리고 우리가 이만큼의 환경적 자각을 갖게 된 것도 사실 따지고 보면 환경사상을 범세계적으로 퍼뜨린 서양, 특히 미국인들의 기여를 과소평가할 수는 없다. 하지만 어떤 경우에도 미국식의 환경윤리학이 전 세계의 환경윤리학의 모태는 될 수 없다.

우리에게 필요한 것은 미국인의 환경적 가치를 한국인의 자연 환경에 대한 태도로 내면화하려 하거나 보편가능한 단일의 환경윤리학을 주장할 것이 아니라 우리에게 소개된 서구 유럽의 환경윤리의 논점들을 통해서 서양 사회 간의 민족적, 문화적 차이를 이해하고, 이를 모델로 해서 동양과 서양의 환경적 가치의 차이를 설명하고, 나아가 한국인의 환경적 가치를 토대로 환경윤리학을 다양한 '환경윤리학틀' 속에 포함시키는 일이라고 생각한다.

부언하자면, "우리 동아시아가 직면하고 있는 생태학적 환경위기는 서구의 그것과는 동일성과 함께 차별성을 동시에 내포하고 있다. 동일성의 차원은 환경위기가 산업화의 부산물로 초래되었다는 점에서 부각되는 것이고, 차별성은 그 시기의 문제와 함께 삶 자체를 받아들이는 가치체계의 차원에서 형성된 것으로 분석할 수 있다."[7] 물론 가치체계의 차원은 다시 전통적 가치와 서구적 가치의 갈등으로 인해 또 다른 복잡성을 지니게 되지만, 그럼에도 불구하고 그 자체로 서구의 문제와 다른 차원의 것임에는 분명하다.

따라서 최근의 환경윤리에 관한 논의가 주로 서구적 패러다임의 범주에서 벗어나지 못하는 한계를 지니고 있고, 그 결과 우리의 문제가 지니ㄱ 있는 차별성의 차원을 제대ㄹ 찾아 분석해 내지 못하ㄱ 동일성과 보편성만을 지나치게 확대, 해석하는 한계를 벗어날 필요가 있다. 이를 위해서는 그 보편성의 맥을 놓지 않으면서도 기본적인 출발점을 우리의 전통 속에서 찾는 작업도 함께 이루어져야 할 것이다.

그리고 보다 근원적인 차원의 대안을 마련하기 위해서는 표면적으로 드러난 서구적 패러다임의 측면과 함께 그 이면에 숨어 있는 구체적인 내용을 토대로 해서 현재 서구중심적 환경윤리의 논의의 한계를 어느 정도 보완하거나 극복할 수 있을지에 대한 논의의 전개로 이어질 때 비로소 진정한 의미를 갖춘 작업이 될 수 있다.

그동안 서양 윤리학자들의 환경윤리 또는 생태윤리에 관한 논의가 모두 같은 궤적을 그리는 것은 아니다. 그러나 그들의 출발점이 대체로 인간이라는 점에서 일치점을 보여주고 있다. 즉 생태학적 환경위기를 불러일으킨 장본인이 바로 인간이고, 따라서 그 위기 극복의 출발점도 인간으로부터 찾아야 한다는 기본 전제가 깔려 있다.

"서양 윤리학계의 환경윤리에 관한 논의를 크게 나누어 본다면 이 사회에 살고 있는 각 개인들의 가치관 전환을 통한 새로운 윤리 모색을 시도하는 논의들과 사회체제 자체의 전환을 가져오지 않고는 생태학적 환경위기의 극복이 불가능하다고 보는 입장이 있는데, 전자를 개인윤리적 접근으로, 후자를 사회윤리적 접근으로 명명해 볼 수 있다."[8] 개인윤리적 접근의 대표적인 예로 테일러(P. Taylor)와 요나스(H. Jonas)를 들 수 있고, 후자의 대표적인 예로는 마르크스적 틀을 생태에 적용한 생태마르크스주의자들을 들 수 있다.[9]

테일러는 환경윤리론을 제시하고 있는 그의 저서 『자연에 대한 존중(Respect for Nature)』에서 "환경윤리학은 인간과 자연의 세계를 이어 주는 도덕적 관계에 관심을 갖고, 그것에 근거한 윤리적 원칙들은 지구의 자연환경과 그 안에 거주하고 있는 모든 동물과 식물에 대한 의무와 책임을 결정짓는다."[10]라고 말하면서 환경윤리학을 인간을 중심으로 하여 정립하고자 하였다. 실제로 그는 환경윤리학이 자연 생태계와 원시적 공동체를 인간이 어떻게 다루어야 하는지에 관한 도덕적 원칙 체계의 합리적 근거를 세우고자 하는 시도임을 분명하게 밝히면서 자신의 인간중심적 관점을 강조하고 있다.

이러한 인간중심적 환경윤리학은 한스 요나스에게 오면 조금 다른 차원으로 전개된다. 그는 인간이 "미래의 인간의 가능한 모습들에서 그리고 예시된 미래로부터 얻어진 이러한 가능성이 우리에게 시사하는 것들에 경악하면서, 다시금 인간의 과거와 현재에 대한 경외심을 회복해야 한다."[11]라고 주장함으로써 자신의 책임윤리적 환경윤리관을 제시하고자 한다. 그의 논의가 미래와 다음 세대에 대한 현세대의 책임을 강조하는 방향으로 전개되고 있지만, 이것도 역시 대표적인 인간중심주의적 관점이라고 할 수 있다.

인간중심주의, 그중에서도 개인주의적 한계를 극복할 수 있는 입장으로 사회생태론자들의 주장을 볼 수 있고, 그 대표적인 한 예로 머레이 북친(M. Bookchin)을 들 수 있다. 그는 생태문제가 곧 사회문제이고, 따라서 개인의 생태의식 차원의 접근보다는 사회적 차원의 접근이 요구되며, 그것도 아나키적인 운동 차원의 해결방안과 같은 새로운 대안이 필요하다고 주장한다. 이러한 접근을 '에코 아나키즘'[17]이라고 부를 수 있으며, 개인적 차원으로 해결되지 않는 문제들에 시선을 맞추었다는 점에서 평가를 받을 만하다.

이러한 일련의 시도들을 전체적으로 평가해 본다면, 서양윤리학계의 환경윤리 또는 생태윤리에 관한 논의가 그 출발부터 인간의 진정한 이익 혹은 장기적인 이익을 고려하는 차원에서 논의를 전개했고, 그 결과 자연스러운 결론으로 인간중심적 논의의 한계를 부각시키고 있다. 이러한 한계에 대한 인식이 공유되기 시작하면서 최근에는 '심층생태론(Deep Ecology)' 등 새로운 대안들에 관심을 보이고 있는데, 이 대안들에 대한 평가를 내리기에는 아직 이르지만 근본적으로 인간중심적 한계를 극복할 수 있다고는 보이지 않는다. 왜냐하면 그들의 전제 속에 자연과 인간을 이분법적으로 분리해서 접근하고자하는 성향이 숨어 있기 때문이고, 이러한 경향은 심층생태론에서도 근본적으로 극복된 것으로 보이지 않기 때문이다.[13]

한편 우리의 경우 환경윤리에 대한 논의를 살펴보면, 우리 학계에도 서양윤리학자 또는 생태철학자들의 인간중심적 논의와 거의 유사한 형태로 수입되어 재생산되고 있다. 물론 그중에서는 비판적 평가를 거쳐 우리의 특수성을 감안하면서 새롭게 해석하고자 하는 시도들도 있기는 하지만, 아직까지 보편성과 특수성이 조화를 이룬 작업은 이루어지지 못하고 있다. 그중에서도 서양중심주의적 논의에서 출발했으면서도 그 지평을 우리의 환경윤리적 전통에까지 확장시키고 있는 두 학자의 작업을 살펴보면 그 하나는 박이문의 것이며, 다른 하나는 진교훈의 것이다.

박이문의 경우,[14] 그는 자신의 환경윤리 관련 주요 저서라고 할수 있는 『문명의 미래와 생태학적 세계관』에서 서구적인 근대 이성에 기반을 둔 합리성이 생태학적으로 한계를 드러내고 있다고 비판하면서 동양사상 또는 아시아 철학이 대안이 될 수 있음을 강조하고 있다. 그는 현재의 생태학적 위기를 생태학적 이성의 회복을 통하여 극복해내야 한다는 전제를 가지고 동양사상 또는 아시아 철학 내에서도 그러한 요소를 개발해 낼 수 있는 가능성이 풍부하다고 진단하고 있다. 그러면서도 서구의 이성 개념도 생태학적 합리성을 재구성할 수 있는 가능성이 남겨져 있다는 절충적인 이성주의자의 입장[15]을 견지하고 있다.

이러한 그의 주장은 당위적 선언의 차원에서는 그다지 이의를 제기할 수 없을 만큼 당연한 것이라고 볼 수밖에 없다. 하지만 그가 동양사상의 생태윤리학으로서의 가능성을 높이 평가하면서도 그것이 서구의 과학적 인식의 틀과 양립할 수 있어야만 한다는 전제를 깔고 있다는 사실을 발견하게 되면 그의 주장에 쉽게 동의할 수 없게 된다. 왜냐하면 생태 또는 환경의 위기가 근본적으로 서구적 근대 과학기술의 산물임을 인정하고 그것을 토대로 수용한다면 구체적으로 어떤 생태론적 또는 환경론적 대안이 가능하다는 것인지가 분명하지 않기 때문이다. 그의 결론적 주장이 동도서기(東道西器)[16]임을 인지하게 되면 그 한계는 더욱 뚜렷하게 인식할 수 있게 된다. 동도서기는 서양의 침략에 동아시아가 노출된 이후로 수백 년에 걸쳐서 주창되어 온 구호이지만, 그것이 갖는 선언적 매력만큼 구체화된 내용을 담을 수 없었기 때문에 늘 구호에만 그치고 말았다. 그의 생태학적 동도서기론도 그러한 전래의 주장과 어떤 질적 차이가 있는지 알 수 없다.[17]

이러한 한계에 비하면 진교훈의 주장[18]은 훨씬 더 구체적이고 명료하다. 그는 자신의 저서 『환경윤리』에서 환경윤리학을 "인간과 자연의 교섭에 관해서 도덕적 가치 표상과 도덕적 원리, 규범의 비판과 정립을 대상으로 삼는 생명윤리학의 부분 영역"이라고 보고, 환경윤리학의 과제를 생태학적 양식의 성찰과 자연보존을 위한 국제적 협력, 자연보전의 윤리적 실천 등 셋으로 구체화시키고 있다.

그중에서 주목할 만한 것은 환경윤리학의 구체적인 내용으로 서구적 착안뿐만 아니라 동양의 전통적 자연관이 갖는 현대적 의의를 검토하고 있다는 것이다. 여기에서 유가와 도가의 자연관이 재검토되고, 더 나아가 우리 한국인들의 전통적 자연관이 민간신앙과 문화생활로 나누어 소개되고 있다. 특히 전통적 문화생활 영역에서는 우리의 옛 조경에서 보여주었던 자연과의 조화, 민화와 민예품에 나타난 자연미 등을 강조하면서 그는 "우리 선조들은 서양인들처럼 자연환경을 정복하려고 하지 않았고, 인간도 자연 속에서 자연의 한 구성분자처럼 삶을 즐겼으며, 자연의 품에 안겨서 조용히 살아가는 것을 숙명처럼 생각했다. 이러한 자연에 대한 생각과 느낌이야말로 한민족의 근본사상을 이루는 것이다. 우리는 지금 산업화에 밀려 범세계적인 생태학적 위기를 맞고 있다. 그러나 만일 우리가 우리 조상들이 품고 있었던 자연에 대한 외경과 겸손과 사랑을 배우고 깨달을 수 있다면 생태학적 위기를 극복할 수 있을 것이다."[19]라고 결론을 맺고 있다.

그의 이러한 대안이 현재의 생태학적 위기를 극복하기에는 지나치게 소박한 것으로 평가절하될 수도 있다. 하지만 그 대안 자체를 서구적인 것에서 벗어나 우리의 전통 속에서 찾고자 노력하고 있다는 점과 이론적 작업에 그치지 않고 문화적 삶 자체에서 찾아내고자 하는 노력 자체는 높이 평가된다.[20] 따라서 우리는 이러한 것들을 일관성 있게 엮어낼 수 있는 연계고리를 발견하여 통합시키는 데까지 나갈 수 있다면 우리의 생태학적 환경위기를 극복할 수 있는 실천적 대안으로 자리매김할 수 있을 것으로 본다.

2. 새로운 환경윤리로서의 생명가치관에 관한 논의

우리가 환경윤리에서 가장 중심이 될 수 있는 주제를 '생명'[21]이라고 놓았을 때, 그 생명의 가치를 존중하는 대안적인 사회체계의 모습을 그려 보는 것은 새로운 건물을 짓기 위한 청사진을 그리는 일이라고 할 수 있다. 왜냐하면 존재가치로서 '생명'은 환경윤리의 지평을 확대함에 있어서 중요한 기준점[22]이 될 수 있기 때문이다. 그러나 새로운 생태학적 대안 사회의 비전을 그리는 작업에 현실에 대한 냉철한 통찰력과 분석이 뒷받침되지 않고 현실을 변화시키려는 의지와 행동으로 이어지지 않는다면 새로운 대안 사회의 비전은 그저 아름다운 그림으로만 남게 될 것이다.

우리가 생명의 관점에서 자연과 인간, 물질과 정신을 재평가하고자 하는 것은 풍부하고 아름다운 삶을 만끽히면서도 타자 및 자연과 공생할 수 있는 삶을 재조직하는 것이다. 이런 점에서 "새로운 사회는 미적 문화활동이 삶의 중심가치가 되는 사회이며, 사회성원들의 미적 판단력의 고양이 자연미와 생명의 가치를 존중하는 근거가 되고, 이러한 사회가 곧 상생의 윤리를 위한 자발적 기초가 되는 사회"[23]라고 할 수 있다. 생명의 가치를 존중하는 새로운 사회 체계의 구성은 미래 세대에 대한 관심을 갖고 성장과 경쟁 위주의 사회에서 자연과의 조화 그리고 인간들 사이의 연대에 기초한 사회로의 이동을 말한다. 그러므로 우리는 피상적인 환경운동의 구호와 파편화된 환경보전활동의 수준을 넘어서, 녹색대안 사회체계의 모습을 염두에 두면서 새로운 교육적 패러다임으로서의 환경윤리교육의 방향성을 모색해 보기 위해서는 반드시 생명에 대한 고찰이 필요하다고 하겠다.[24]

최근 환경윤리학자들은 '생명'의 개념을 재조명하면서 생명은 인간의 이익 관심과는 무관하게 별도의 고유한 선을 보유하고 있으며, 이를 제대로 설명, 수용하지 못하는 현재의 윤리학은 근본적으로 변화되어야 한다고 주장한다. 그들은 '생명'의 개념을 재조명하면서 생명은 인간의 이익이나 관심과는 무관하게 별도의 고유한 선을 보유하고 있으며, 이를 제대로 수용, 설명하지 못하는 현재의 윤리학은 근본적으로 바뀌어야 한다고 주장한다. 이러한 맥락에서 새로운 윤리가 요청되고 이에 대한 응답이 '환경윤리학(Environmental Ethics)'[25] 이라고 할 수 있다. "환경윤리학의 등장에서 보여주는 중요한 사실은 그것이 단순히 기존의 윤리학의 응용문제는 아니라는 점이다. 직업윤리나 의료윤리 등 응용윤리와는 달리 환경윤리학은 현존윤리학에 대한 비판을 통해 윤리학 전반에 걸쳐 새로운 체계를 구성할 것을 요구하고 있다는 점이다."[26]

오늘날 지구환경과 생명의 문제는 지금까지의 환경개량주의나 환경기술주의로는 원천적으로 해결 불가능한 상황에 이르렀다고 할 수 있다. 특히 최근에 무자비한 생명파괴로 인한 생태계 소멸의 위기에 직면하면서 1970년대부터 생명과 윤리의 문제가 '생명윤리(Bioethics)'

라는 합성용어로 만들어져 완전히 새로운 학문 분야로 발전하기 시작하였으며,[27] 환경오염과 생명경시풍조[28]가 심각해지면서 생명에 대한 윤리적 연구와 접근이 더욱 필요하게 되었다.[29]

따라서 오늘날 우리가 직면하고 있는 생태학적 위기를 극복해 내기 위해서는 생명과 생명윤리에 대한 심층적인 인식에 바탕을 둔 새로운 가치관과 생활양식, 태도, 더 나아가 문명사적 일대 변혁 없이는 생명문화가 소생할 가망이 어려운 것이 지금의 현실이기도 하다. 이러한 관점에서 '생명'에 대한 의미와 생명에 관한 철학적·종교적 고찰을 통해, 앞으로 새로운 환경윤리로 자리매김해 나가야 할 생태중심 생명가치관에 대해서 논의해 보고자 한다.

1) 생명의 의미

사실상 생명의 가치는 너무도 기본적인 것이어서 '이념적 가치'로만 존재하는 것이 아니라 태어날 때부터 이미 살아가려는 의지, 즉 '의지적 가치' 형태로 모든 생명체들의 본능 속에 깊이 각인되어 있다. 이러한 점은 유정성(有情性, sentience)을 지닌 모든 동물에게서 외형적으로 표출되고 있는데, 특히 인간의 경우에는 이를 명시적으로 의식하고 있으며 이렇게 의식된 내용이 바로 자신의 생명가치관을 이루는 선천적 기반이 되는 것이다. 그리고 가장 분명한 점은 이러한 생명가치관은 일차적으로 '자신의 생명'에 대한 것이라는 점이다.

그러나 흥미로운 점은 대부분의 사람에게 있어서 생명에 대한 이러한 소중함의 관념이 오로지 자기 자신의 생명에만 국한되는 것이 아니라는 사실이다. 다시 말하면 누구에게나 자신에게 소중한 사람들이 있기 마련인데, 이러한 사람들의 생명을 설사 자신의 생명만큼 소중하게 여기지는 못하더라도 여전히 매우 중요한 가치로 인정되고 있으며, 우리 모두가 대등하게 태어난 인간들이라고 할 때 내 생명 또는 내게 가까운 사람의 생명만 소중하고 남의 생명이 덜 중요하다고 생각해야 할 이유를 찾아볼 수는 없는 것이다. 이러한 간단한 원칙, 즉 모든 사람의 생명은 다 같은 정도로 소중하다는 대원칙이 보편적으로 인정되기까지는 오랜 역사적 과정을 겪어야만 했다. 이는 우리의 느낌 속에 각인된 인간의 생명가치의 차별성과 합리적 사고가 말해 주는 동등성 사이의 간격을 좁혀 나가는 과정이었다고 말할 수 있다. 그리고 이러한 어려움을 극복하기 위해서는 이를 이겨내려는 의식적 노력이 요구되며, 이를 반영하는 사회적 장치가 바로 '윤리'[30]라는 형태로 나타나게 되었다.[31]

슈바이처(A. Schweitzer)는 생명외경(reverence for life) 사상을 통하여 인간의식의 근본적 사실로 "살려고 애쓰는 생명의 중심에서, 나는 살려고 애쓰는 생명"임을 자각하는 것이라고 주장하면서, 이런 사실을 의식하면서 경외할 때 윤리가 출발한다[32]고 하였다. 그는 모든 생명체가 내재적 가치, 즉 우리에게 경외와 외경을 명령하는 가치를 갖는다고 주장한다.

그런데 인간의 생명가치에 대한 이러한 대원칙이 인간이 아닌 여타 생물이 지닌 생명에까지 확장되어야 하는지에 대해서는 아직까지 그 어떤 합의도 이루어지지 않고 있다. 이러한 문제는 인간사회 안에 발생하는 윤리문제를 다루는 것만으로도 벅찼기 때문에 지금까지 윤리학자들의 이론적 과제로만 치부해 온 측면이 없지 않았다. 하지만 이제는 상황이 크게 달라지고 있다. 이른 바 환경문제에서 보듯이 인간 이외의 생물이 지닌 생명가치의 문제가 이제는 단순한 이론상의 관심사가 아닌 심각한 현실문제로 대두되고 있으며, 이를 어떻게 보느냐에 따라 인류의 장래뿐만 아니라 생명계 전체의 운명이 결정적으로 좌우될 상황에 놓여 있다.

'생명'이란 말처럼 일상생활에서 자주 그리고 다의적인 뜻으로 사용되는 말도 그리 흔하지 않을 것이다. 종교가, 문학가, 철학가, 의사, 생물학자 등은 각기 그들 나름대로 생명이라는 말을 중요시하고 자주 사용한다. 그러나 그들 간에 생명에 대한 하나의 통일된 견해를 찾아보기 어렵고, 더구나 같은 학문 분야에 종사하는 사람들 간에도 관점에 따라 생명이라는 말의 의미는 상당한 차이가 있다. 이는 생명의 본질이 워낙 깊고 넓기 때문에 생명은 어떤 하나의 관점에서 간단히 표현할 수 없는 신비를 품고 있기 때문이다.

"생명의 본질은 신비로 가득 차 있다. 인격이나 사랑과 같은 정신활동의 개념을 정의할 수 없듯이 생명의 개념 역시 한마디로 정의할 수 없다. 사람들은 육체적 생명, 영혼적 생명, 우주적 생명, 영원한 생명에 관해서 언급하곤 한다. 하지만 관점에 따라 생명의 범위는 크고 넓기 때문에 생명에 관한 논의는 자칫하면 논점 이탈의 오류 또는 일반화의 오류에 빠질 가능성에 유념해야 한다."[33]

"생명은 우주의 가치중립적(value-free) 사실이 아니라, 본래 좋은 것으로 존중받을 만한 것이다. 또한 우리는 단지 생명은 의미 있고 가치가 충만한 것이라고 말할 수밖에 없다. 그러므로 우리는 살생과 생명에 손상을 입히는 것은 바람직하지 않은 것이며, 생명을 존중하는 것은 바람직한 것이라고 할 수 있다. 그리고 우리는 근본적으로 생명은 존귀한 것이라고 믿을 수 있을 뿐이다."[34] 그러므로 이제 우리는 생명이 무엇인가를 물을 것이 아니라, 어떻게 생명의 가치를 이해하고 어떻게 생명을 고양시킬 수 있을 것인가를 물어야 할 것이다.

종종 생명을 가치를 논하는 이들 가운데는 아직도 어떤 특정한 인간의 생명만이 본질적으로 가치가 있다고 주장하기도 한다. 그들에 의하면 어떤 인간의 존재는 다른 인간의 존재보다 내면적으로 더 가치가 있다고 생각하고 모든 인간이 동등하게 창조되었음을 수긍하지 않으려고 하며, 모든 인간이 하나로 인류를 이룬다고 생각하지 않는다. 하지만 인간은 누구든지 국적, 성별, 인종, 종교, 재산, 학식, 신체조건 등 차별 없이 충분하고도 완전한 생명의 권리를 가지고 있음으로 우리는 인간 생명의 가치 범위에 그 어떤 제한을 가해서는 안 된다.

또 어떤 이들은 인간의 생명만이 가치가 있다고 주장하기도 한다. 이는 소위 '인간중심주의'라고 할 수 있다. 그리고 인간이 아닌 다른 동물의 생명도 가치가 있다고 주장하는 이들이 있다. 이들은 인권과 마찬가지로 '동물권(The Rights of Animals)'의 보호를 주장한다. 또한 걸음 더 나아가 생명의 가치의 의미를 확대해서 모든 살아 있는 생명체까지 주장하는 사람들도 있다. 이보다 더 넓게 우리가 흔히 비생물이라고 부를 수 있는 자연에까지 심지어 우주 전체에까지 생명의 의미를 확대해서 적용하는 이들도 있다.[35] 이렇게 생명의 가치

범위에 대해 생각하는 사람에 따라 달리 이해될 수 있지만, 우리가 우선적으로 고려해야 할 것은 극단적인 입장을 피하고 보다 많은 사람들이 쉽게 합의할 수 있는 점을 찾아보는 것이다. 따라서 우리는 보다 큰 조화 속에서 중용[36]을 고려해 볼 필요가 있다.

모든 생명체는 물론 자연 전체는 상생관계에 있다고 볼 수 있다. 따라서 우리는 인간에 대해서만 측은지심(惻隱之心)을 발휘할 것이 아니라, 우리의 동정심을 동식물과 비생물에까지 확대해야 할 것이다. 최근에 생태윤리학자들은 자연의 생태학적 상호연관성을 특히 강조하고 있는 것도 바로 이런 이유에서이다. 특히 지금까지의 기계론적 자연관에 대해서 최근에 환경윤리의 관점에서 재해석하려는 노력이 진행되고 있는데, 성 프란치스코(St. Francis)의 '평등사상(平等思想)'이나 슈바이처(A. Schweitzer)의 '생명(生命)에의 외경(畏敬)' 등에 대한 관심이 높아지고 있는 것이 바로 이러한 변화를 반영한다고 하겠다.

"서양의 전통적 윤리는 거의 배타적으로 인간과 인간과의 바람직한 관계만을 논해 왔고 매우 인간중심적이지만, 동양의 전통적 윤리학은 인간과 인간과의 바람직한 관계뿐만 아니라 인간과 자연과의 관계도 중시해 왔다."[37] 그러나 서양에서도 성 프란치스코, 슈바이처, 셸러, 베르그송 등은 이와 비슷한 사상을 가졌다고 볼 수 있다. 특히 슈바이저의 생명에 대한 경외 철학은 인간 아닌 생명체(동식물)의 가치와 그러한 생명체의 보호와 보존에 대한 인간의 책임을 강조하였다.

한스 요나스(H. Jonas)에 따르면, 생명은 생명 그 자체로서 가치가 있다고 보고, 생명 그 자체를 온전히 보전하는 것을 도덕적 의무요 책임이라고 보았다. 그런데 전통윤리학이 다루지 않았던 전혀 새로운 상황이 찾아왔다고 보았다. 하나는 근대적 기술 또는 기술의 힘이 사람의 행위 본질에 영향을 주었다는 것이다. 다른 하나는 생태학적 위기이다. 그는 아리스토텔레스에서 칸트에 이르기까지 다양한 철학적 이성윤리는 이러한 오늘날 생태학적 위기에 적절한 대응을 할 수 없다고 보았다. 즉 종래의 윤리학은 미래 책임이라는 기능을 충족시켜 주지 못한다는 것이다. 그래서 그는 칸트의 정언명령을 다른 형식으로 바꾸어 "너의 행위의 귀결이 지구상에서 진정한 인간의 삶의 지속과 조화를 되도록 행위하라. 너의 행위의 귀결이 미래에도 인간이 존속할 수 있게 하는 가능성을 파괴하지 않도록 행위하라."라고 하였다.

이러한 견지에서 그는 오늘날 세계의 문제가 되는 '진보나 완성의 윤리'가 아니라 '보존과 예방의 윤리'라고 한다. 생명이 현재에도 있고 미래에도 있을 것이라는 사실은 그 자체로서 선한 것인데, 이로부터 사람을 존재하게 하는 하나의 외침이 나온다고 한다. 사람의 감정영역에서 이에 상응하는 것을 한스 요나스는 '책임감'이라고 한다. 또한 그에게 있어서의 책임이란 살아남아야 하는 당위로서의 의무이다. 그렇기 때문에 오늘날 생태학적 위기에 직면한 사람들에게 존재해야 하는 의무, 즉 '책임의 윤리'는 환경윤리의 하나의 중요한 근거를 마련하였다고 볼 수 있다.

2) 생명에 대한 철학적 고찰

우선 환경을 문제 삼는다는 것은 그 관심을 '생명'에 두고 있다는 것을 말한다. 생명이 없어, 죽어 있는 것은 환경과 관계가 없다. 살아 있는 것에게서만 환경은 문제가 된다. 그리고 살아 있는 것, 생명이 존재는 기계론적이나 환원론적 사고의 대상이 아니다. "생명은 언제나 새롭게 존재할 뿐 동일, 반복 또는 일정, 불변의 자리에 있는 것이 아니기 때문이다. 그러므로 환경문제는 사고의 전환[38] 없이는 생명과 함께하는 자리에 설 수 없다. 바로 여기에 근본적으로 생명을 문제 삼으려는 철학적 요구가 있다."[39]고 하겠다.

이렇듯 "생명에 대한 본질적 이해는 그것이 진화론이든 창조론이든 궁극적으로는 결국 철학적 이해의 문제로 귀결될 수밖에 없다. 왜냐하면 실험과 관찰을 중시하는 모든 생명과학들은 그 방법론에 있어서 생명의 전체를 설명하기보다는 생명의 일부분을 설명하는 한계에 부딪히기 때문이다."[40] 따라서 생명의 부분적 설명이 과학의 몫이라면 생명의 전체적 이해는 철학의 몫이라고 할 수 있다.

생명을 이해하고자 하는 철학은 인식될 수 있는 인식 안의 대상 생명(subjective life)까지도 설명가능할 수 있느냐의 문제에 대해서는 철학적 회의에 빠질 수밖에 없는 상황에 놓이게 된다. 즉 철학은 인식 밖의 현상생명에 대해서는 설명(elucidation)힐 수 없고 다만 은유적으로 이해(appreciation)할 수 있을 뿐이다. 이처럼 생명이 대상생명이든 현상생명이든 생명의 본질에 대한 철학적 관심의 대상이 되는 것은 생명이 무엇이냐는 물음에 대해서 우리가 일의적(一義的)으로 규정할 수 없다. 왜냐하면 생명이 일회적인 것, 내면적인 것, 영혼이 깃들어 있는 것, 역동적인 것, 체험에 의해서만 이해될 수 있는 것, 따라서 초합리적인 것이기 때문이다.

또한 "생명은 기계론적 사고, 도식화하는 사고, 수학적·합리주의적 사고로는 파악될 수 없고 오로지 정서적인 느낌을 통해서 이해될 뿐이다. 생명의 의미는 셸러(M. Scheler)나 베르그송(H. Bergson)이 말한 것처럼 우리의 인식 대상이 아니다. 생명의 의미는 명증적(明證的, evident)이며, 본질직관(本質直觀, Wesensanschaung)에 의해 이해될 수 있을 뿐이다. 왜냐하면 생명은 그 무엇으로도 환원될 수 없기 때문이다."[41]

한편 생명의 가치에 대한 철학적 문제는 다음과 같이 몇 가지 나누어 제기할 수 있다.

첫째는 생명가치의 범위를 정하여 생명의 본질적인 가치에 따라서 생명의 질(qualitiness of life)을 어떻게 향상시키느냐의 문제이다. 둘째는 생명의 본질적 가치와 정도에 따라서 각각의 생명의 가치 서열(value hierarchy)을 포용할 수 있느냐의 문제이다. 그리고 셋째는 생명의 살생에 대한 적실성(適實性, stringency)의 문제로, 즉 '살생하지 말라', '살생은 나쁘다'라는 도덕적 규범을 절대적으로 준수하려고 할 때 '정당한 예외(a justified exception)'의 범위를 어떻게 수용할 것인가 하는 문제이다. 여기서 파생되는 철학적 문제는 인간의 생명가치와 인간이 아닌 다른 생명체의 가치와 또 생명체의 삶의 터전인 대지(大地)의 가치를 어떻게 조화롭게 이해하고 설명할 수 있느냐의 문제이다.

이상의 생명에 대한 세 가지 철학적 물음에 대하여 생태학적 윤리학의 선구자라고 할 수 있는 슈바이처(A. Schweitzer)[42]는 '생명에 대한 외경(Ehrfurcht vor dem Leben)'으로 설명을 대신하였다.[43] 그에 따르면, 삼라만상은 자립적이고 독자적인 존재들로서 그들 고유의 내재적 가치(intrinsic value)를 공유하고 있다는 것이다. 이는 철학적 범애주의 사상(philosophical philanthropism)의 기초를 이룬다고 할 수 있다. 이러한 범애주의적 생명관과 관련해서 우리나라의 수운(水雲) 최제우는 삼경사상(三敬思想)[44]으로 설명하고 있으며, 이는 인권과 동물권이 함께 존중되어야 한다는 최근의 환경·생명윤리학자들의 견해에 의해 잘 뒷받침되고 있다.

우리는 슈바이처나 수운이 다 같이 생명에 대한 '경(敬)'을 강조한 것은 현실적으로 실천하기 어려운 '극단적인 생명의 평등주의'를 도덕적으로 금기시하는 것이 아니라 생명의 질의 가치를 고려하면서 보다 큰 테두리 속에서 조화를 이루어야 한다는 데 숨은 뜻이 있음을 간파할 필요가 있다.

이러한 관점에서 앞에서 제기한 생명의 가치에 대한 철학적 문제에 대한 대답으로 우리는 어느 정도 다음과 같은 해답을 얻을 수 있다. 즉 첫 번째 물음인 생명가치의 적용 범위는 인간의 생명뿐만 아니라 모든 생명이 그 자신의 가치를 지니고 있다는 것이다. 두 번째 물음에 대해서는 다른 생명체도 본질적으로 가치를 지니고 있다고 할 때, 그것이 어느 정도이냐 하는 문제와 생명의 질의 가치 구분은 객관적인 근거를 가지고 있지 않고 우리의 통념과 주관에 의거한다는 것이다. 세 번째 질문은 살생을 금하는 도덕법의 적실성에 관한 것인데, 살생은 때로는 또 다른 생명의 보존을 위해 불가피한 경우 정당화될 수 있으며, 부살생(不殺生)은 절대적인 것이 아니라 적절한 대응, 즉 중용과 조화가 배려되어야 한다는 것이다. 그러나 문제는 불가피하다고 판단하는 자가 누구이며, 무엇을 불가피하다고 하느냐 하는 것은 여전히 의문이 남는다고 하겠다.

3) 생명에 대한 종교적 고찰

생명에 대한 종교적 입장과 철학적 입장을 확연히 구별 짓기는 어렵지만 생명에 대한 종교적 이해는 대체로 초월적인 생명 개념이 두드러질 수밖에 없음을 전제로 한다.

먼저 기독교적인 관점에서 살펴보면, 모든 생명은 하느님이 창조하였으며, 어떠한 생명도 인간이 인위적으로 만들어 낸 것이 아니기 때문에 인간은 기본적으로 생명에 대한 권리가 없고 다만 보전해야 할 책임만 있을 뿐이다. 그러므로 인간의 생명의 보존은 항상 모든 생물적 차원의 목숨 또는 혼을 함께 의미할 뿐만 아니라 영생에 들어가는 것을 의미하기 때문에 포괄적으로 해석해야 한다. 그 생명의 주체 모형이 하느님을 닮고, 하느님 나라이며, 하느님 속에서 삶의 영역을 정하기 때문에 생명은 자의적일 수 없고 오직 하느님의 주관 안에 속하는 것이다.

이러한 전통적 기독교의 생명관을 발전적으로 극복하기 위해 보다 진보적인 생명관을 제시한 틸리히(P. Tillich)[45]는 '생명의 다차원적 통일성'을 강조한다. 그에 따르면 생명에는 세 가지 기능이 있는데, '자기통합(self-integration)', '자기창조(self-creation)' 그리고 '자기초월(self-transcending)'이 그것인데, 이들은 통합과 분열, 창조와 파괴, 초월과 세속의 끊임없는 위협을 받으며 생명의 모호성(ambiguousness)을 갖게 된다는 것이다. 이 모호성은 성령에 의해서 극복되며, 모호하지 않은 생명창조는 존재의 실존과 본질이 합일되는 데 있고, 이 합일은 성령에 의해 이루어진다는 것이다. 이 합일의 경험이 인간의 정신 안에서는 황홀 경험으로 나타나는데, 이 상태를 한편에서는 '신앙'이라고 부르고, 다른 관점에서는 '사랑'이라고 부른다. 따라서 생명은 그리스도의 사랑인 동시에 신앙의 상징이라는 것이다.

두 번째로 불교의 생명관을 살펴보면, 생명의 본질을 가장 쉽게, 가장 가깝게, 가장 역동적으로 인식시켜 준다. 고대 인도 사상에서는 태초에 유와 무, 생과 사의 구분이 없었으며, 생명 없는 생명(life as lifeless), 공기 없이 숨 쉬는 생명, 죽어서도 죽지 않는 생명, 열반을 이룬 사람은 산 사람도 죽은 사람도 아니며, 있을 수 없는 사람이 있는 사람이기에 사람 아닌 사람 혹은 제3의 생명사람이다. 따라서 불교의 생명관은 유기물이든 무기물이든 산 사람이든 죽은 사람이든 거기에 모두 생명이 있다면 있고 없다면 없는 것이다. 이 세상 삼라만상이 곧 생명이기도 하고 아니기도 하며, 우주 만유는 곧 하나의 생명체라고 규정한다.

이와 같이 불교의 생명관은 서양의 과학적·분석적 생명관과는 근본적으로 다르며, 다만 정신적·초월적 인식의 대상으로 생명을 볼 뿐이다. 이처럼 모든 개체 생명을 초월적이며 내재적인 실체와의 관계성을 정립하는 데 초점을 맞추고 그 관계를 인과론적으로 설명하고 있는 불교의 생명관은 전통적인 생명현상 자체를 어느 정도 부정적으로 보고 있다고 할 수 있다.[46] 즉 행업(行業)에 따라서 모든 생명은 과거·현재·미래의 삼세(三世)를 연결하여 여러 가지 형태로 끊임없이 반복적으로 순환하다가 궁극에 가서 해탈(moksa)하기에 이른다고 본다. 말하자면 불교의 생명관은 행업에 따른 생명의 윤회성을 강조하고 있다고 말할 수 있다.

세 번째 유교의 생명관을 살펴보자. 유교에서의 생명관은 공자(孔子)의 가어(家語)에서 잘 나타나고 있다. 그에 의하면 도(道)에서 나누어진 것을 명(命)이라 하고, 하나에서 이루어진 것을 성(性)이라 하며, 음양(陰陽)에서 변화하여 형상으로 변화된 것을 생(生)이라 하고, 변화가 다하여 그 수(數)가 다한 것을 사(死)라고 한다. 따라서 명(命)은 성(性)의 시작이요, 사(死)는 생(生)의 종료이다. 시(始)가 있으면 반드시 종(終)이 있는 것이다. 공자의 이러한 생명관은 도(道)[47]에서 생명이 나온다고 하는 중국인의 우주관을 표현한 것이라고 할 수 있다.

한편 주자(朱子)는 생명의 기원에 대해서 "최초의 인간 생명은 기(氣)에서 형성되었으며, 음양과 오행(五行: 火, 水, 木 金, 土)의 미세한 입자들의 변화에 의해서 생명이 조화되었다."라고 하였다. 이와 같은 자연의 법칙 속에서 태어난 인간은 체(體), 혼(魂), 백(魄)의 세 요소로 구성되어 있는 것이 합쳐지면(氣合) 생명이 시작되는 것이고, 각각 음(땅)과 양(하늘)으로 흩어지면(氣散) 죽음이 끝나는 것이라고 보았다. 이와 같은 주자의 생기론(生氣論)은 후에 성리학으로 이어지

면서 생명의 기원을 이기(理氣)의 관계로 발전시켜 설명하고 있다.[48]

네 번째, 도교(道敎)에서 나타나는 노자(老子)의 생명관은 『주역 (周易)』의 사상과 매우 유사점이 많다. 노자는 먼저 생명을 중요시하는 '생생론(生生論)'[49]을 언급한다. 사람의 생명이 살아 있다는 것은 유약(柔弱: 부드러움)이고, 죽었다 함은 견강(堅强: 딱딱함)으로 구분함으로써 생사의 유무를 유견(柔堅)으로 보았다. 또한 노자는 '정송론(靜公論)'을 주장하고 있는데, 논리적 사유로서는 접근하기 어렵고 다만 '마음을 비울 대로 비워 고요함[50]을 지키는 것'을 생명의 극치를 감지하는 방법으로 제시하였다.[51]

이러한 노자의 생명에 대한 생생론과 정송론은 생명의 사회적 책임을 천도(天道)와 연결시킨 독특한 생명론이라고 할 수 있다. 또한 과도한 욕구로 손상되지 않고 어떠한 관념의 틀에도 얽매이지 않는 생명윤리를 모색하였다는 점은 현실의 불합리한 살생 상황을 비판할 수 있는 잣대로 삼기에 충분한 사상이라고 평가할 수 있다.

4) 생태중심 생명가치관으로의 전환

가치관이라고 함은 무엇을 소중한 것으로, 즉 가치로운 것으로 규정하는가에 대한 일반적인 관점을 말한다. 그런데 이러한 가치로운 것 가운데 가장 기본적인 것으로 자신의 생명에 부여하는 가치를 생각할 수 있다. 아무리 소중한 것도 자신의 생명이 존재하지 않는다면 아무런 의미도 없을 것이므로 생명의 가치야말로 그 모든 가치를 이룰 기본적인 가치가 아닐 수 없다. 따라서 그 어떠한 가치관을 가지고 있든 간에 적어도 자신의 삶을 통해 무엇인가를 구현하려는 사람에게는 자신의 생명이 가장 기본적이며 필수적인 것이라고 해야 할 것이다.

최근에 와서 환경문제의 대부분이 인간중심주의에서 비롯되었다는 인식이 확산되면서 많은 사람들이 새로운 전체론적 패러다임으로 '생태중심주의(Ecocentrism)'[52]에 관심을 갖게 되었다. 오늘날 생태중심주의는 생명 질서의 감각을 하나로 하기 위한 인간의 요구에 대한 해답을 제기하는 생태학적 세계관으로 받아들여지고 있다.

생태중심주의는 자연에 대한 생물학적 생존권을 인정하고 자연에 대한 경외사상을 바탕으로 인간과 자연의 윤리적 관계를 회복하려는 일련의 환경운동의 이념이라고 볼 수 있다. 생태중심주의는 기술개발의 필연적 결과로서 제기되는 생태학적 위기가 가져올 비관적 예언을 보다 중시한다. 생태중심주의 슬로건은 인간중심에서 생태중심이라고 할 수 있다. 인류는 지구 생태계 안에서 서로 의지하면서 살아가는 여러 종 가운데 하나일 뿐이다. 그래서 생태중심주의는 '너희들은 자연을 지배하라'를 멀리하고 오히려 인간에게 '거대한 자연의 일부로서 낮은 곳에 임하라'고 한다.

따라서 생태중심주의는 종속의 결합고리를 가진 전체 자연영역이 지구상의 모든 존재의 핵심이고, 모든 의미, 가치 및 윤리를 위한 궁극적인 참고라는 것을 가르친다. 지구 생태계는 그것이 모든 생명의 터전이요 지탱자이므로 그 자신을 위하여 가치가 부여된다. 다시 말하면 생태중심주의는 지구 위의 모든 것이 인간 이익을 위하여 있다는 것을 거부한다. 반면에 모든 것은 전체를 위하여 존재한다. 이 것이 모든 다른 것을 가지고 조화롭게 일할 때에 가상적으로 전체는 전 생물권의 생활과 구조를 지속하기 위한 저력을 가지고 있기 때문에 자연에 있는 모든 것에 최종적인 가치를 부여한다.[53]

이와 같이 인간중심주의 윤리에 대한 반성으로 나타난 동물중심주의, 생물중심주의, 자연중심주의 등을 탐구 대상으로 삼는 심층생태학, 자연의 윤리학(Natur-Ethik) 등은 모두 생태중심주의 윤리[54]를 견지하고 있으며, 인간, 동물, 식물, 산과 강, 나아가서는 자연 전체, 즉 삼라만상이 가지는 도덕적 권리를 강조한다.[55] 이렇게 볼 때 생태중심주의 윤리는 '삼라만상의 윤리(everything ethics)'라고 할 수 있으며, 근대 자연관과 인간관에 바탕을 둔 과학기술과 문화에 도전하는 반문화(counter-culture)의 윤리[56]라고 할 수 있다.

그리고 생태중심주의 윤리는 도덕적 공동체의 범위가 인간을 중심으로 보는 것이 아니라 자연을 포함한 모든 생태계와의 평화로운 공존을 통해 인간과 자연이 조화되는 공동체를 지향하면서, 대립이 아닌 상호연관을 맺는 전체적인 협동의 윤리적 관계를 세우려 하며,[57] 최종적으로는 '보살핌의 윤리'에 도달한다. 여기에서 보살핌은 언제나 부드러운 마음에 기초하여, 육체적 정신적 친밀성을 필요로 하는 것으로서 여성적 특성을 가진 윤리적 태도라고 할 수 있으며, 타자를 전제로 한 사회적 책임의 원형이라고 할 수 있다.[58] 이러한 '타자중심의 보살핌의 책임윤리'[59]는 인간 상호 간의 관계뿐만 아니라 인간과 인간 이외의 모든 존재들과의 관계까지 포괄하는 동반자적 윤리를 지향한다.

이러한 생태중심적 도덕적 태도를 갖는 것은 도덕 공동체의 성원 자격을 확장하는 보전의 윤리(conservation ethic), 땅[60]의 윤리(land ethic)를 요청한다. 또한 "생태학을 윤리학 차원에서 접근하는 생태윤리학은 생태학적 위기를 극복하기 위한 윤리학적 응답을 하고자 하는 '신윤리학(Neue Ethik)'으로서 인간과 자연의 관계에 대한 전통적인 인간중심적인 관점으로부터 탈피하여 인간 이외의 생명체, 생물 생태계 그리고 모든 생명을 가진 피조물 각각은 고유한 가치와 자기 목적을 가지고 있으며, 이들이 주체의 지위를 가지고 있다는 입장을 견지한다."[61]

특히 생태학 중에서 우리의 관심을 끄는 심층생태학(Deep Ecology)이 제기하는 생태중심주의 윤리는 환경위기에 대해 좀 더 '규범적인(normative)' 접근을 한다. 생태주의자들은 과학기술이 선사한 경제성장과 물질적 풍요에 회의를 느끼며 삶의 질에 더 많은 도덕적 가치를 부여한다. 그들은 과학과 기술이 인간의 발전을 가져오는 데는 한계를 가질 수밖에 없고, 물질과 도덕을 혼란케 하고 있다는 오류를 깨닫게 되었다. 그리하여 자연환경의 문제는 개개인의 태도변화를 촉구하는 개인윤리의 차원이 아니라 사회구조의 개선을 촉구하는 사회윤리적 차원에서 모색되어야 한다는 것이다.

우리가 인간의 생존을 위협하고 있는 환경문제의 위기에서 벗어나기 위해서는 근대 과학기술에 대한 맹신, 즉 "인간은 자연을 지배할 수 있으며, 인간의 목적에 맞추어 자연을 통제할 수 있다."는 믿음 체계, 다시 말하면 인간중심적인 사회적 패러다임에서 벗어나 생태학적 사회 인식의 패러다임을 지녀야 한다. 생태학적 패러다임은 환경문제가 현대 사회에서 인류의 생존문제와 직결되고 있음을 사회적으로 인식하면서 자연에 높은 가치를 부여하며, 일반화된 연민을 가지고 위험을 피하기 위한 사려 깊은 계획과 행동을 하며, 성장의 한계를 인식하고 완전히 새로운 형태의 사회구성과 이를 위한 새로운 정치형태를 요구한다.[62]

이에 대해 칼-오토 아펠(Karl-Otto Apel)은 전 지구적으로 타당한 보편적 규범윤리학의 정초가능성을 논의하면서 환경문제는 책임윤리학적 차원에서의 최고의 도덕성으로만 그 해결의 가능성[63]을 모색할 수 있다고 지적한다.[64] 그리하여 이제는 하나뿐인 지구와 우리를 에워싸고 있는 자연을 탐구와 개발의 대상으로만 여기지 않고 친교와 공존의 반려자로 생각하는 '생태학적 발상의 전환'이 요구되고 있다. 이와 같은 요구는 우리에게 전 지구적으로 타당한 규범윤리학을 정초하는 동시에 그에 기초한 책임 윤리학적 규범들을 실행할 것을 명령하고 있다.

이러한 생태학적 발상의 전환이 필요한 시점에서 생태중심적 윤리는 인간과 동물 그리고 식물을 포함하여 모든 생물을 도덕적으로 고려해야 할 대상으로 삼는다. 결국 생태주의적 관점에서 보자면 모든 생물은 평등하다. 모든 생명체는 자연 안에서 동등한 권리를 가지고 있고, 어떠한 개체도 일방적으로 자연을 지배하거나 정복할 권리를 가지고 있지 않다. 그리하여 그들은 모든 생명체, 군집들, 종 그리고 생물 공동체와 연결되어 있는 생태계까지 도덕적 고려의 대상에 포함시킨다. 이는 도덕적 주체의 기준이 어떤 생명체의 특정한 성질이 아니라 생명 그 자체에 있음을 보여줌으로써 도덕적 고려 대상을 식물을 포함한 생명체 전반으로 확장하려는 것이다. 도덕적 고려가 인간의 행위, 인간과 인간 상호 간의 관심이라는 측면에 한정하는 것이 아니라 생물과 생물, 생물과 비생물, 나아가서 비생물들 간의 관심과 상호관계에까지 확대된다고 볼 수 있다.

이와 같이 인간중심주의(anthropocentrism) 윤리와 대비되는 생태중심주의(eco-centrism) 윤리는 '생명중심적 평등(biocentric equality)'의 관점을 지향하는데, 이를 우리는 '생태중심 생명가치관(eco-centred life values)'이라고 부르고자 한다. 이러한 생태중심 생명가치관은 생태중심주의 윤리에 입각한 전체론적 가치관으로, 인간과 자연 그리고 생명과 환경에 대한 분절화된 개체론적 접근을 넘어서 전체론적인 접근을 통해 환경문제를 인식하고 해결해 나가고자 한다.

우리가 인간의 직관(intution)에 의해 드러나는 생명중심적 평등관에 따를 때, 생물권의 모든 존재는 생존하고, 꽃피우고 그리고 보다 넓은 '대아(大我, Self)'의 실현 안에서의 자아실현(self-realization)과 개체가 개화되는 이상에 도달할 수 있는 평등한 권리를 갖는다. 이러한 근원적 직관력은 생태계의 모든 유기체와 존재자가 서로 관련된 전체의 일부로서 내재적 가치를 지니도록 한다.[65] 이렇듯 우리 인간이 자기일체화(identification) 과정[66]의 확장을 통해 보다 넓은 차원의 자아실현을 하게 될 때 내재적 가치의 의미가 인간 이외의 다른 '생명'에게도 향하게 된다. 이렇게 되는 것은 모든 생명체가 내재적 가치, 즉 자기목적적 가치를 갖게 되고, 그에 따라 살 권리가 있기 때문이다.[67]

그러므로 우리는 생태중심주의 윤리를 토대로 하는 생태중심 생명가치관을 새로운 가치관으로 하여 인간을 인본주의의 교리와 물질주의의 악으로부터 구하는 유일한 희망으로, 인류를 포함한 모든 생명체와 지구 전체의 운명론적 입장에서 공생(symbiosis)하는 시대적 가치로 재정립할 필요가 있다. 여기에서 우리는 생태중심 생명가치관을 시대적 가치로 받아들여야 한다는 입장을 더욱 분명히 부각하기 위해 소위 인간중심적 가치관이라고 할 수 있는 '성장중심 경제가치관(Growth-centred Economy Values)'과 '생태중심 생명가치관(Eco-centred Life Values)'을 상호 비교해 보면 <표 Ⅵ-1>과 같다.[68]

표에서 살펴보는 바와 같이 이제 우리는 인간중심적이며 성장중심적인 가치관에서 생태중심 생명가치관으로의 일대 전환이 필요한 시점에 있으며, 환경, 생명, 삶, 영성, 상호 간의 관계성, 다양성과 순환성 등 의미를 되묻고 크게 훼손되었거나 상실되고 망각된 이러한 가치들의 합리성과 충돌하는 것이 아니라 확장된 합리성의 새로운 주된 요소로 재구성하고, 이를 통해 새로운 삶의 양식을 재구성하는 일이 무엇보다도 요구된다고 하겠다.

<표 Ⅵ-1> 성장중심 경제가치관과 생태중심 생명가치관

성장중심 경제가치관 (Growth-centred Economy Values)	생태중심 생명가치관 (Eco-centred Life Values)
양적, 물적 소비	삶의 질
소수 부유한 계층의 욕구	보편적인 사람의 필요
시장경쟁체제	공동체적 협력
국경 없고 규제도 없는 지구적 자유시장경제 선호	상호 연관되고 지역의 규제를 받는 시장경제 선호
다국적 소유, 지역의 특화	지역적 소유, 지역 내 다양화
국제적 종속	기초적 필요충족에 의한 자립중심
재정적, 환경으로부터 빌려와 생산, 소비(부채)	재정적, 환경적으로 보존(저축)
사회, 환경적 비용을 외부화	사회, 환경적 비용을 내부화
공개경쟁을 통해 자원에 접근	기초자원의 제거에 대한 세금부과와 규제
시장가치가 있는 기술에 대한 기업의 독점적 통제를 법적으로 보장	정보와 유용한 기술에 대한 자유로운 접근 보장
시장에 의존	시장 밖에서 공동체적 시장
차가운 경제(얼굴 없는 경제) -시장경제	따뜻한 경제(인간의 얼굴을 한 경제) -협동적 경제
국가주의	지역주의를 기반으로 하는 세계주의

3. 환경윤리교육 모형 정립을 위한 논의

1) 생태중심 생명가치관의 확립을 위한 환경윤리교육

오늘날 인류가 직면하고 있는 생태학적 위기와 그 문제의 본질을 바르게 이해하기 위한 기본적인 관점으로 아주 세분화된 전문분야로 나누어져 있는 현대 자연과학적 지식의 범람 속에서 인간의 위치와 자기정체성을 모색하기 위해서는 생명과 인간 현상에 관하여 분절화된 개별과학의 인식을 넘어서 총체적인 과학지식을 바탕에 깔고 문제인식과 문제해결에 접근해야 한다.

이에 대해 장회익[69]은 현대 자연과학 제 분야의 지식을 가능한 복합적으로 동원하여 포괄적이고 정합적인 생명관 및 인간 이해를 그려 내면서 하나의 항성과 행성 간에 유지되는 자유에너지의 흐름을 바탕으로 하나의 정교한 시공적 연계를 통해 구성하는 하나의 총체적 생명을 그는 '온생명'이라고 부른다. 그는 온생명과 개체 생명의 관계 그리고 온생명 중 단위 개체 생명을 제외한 나머지 부분을 '보생명'이라고 명명하고, 온생명, 개체 생명, 보생명 간의 상호 유기적이고 불가분리적인 관계성을 설득력 있게 전개하면서 그 논리적 결과로서 전통적인 인간중심적 세계관을 넘어서는 '온생명중심의 가치관'이 정립되어야 한다고 주장한다.

한편 한면희[70]는 새로운 생명가치관으로 호혜주의 공생 패러다임과 동양의 새로운 환경윤리에 대해 언급하면서 개제론적 접근법을 넘어선 전체론적 생명론을 동양이 품고 있는 두 가지 색채에 비추어 유기체 전일론(有機體 全一論)과 유기적 전체론(有機的 全體論)으로 나누어 전개하고 있다. 그는 '유기체 전일론'은 전체를 단일한 하나로 간주한다. 이 경우 전체를 부분들의 합으로 환원시키면 그 전체적 특성이 사라진다고 보기 때문에 개체론이 아니라고 보았다. 반면에 '유기적 전체론'은 전체가 부분들로 구성되지만, 그 부분들의 단순 합이 전체로 환원되지 않는 것은 물론 그 부분들이 저마다 특징적인 성질을 가짐으로써 고유한 역할을 수행하되, 그 역할 수행이 서로 협력적이고 공생적이라고 여긴다. 따라서 전체를 이루는 부분들의 공생적 관계가 매우 중요한 것으로 간주된다. 그러나 그렇다고 해서 전체를 개체와 같은 단일한 생명실체로 보기를 거부한다. 예컨대 지구를 숱한 유기체와 무생명체가 고유한 역할을 수행함으로써 생명에너지(biotic energy)[71]가 흐르는 대규모 장(field)으로는 간주하되, 그 장을 개별 유기체와 같은 생명실체로 보지 않는다. 이런 견해는 지구를 단일 유기체로 보지 않고, 다만 그 부분들의 유기적인 관계가 얽히고 설킨 장으로만 볼 뿐이다.

서양에서는 생명의 실체개념을 물질개념과 같은 개체로 보거나 아니면 전일적인 실체로 보거나 둘 가운데 하나이다. 그러나 동양에서는 그것을 실체로 보았다. 생명에너지를 기(氣) 또는 생기(生氣)로 본 것이다. 여기서 생명에너지(biotic energy)나 생기(生氣)는 개체 간에 형성되는 관계적 개념이며, 그에 따른 실체라고 할 수 있다. 이렇게 볼 때 20세기에 출현한 생태학은 동양의 자연이해에 걸맞은 체계라고 할 수 있으며, 이는 개체론적 특성을 띤 기존의 생물학과는 궤를 달리하는 것이라고 할 수 있다.

동양에서 기(氣)는 자연에 흐르는 것이다. 그것은 자연뿐 아니라 자연에 거주하는 자연적 존재에도 흐른다. 자연에 흐르는 기는 인체에도 흐른다.[72) 자연과 인체에 흐르는 기는 근원적으로 생명을 유지하도록 하는 생명에너지라고 할 수 있다. 근원적으로 생명존중의 조망을 취할 때, 온갖 자연적 존재가 자신이 처한 터전에서 자신에게 고유한 생태학적 역할을 수행함으로써 생태학적 기의 흐름을 원활하게 유지하는 데 기여하도록 해야 하며, 생명의 원천에서 나온 생기가 생태계 구성원 간의 관계를 통해 원활하게 흐르도록 해야 한다. 이것이 동양적인 환경보존론의 핵심이라고 할 수 있다. 그러므로 환경보전을 위한 어떤 시도도 그것은 생명의 원천과 거기에서 나오는 생명에너지의 흐름을 원활하게 하는 것이다. 다시 말하면 "환경보전은 생명의 원천(sources of life)과 그곳에서 나오는 생명에너지의 흐름을 존중하는, 즉 생기의 흐름을 존중하는 것이라고 할 수 있다."[73) 따라서 그는 생태학적 위기 극복을 위한 최선의 방안으로 분리주의 지배 패러다임에서 벗어나 동양적인 '호혜주의 공생 패러다임'으로 이행해야 한다고 주장한다.

이와 같이 최근 생태학적 위기문제와 관련해서 많은 환경윤리학자들은 동양의 사상에서 그 해결점을 찾으려고 시도하고 있다.[74) 현재와 같은 위기상황은 상당부분 서양의 인간중심사상에서 야기되었다는 점을 고려한다면 서양이 동양보다 과학과 기술에 일찍 눈을 뜨게 된 것도 따지고 보면 자연을 지배와 정복, 더 나아가서는 착취의 대상으로만 보았기 때문이며, 인간의 삶을 좀 더 편안하고 풍요롭게 하기 위하여 인간은 자연을 오직 수단과 방법으로 삼았고, 이 과정에서 자연과 환경은 무참히 짓밟힐 수밖에 없었던 것이다.

많은 환경윤리학자들이 지적하듯이 동양은 서양보다 훨씬 더 자연친화적이라고 할 수 있다. 동양의 사상은 '인간이 곧 자연이요, 자연이 곧 인간'이라는 생각에 바탕을 둔 '물활론적 세계관'[75]의 영향을 강하게 받아 왔다. 결국 중요한 것은 "인간중심적 사고가 아니라 생태중심적 사고"[76]라고 할 수 있다. 모든 인간이 평등하듯 자연의 모든 생명체는 평등한 존재라는 생태중심적 사고에 따라 자연의 질서와 가치를 인정하고 존중하는 것이 결국은 보다 나은 인간의 삶을 보장하는 전제조건이 될 것이다. 이러한 생태학적 사고는 현재 자연과학에서뿐만 아니라 철학, 정치학, 경제학 등 여러 학문분야에서 오늘의 생태학적 위기를 극복할 수 있는 대안으로 제시되고 있다.[77]

이와 같은 움직임과 함께 최근 독일의 환경정치단체인 녹색당(Green Party)에서는 환경문제를 대중적 인식 계몽의 단계를 뛰어넘어서, 환경개량주의의 긍정적 측면을 살리면서도 보다 원천적으로 환경과 생명문제를 해결하고자 하는 심층생태주의(Deep Ecologicalim) 또는 사회생태주의(Social Ecologicalism)를 제기하고 있다.[78] 이는 그들 스스로 서구중심의 생태사상으로는 새로운 생명문화를 창조할 수 없어 동양의 우주관, 특히 그중에서도 동양의 전통 사상과 고대 동서양의 샤머니즘적 자연관에서 그 해결의 뿌리를 찾으려고 하고 있음을 뜻한다.[79]

특히 심층생태주의 학자들은 환경오염의 주범은 결국 인간이며, 개개인의 가치관 즉 자연관의 오류에서 환경위기가 연유한다고 보고 인간의 생명윤리, 환경철학, 생태교육을 통한 의식개혁만이 생명가치관을 바로 세울 수 있다고 보고 있다. 이와 같은 생명사상의 맥락에서 본다면, 우리나라는 일찍이 동학사상의 영성(靈性)생명관[80]에 심층생태주의가 실천적으로 내재되어 있었다고 볼 수 있다. 이러한 영성생명관은 네 가지 생명의 본성을 들고 있는데, 즉 관계성, 다양성, 순환성, 영성이 바로 그것이다.[81]

이 가운데 특히 영성과 관련해서 환경문제에 일찍이 관심을 가졌던 앨버트 고어(A. Gore)와 네이버거(M. Neiburger) 등은 환경문제는 전 지구적이고 전 생명적인 중대사라고 강조하면서 최초로 '영성의 환경(Environment of Spirit)'[82]이라고 말한 것은 그들의 생명에 대한 인식의 방향이 동양의 생명가치관으로 향하고 있다는 중요한 단서를 제공한다고 볼 수 있다. 즉 나무, 산, 대지, 바다, 흙, 어류, 꽃 등을 단순히 환경의 대상으로 볼 것이 아니라 생명의 대상으로 보며, 그 생명의 하나하나 속에는 영성(spirituality)이 있다는 의미를 내포하고 있다는 것이다.

이러한 면에서 미래의 환경윤리학의 연구방향과 관련해 종래의 공리주의적 가치관으로부터 근본주의적 생명가치관으로의 일대 전환을 위한 윤리적 각성이 요구되고 있다. 이는 결국 인간중심의 문화체계, 소비적 욕구를 생산하는 사회구조를 바꾸기 위한 생활양식의 총체적인 변형을 요구한 것이라고 볼 수 있으며, 그 대안 세계는 자기지탱적이며 자연친화적 생산양식을 지닌 '영성적 공동체'라고 할 수 있다.[83]

여기서 우리가 영성생명관을 지향하는 '생태중심 생명가치관(Eco-centred Life Values)'을 환경윤리교육을 위한 새로운 세계관으로 받아들이고자 할 때 우리에게 요청되는 것은 이제까지의 서구중심의 기계적·과학적·분석적·도구적 세계관 그리고 자연과 인간을 가르는 이분법적 가치관에서 탈피하여 인내천(人乃天), 사인여천(事人如天), 천인지합일(天人地合一) 등 자연과 인간은 둘이 아니라 하나의 뿌리로 보는 가치관의 전환[84]이 무엇보다도 필요하다.

"생태중심 생명가치관은 인간과 동물과 식물을 포함하여 모든 생물을 도덕적으로 고려해야 할 대상으로 삼는 가장 본질적인 생태학적 접근[85]이라고 할 수 있다."[86] 생태중심 생명가치관은 인간중심적 세계관에서 탈피하여 '생태학적 양식(ecological conscience)'에 따른 도덕적 가치판단의 기준을 '생명(life)'에 두고 자연과 인간을 하나의 뿌리로 보며, 생명에 대한 도덕적 배려를 인간과 인간 이외의 모든 존재들과의 관계까지 포괄하는 동반자적 환경윤리관이라고 할 수 있다. 그러므로 이러한 생태중심 생명가치관을 확립하고자 하는 환경윤리교육은 생명에 대한 도덕적 배려의 범위를 확대함은 물론이고, 생태학적 위기 극복을 위한 윤리적 근거로 매우 적절하다고 하겠다.

2) 새로운 패러다임으로서의 생태주의적 환경윤리교육

오늘날 생태학적 위기의 원인이 인간을 일정한 가치와 도덕적 범주로 이끄는 어떤 패러다임 때문이라면 이러한 가치와 범주를 수정하지 않고는 인간의 생존환경에 결정적인 변화를 의도할 수 없다. 아마도 이러한 범주의 변화의 중심에 자연 개념이 자리잡아야 할 것

이고, 인간과 자연의 관계는 근대의 기술공학적 철학과 과학구조와
는 전혀 달리 새로이 구성되어야 한다.

  여기에서 우리에게 요청되는 것은 도덕적 가치판단의 기준을 '생
명(life)'에 두는 생태중심 생명가치관(Eco-centred Life Values)을 확
립함으로써 '생태학적으로 지속가능한 생활방식'[87]을 준비하고 형성
하는 소위 '생태학적 문해력(ecological literacy)[88]'을 함양하는 생태주
의적 환경윤리교육(Ecological Environmental Ethics Education)'으로
나아가야 한다.

  그간 행동적, 조작적 그리고 가치중립적 과학관에 근거한 '기술공
학적 환경교육'은 자연을 정복하여 개발하는 인간관 및 세계관을 지
향해 왔으며, 인간과 자연, 인간과 인간의 조화나 협력보다는 업적
위주의 경쟁체제에 입각한 환경파괴적인 삶의 방식이나 행태를 보이
기 때문에 고차원적 윤리로 발전해 오지 못했다. 따라서 단순히 환
경의 위기관리적인 '기술적 수준의 환경교육'을 넘어 진정한 생태학
적 위기 극복 및 대안 창출에 이바지할 수 있는 새로운 교육이념으
로서 '생태주의적 환경윤리교육'이 필요하며,[89] 이러한 교육을 위해서
는 인간, 자연, 환경을 동시에 배려하는 '생태중심 생명가치관(Eco-
centred Life Values)'을 확립하지 않으면 안 된다.

  그러기 위해서는 우선 인간중심적 학문과 자연중심적 학문을 통합
해 내는 일이 무엇보다도 중요하다. 왜냐히면 사회과학적 지식과 자
연과학적 지식을 통합하는 총체적인 교육이 인간의 성숙을 가져올
수 있기 때문이다. 또한 여기에서 중요한 점은 생태와 환경에 대한
책임감을 가지고 자연계와 다른 종을 대하는 데 있어 생태학적 문해

력과 도덕적 탁월함을 보이는 태도를 갖는 것이다. 이를 위해 우리는 단순한 행동변화를 위한 환경윤리교육이 아니라 가치관, 사고 및 태도 등의 변화를 지향하는 이른바 '환경적 문해력(environmental literacy)'[90] 을 기르는 교육이어야 한다.[91] 다시 말하면 '생태학적 지속가능성 (ecological sustainability)'[92]을 향한 우리의 기술과 문화와 도덕을 재정립하는 '생태학적 문해력을 함양하는 환경윤리교육'으로 전환해야 한다.[93]

특히 "생태학적 문해력을 함양하기 위해서는 '전체론적 시각(holistic view)'을 가져야 한다. 전체적 분야에서 이루어진 한 체계 안에서 관계로부터 분리되는 생명체란 존재하지 않는다."[94] 따라서 생명중심적 평등에 따른 개체와 종의 본래적 가치는 '전형태적 사고(全形態的 思考, gestalt thinking)'[95]를 통해 진지하게 고려되어야 한다. 나라는 개체는 다른 개체와의 관계 그리고 관계의 망으로서의 전체를 인식하고 연결되는 존재일 수밖에 없다. 예컨대 환경파괴와 같은 사실적 성질은 맥락 속에서 즉, 전 형태 또는 전체 속에서만 이해될 수밖에 없고, 그러한 사고 속에서 가치를 갖는다[96]고 할 수 있다.

생태학적 문해력을 함양한다는 것은 단순히 생태적 지식을 갖추는 것에 머물지 않고, 모든 생명에 대한 경외심을 기르고, 생태계의 순환질서를 존중하게 하며, 인간의 그릇된 생활방식을 통한 생명파괴에 대해 책임의식을 갖고 보살피고 보호하는 도덕적, 윤리적 태도를 갖도록 하는 것이다. 다시 말하면 자연을 지배하고 군림하려는 태도가 아니라 환경과 인간과의 관계를 바르게 이해하는 것, 이를 위해 활동을 통해 참여케 하고, 환경문제 해결에 적극 나서는 태도를 기르는 것, 그에 필요한 제반 지식, 태도, 평가능력, 참여의지 등을 길러 주는 것이다. 즉 '기술적 합리성'이 아니라 '생태학적 합리성'을 함양시키는 것이다.

이를 위해서는 모든 생명의 가치를 중시하는 생태학적 문해력을 터득하여 인간과 자연의 통일적 구조를 갖는 환경윤리교육이 이루어져야 한다. 다시 말하면 "생명과 내재적 가치, 대아실현(Self-realization)[97]을 중시하는 '생태주의적 환경윤리교육'이 필요하다."[98] 따라서 생태주의적 환경윤리교육은 인간을 생태적 공동체의 상호의존적인 성원으로 입문시키는 목적성을 가져야 한다.[99] 이러한 점에서 생태학적 공동체를 도덕적, 윤리적 공동체와 연관시키는 포괄적인 환경윤리교육이 요청된다. 이러한 교육은 자연을 보호하고 쓰레기를 줄여 주변 환경을 깨끗이 하는 협소한 차원의 인간중심적인 피상적 생태학에 머무는 것이 아니라, 좀 더 심층적이고 생태중심적인 환경교육을 통해 기본적으로 생명의 가치를 축으로 하는 생태학적 문해력을 고양시키고, 인간 미래 세대에 대한 도덕적, 윤리적 의무를 강조하는 태도를 함양하는 생태주의적 환경윤리교육이어야 함을 의미한다. 이러한 "생태주의적 환경윤리교육은 생명계에 대한 친화력을 갖는 생명애(生命愛, biophilia)를 갖게 하는 데서부터 시작할 수 있다."[100] 이를 위해서는 우리가 살고 있는 세계에 대한 즐거움 그리고 신비를 재발견하는 태도를 기르는 것이 중요하다고 하겠다.

이와 함께 "인간윤리의 가장 기본적인 원칙인 '책임(Verantwortung)'이 지금, 여기에 있는 인간과 그의 관계에만 머물지 않고 인간 이외의 자연 또한 그 자체로 존재할 가치가 있는 것으로 여겨 인간의

'책무성(Verantwortlichkeit)'을 확대하여 정의할 필요가 있다. 인간 생존의 바탕인 자연 또는 인간의 미래에는 적용되지 않는 현세적 인간 중심주의 윤리관, 즉 '자신의 행위가 보편적인 도덕률일 수 있도록 행동하라'는 칸트의 정언적 명령은 이제 '자신의 행위가 지구상에 인간이 계속 생존할 수 있도록 행동하라', '자신의 행위가 미래의 생명의 가능성을 침해하지 않도록 행동하라', '인류의 무한한 생존의 바탕을 파괴하지 않도록 행동하라', '자신의 현재 행위가 미래의 완결성을 함께 지닌 도덕률일 수 있도록 행동하라'는 것으로 바뀌어야 한다."[101]

이러한 관점에서 우리는 생태학적 문해력을 위한 환경윤리교육의 재개념화를 시도해 볼 필요가 있다. 재개념화된 환경윤리교육은 곧 지속가능한 생태주의적 환경윤리교육의 틀을 재구성하는 것이라고 할 수 있다. 생태중심적 환경윤리학의 관점에서 보았을 때 인간과 자연이 대립적 태도를 취하는 기술공학적 환경교육에 대한 반성의 연장에 선다면 생태적인 것과 도덕적인 것 그리고 과학적인 것과 미적이고 윤리적인 것을 재통합시켜야 한다. 생태학적 위기가 모두 근대적 문화의 개발중심의 신념에 도전하게 하였다는 것을 인정한다면 생태주의의 근본적 사회변화에 대한 교육적 함의는 매우 크다고 할 수 있다.

생태주의적 환경윤리교육은 한마디로 '환경에 대한(about the environ-ment)' 지식의 전달과정이나 '환경으로부터(from the environment)' 배우는 환경윤리적인 덕성을 기르는 교육만이 아니라 '환경을 위한(for the environment)' 의식 고양, 행동실천 그리고 더 나아가 '환경적인'

아니 더 정확하게는 '생태학적인 새로운 삶의 방식을 익히고 실천하는 교육'이라고 할 수 있다.[102] 그러므로 생태주의적 환경윤리교육은 학생들에게 각기 자기 스스로의 환경을 이해하고 깨닫게 하기 위한 일종의 '사회문해교육'으로서 스스로의 환경을 만드는 도덕적, 윤리적 의사결정에 대한 학생들의 인식과 의식을 높이고 나아가서는 정치적인 판단과 참여를 북돋아 환경복지와 지역공동체 차원의 교육을 지향해야 한다.

따라서 우리가 지향하는 '생태학적 문해력을 함양하는 생태주의적 환경윤리교육'은 첫째, '기존의 교육에 깃든 파괴성을 찾아내고 비판하는 교육'이어야 한다. 도구적 이성에 바탕을 둔 과학기술지상주의, 그릇된 윤리관에 바탕을 둔 인간중심주의 그리고 편협한 현세중심주의, 나아가 주어진 것으로 여겼던 지식 그 자체에 대한 비판 등 교육내용뿐만 아니라, 교육 스스로가 그동안 시대적 요청을 등한시한 몰역사적인 사회적 기능에 몰두한 교육을 비판해야 한다.

둘째, 여러 대안들의 성과를 적극적으로 받아들여 새로운 교육이념으로서 인간성의 회복, 자연과 인간과의 관계 회복을 위한 '인간다운 생존을 위한 교육'을 지향해야 한다.

셋째, 생태주의적 환경윤리교육은 그 실천에 있어 이제까지의 교육의 틀을 깨는 새로운 시도로서 행해져야 한다. 인지주의중심의 주입식 교육에서 벗어나 생태계의 위기의식을 느끼고 책임성과 윤리의식을 갖는 '생태학적 상상력과 도덕적 감수성을 높이는 교육'이어야 한다.

넷째, 생태학적 위기 극복을 위한 근본적인 '사유의 전환'을 통해 철학적, 종교적 문제로 접근해 나감으로써 모든 존재자들이 우주적 생명체계 내에서 서로 상생하고, 의존하는 유기적인 관계망을 형성하고 있다는 '생태학적 각성과 영성적 자각의 길로 안내하는 교육'이어야 한다.

여기서 우리가 특히 유념해야 할 것은 이러한 생태주의적 환경윤리교육의 주체는 '사람'이며, 인간의 도덕성에 미치는 영향이 심각하기에 생태학의 주체도 '사람'이라는 사실이다. 주체로서의 인간에게 스스로를 드러내 보여주는 자연이라는 것은 인간이 없으면 존재할 수 없는 독특한 관계에 있다고 할 수 있다. 따라서 인간 주체만이 형이상학적으로 보면 본질적이고 필연적인 타당성을 갖는 존재라고 할 수 있다.

인간이 세계 속에서 특별한 위치, 즉 생태계와 환경을 책임져야 하는 유일한 존재라는 점 그리고 인간은 지구상에 계속 존속해야 된다는 도덕적 요청을 사명으로 가져야 한다. 그렇다고 하여 인간 이외의 것을 마음대로 처분하거나 소유할 수 있는 최후의 심판자나 소유자의 입장에 있는 것은 아니다. 지구라는 거주지는 분명 인간의 목적에 쓸모가 있고, 또 인간이 자기의 필요와 욕구를 채우는 장소로 가장 적합한 생태계다. 하지만 세계가 오로지 인간의 목적만을 위해 있는 것도 아니고 인간이 하고 싶은 대로 처분하거나 바라는 대로 변형할 수 있는 것도 아니다.

그러므로 생태학적 문해력을 함양하는 생태주의적 환경윤리교육은 미래 세대의 전망을 위험스럽게 하지 않으면서 인간이 필요로 하는 것을 만족시키는 것이 중요하다. 따라서 우리는 환경윤리교육을 실천함에 있어서 바로 전인적인 교육, 사람다운 교육, 삶끼리 평화적으로 모여 살고 모든 생태적 존재와의 친화력과 상생적인 관계를 회복하는 실천교육으로 나아가야 한다. 다시 말하면 모든 생태계의 생명뿐 아니라 인간 공동체를 정상으로 돌려놓아 인간과 자연이 화해하는 새로운 삶의 방식에 입문하는 윤리교육으로 나아가야 하며, 보다 미래지향적으로 사고하고 실천하는 도덕적 삶의 공동체적 장이 되어야 한다. 그것도 환경에 대한 지식의 전달과정만이 아니라 자연과 환경 그리고 생명을 위한 의식 고양, 나아가 더 정확하게는 '지속가능한 생태학적인 삶의 방식'을 찾아 익히고 실천하는 환경윤리교육[103]이어야 한다.

3) 체계적인 환경윤리교육의 모형 정립

오늘날 생태학적 환경위기를 해결하기 위한 대안적 방법으로 '생태중심 생명가치관'의 확립은 환경의식의 전환과 함께 '지속가능한 생태주의적 환경윤리교육'으로 이어질 수 있다는 점에서 매우 실천적이면서 근원적인 방안이라고 할 수 있다.

그렇다면 앞으로 우리는 어떤 방향으로 환경윤리교육을 전개해 나갈 것인가? 이 질문에 대한 완벽한 해답을 찾는 것은 불가능하겠지만 다음과 같은 기본적인 전제를 바탕으로 할 때, 생태주의적 생명가치관을 확립하기 위한 체계적인 환경윤리교육 모형 정립에 대한 논의가 가능할 것이다.

첫 번째 전제는 생태학적 환경위기 극복의 출발점을 의식과 가치관에 두는 것이다. 대부분 환경문제의 원인이 외적으로는 산업화에 기인된 것이지만 좀 더 근원적인 차원으로 거슬러 올라가면 인간의 의식과 가치관, 즉 인간의 삶 자체에 대한 자세와 삶의 양식이 그 주된 원인이라는 분석이 가능하다. 그러므로 근원적인 해결도 이러한 의식과 가치관의 문제에서 찾을 수밖에 없다.

두 번째 전제는 이러한 의식과 가치관을 함양하고 실천적 태도로 나아가도록 하기 위한 방법을 '교육'에서 찾자는 것이다. 따라서 "교육을 전제로 할 경우에 우리는 그 대상을 체계적인 '환경윤리교육'에 둘 수밖에 없다."[104]

이러한 전제를 바탕으로 체계적인 환경윤리교육 모형 개발의 방향을 제시해 보면, 먼저 무엇보다도 환경윤리교육은 통합적인 교육을 지향해야 한다. 환경문제는 총체적인 문제이다. 그것은 공학적 문제임과 동시에 윤리적 문제이고 개인적인 문제인 동시에 사회구조적인 문제이다. 이런 이유로 그중 하나에만 주목하는 환경윤리교육은 필연적으로 실패하거나 부분적인 성과를 거둘 수밖에 없다. 이러한 한계를 극복할 수 있는 하나의 방안은 근본적인 출발점을 '총체성'으로 잡을 경우 그 해결의 폭이 넓어진다.

따라서 환경문제가 지니는 총체성을 전제로 하는 환경윤리교육은 당연히 '통합적 접근'으로 이루어져야 한다. "지금까지 환경문제를 두고 학제 간 연구가 이루어지고 있긴 하지만 여전히 환경관련 학문분야가 자연계중심의 하드웨어 쪽으로 편중되어 있음을 볼 때, 타 학문 간의 유기적 관계 속에서 연구가 이루어져야 한다. 즉 크게 보면 '환경' 관련 학문분야의 범위를 인문·사회과학 쪽으로 확대·발전시키고, 다음으로 환경관련 학문분야 중 자연계(환경공학)는 환경문제의 본질을 포괄적으로 이해하고 접근할 수 있는 '환경교양과목'으로 대폭 그 내용을 수정하여 환경유관적인 기초학문을 충분히 터득한 후에 하드웨어 쪽으로 다루어질 수 있는 연구가 선행되어야 한다."[105)]

이를 위해서는 우선, 학문적으로는 환경윤리학과 환경정책학 등 인문·사회과학이 바탕이 되고, 환경문제를 측정하거나 실제적인 해소에 필요한 환경공학도 또 다른 배경을 이루면서 환경학이 성립되어야 한다. 이에 환경윤리교육은 바로 이러한 위에서 통합적인 것이라는 점을 염두에 둔다면 장기적인 해결방안을 동시에 모색해야만 한다는 당위에 직면하게 된다. 이렇게 볼 때 환경문제에 대한 장기적인 해결책 가운데 가장 확실한 방법이 환경윤리교육이라고 할 수 있다. 다시 말해 "미래 세대를 책임지는 주체들로 하여금 환경위기의 본질을 깨닫게 하고, 그것을 바탕으로 환경문제를 해결할 수 있는 방안을 모색할 수 있는 능력과 가치관을 길러 주는 환경윤리교육만큼 확실한 담보 장치를 발견하기 어렵다."[106)]

따라서 환경윤리교육을 담당할 이들은 무엇보다도 환경위기에 대한 정확하고 객관적인 인식 능력을 보유해야 한다. 이러한 능력을 갖추기 위해서는 환경윤리학에 대한 지식적 토대가 필수적이라고 할 수 있다. 그리고 환경문제 해결을 위한 방안들에 대해 검토, 평가할 수 있는 능력과 대안을 모색할 수 있는 실천적 능력을 동시에 갖추어야 하며, 이러한 실천적 능력은 다학문적이며 통합적인 교과와의 연계성을 확보해 낼 수 있는 교육적 능력이어야 한다.[107)]

다음으로 체계적인 환경윤리교육을 위한 실천 단계에 대해 살펴보기로 하자.

오늘날 생태학적 위기를 환경윤리학적인 문제로 보기 시작한 것은 1968년 빈(Wien)에서 개최된 제10차 국제철학자대회에서 환경윤리분과가 창설되면서 세인의 관심이 되었으며, 이를 계기로 생태학자와 철학자, 윤리학자들에 의한 환경윤리에 관한 연구가 활발히 진행되게 되었다. 그 이후 지난 1970년대부터 비정부 차원의 환경운동단체(NGO)가 전 세계적으로 결성되기 시작했고, 1972년 스웨덴 스톡홀름에서 열린 유엔인간환경회의에서 사상 처음으로 '인간환경선언문'이 채택된 이후 환경윤리교육의 시급성에 대한 인식이 국제적으로 확산되기 시작하였다. 그 뒤 1975년 유고의 베오그라드에서 열린 '유엔환경교육회의'에서 '환경윤리교육의 목적'을 구체적으로 제시하였는데, 그 실천 단계는 다음과 같다.

첫　째, 환경문제에 대한 관심으로서의 모든 개인 및 단체는 환경에 대하여 깊은 관심과 감수성을 갖도록 해야 한다.

둘　째, 지식의 습득으로서 환경에 대한 기본 지식과 책임감, 사명감을 동시에 갖도록 한다.

셋　째, 환경에 대한 태도로서 환경문제에 대한 사회적 평가 자세 및 개선 의지 그리고 환경보전 활동에 자발적으로 참여하는 태도를 가지게 한다.

넷　째, 환경기술교육으로서 개인 및 단체는 환경문제를 해결할 수 있는 기능을 갖추도록 교육하고 지원하여야 한다.

다섯째, 평가력 배양으로서 모든 개인 및 단체는 환경오염 측정을 할 수 있는 능력을 배양하고 교육과정을 생태학적·경제

학적·사회학적·미학적·교육학적·윤리학적·철학적·
종교적 관점에서 평가할 수 있도록 해야 한다.

여섯째, 참여하는 모든 사람들은 환경문제에 대한 책임의식을 가
지는 동시에 생명위기의 긴급성을 인식하고 문제해결에
동참해야 한다.

이상에서 살펴본 바와 같이 앞으로 환경윤리교육의 방향은 당연히 개인 실천 윤리의 차원에서 생태중심 생명가치관, 생명의 존엄성, 환경의 연대성 인식과 관련해 생태주의적 환경윤리교육(Ecological Environmental Ethics Education)의 차원으로 전개되어야 한다. 동시에 사회실천윤리의 교육도 병행하면서 복합적인 내용 – 사회윤리적 차원, 상생적 차원, 환경보호 차원, 개별적 생명 차원, 생명의 기원, 역사·철학·종교·사회 등을 포괄하는 종합과학적 차원 – 으로 재구성하여 접근해 나가야 한다.

이를 위해서 우선, 환경교육의 일반목표를 바탕으로 환경윤리교육의 목표를 체계적 구조 모형으로 구성해 보고, 이를 통해 교육 현장에서 통합적으로 적용해 볼 수 있는 환경윤리교육의 내용과 목표 영역별 중심의 환경윤리교육의 단계를 도출해 보기로 하자.

환경윤리교육의 목표를 "인간과 자연 그리고 환경과의 상호작용을 인식하고 환경과 생명의 상호관계 이해, 분석함으로써 이를 바탕으로 환경친화적 행동양식을 선택하고 실전하여 내년화함으로써 생태중심 생명가치관을 확립하고자 하는 것"이라고 할 때, 환경윤리교육의 단계를 '환경문제 인식 – 환경현상 이해, 분석 – 환경친화적

대안 마련 및 실천 - 생태중심 생명가치관 확립'의 네 부문으로 범주화하여 이것을 환경윤리교육의 진행 방향으로 본 다음, 이 네 가지를 각각 '환경문제에 대한 사실 파악 - 환경현상에 대한 인과분석 - 환경문제 해결에 대한 자발적인 참여 - 환경친화적 가치 내면화'라는 의미로 좀 더 구체화할 수 있다.

그리고 여기에 내용영역으로 「베오그라드 헌장」(1975)과 트빌리시(Tbilisi, 1977) 회의가 제안한 환경교육 목표, 즉 환경에 대한 관심, 인식, 지식, 태도, 기능, 평가능력 및 참여라는 하위영역을 내포할 수 있다. 이를 토대로 환경윤리교육 목표 및 단계를 체계적 구조 모형으로 나타내 보면 <표 Ⅵ-2>와 같다.

<표 Ⅵ-2> 환경윤리교육 목표 및 단계의 체계적 구조 모형

목표			인간, 자연, 환경과의 상호작용 인식과 환경과 생명의 상호관계 이해, 분석을 바탕으로 환경친화적 행동양식을 선택, 실천, 내면화함으로써 생태중심 생명가치관을 확립하고자 함			
단계			환경문제 인식	환경현상 이해 및 분석	환경친화적 행동양식의 선택 및 실천	생태중심 생명가치관 확립
영역			사실 파악	인과 분석	자발적 참여	가치 내면화
내용영역	인지적영역	이해적 측면	인식·지식	• 환경문제 식별 및 오염 실태 파악 • 인간, 자연, 환경과의 상호작용 인식 • 환경과 생명간의 상호관계 이해 • 환경친화적 대안 마련 • 환경적으로 건전하고 지속가능한 균형 개발(ESSED) 이해 등			
		사고적 측면	기능·평가능력	• 환경관련 자료수집 및 해석 • 환경과 자연현상의 과학적 탐구 • 환경과 생명간의 상호관계 분석 • 환경관련 쟁점해결을 위한 의사 결정 • 환경문제 해결을 위한 자발적 참여 방법 모색 등			
	정의적 또는 심동적 영역	관심(감수성)·태도·참여		• 전체 환경에 대한 감수성(sensitivity) 형성 • 환경친화적 태도 및 행동양식의 선택과 실천, 내면화 • 환경문제 해결에 자발적으로 참여하는 자세 • 셍대중심 생명가치관 내면화 • 생태중심 생명가치관 확립 등			
배경이념 (세계관)			인간중심주의 ――――――――― 생태중심주의 (인간의 자연에 대한 우월적 지위) (인간과 자연의 조화적 지위)			
인식방법			분석적 인식 ―――――――― 총체적 인식			

표에 따르면, 환경윤리교육의 목표는 먼저, 우리 자신이 환경문제를 제대로 인식하도록 하는 데서 출발한다. 어떤 현상을 보고 문제가 있는지 없는지를 판단하는 일은 개인이나 사회에 따라 달라질 수 있지만 개인이나 사회 집단이 자신의 이해관계를 떠나 환경 자체를 있는 그대로 보고 내재된 문제를 바르게 파악할 수 있도록 하는 것이 환경윤리교육의 첫 번째 목표가 된다.

다음으로 환경현상을 이해하는 단계로 특히 환경과 생명 간의 상호작용을 올바로 이해하고 분석하는 것이 환경윤리교육의 두 번째 목표가 된다. 이 단계에서는 환경친화적 대안을 마련하고, 환경친화적 행동 양식을 선택, 실천하기 위해 문제의 원인을 정확하게 밝혀내야 하기 때문에 현상에 내재된 원인과 결과를 분석하는 과학적 탐구가 필요하다. 특히 인과관계를 분석하는 과정에는 환경현상에 대한 사실(fact), 개념(concept), 일반화된 법칙(generalization) 등 지식이 필요하다. 그다음 환경문제를 해결하기 위한 환경친화적 대안을 마련하고 자발적으로 참여하고 실천하는 것이 환경윤리교육의 세 번째 목표가 된다. 환경윤리교육의 네 번째 목표는 자발적 참여의지를 형성하는 데 필요한 환경친화적 가치를 내면화하여 궁극적으로는 생태중심 생명가치관을 확립하는 것이라고 할 수 있다.

다음으로 환경윤리교육의 배경이념, 즉 세계관은 인간중심주의 세계관과 생태중심주의 세계관으로 크게 나누어 볼 수 있는데, 지금까지 생태학적 환경위기를 야기한 산업문명은 인간중심주의 세계관에 의한 것이었다. 인간은 자연을 자신들의 행복을 위한 자원 제공처로 보고, 그 활용 정도와 방법을 자기중심적으로 결정해 왔다. 자원의 남용과 오용 및 생산과 소비의 잔재를 그대로 다시 자연에 돌리는 산업화의 잘못된 행태가 바로 환경오염의 주범이라고 볼 때, 이 문제를 해결하기 위해서는 자연이 오염된 위에 다시 회복시키려는 것이 아닌, 근본적으로 자연 자체를 하나의 '생명체'로 인정하고 존중하는 생태중심 생명가치관으로의 의식 전환이 선행되어야 한다.[108]

마지막으로 환경현상을 어떻게 인식(awareness)할 것인가 하는 방법은 교수-학습의 의미와 효율성 면에서도 매우 중요한 과제이다. 환경문제를 교과별로 나누어 보려는 방법은 실증주의의 분석적 방법론에 근거를 두고 있으나, 초교과적인 통합적 접근을 강조하는 것은 총체적 인식론에 근거를 두고 있다. 이는 각 교과별로 학문중심으로 내용을 구성할 것인가, 아니면 학습자의 경험중심으로 내용을 구성할 것인가를 결정하는 데 있어서 논리적 원천으로 작용한다.[109]

지금까지 논의된 환경윤리교육 목표의 체계적 구조 모형을 바탕으로 환경윤리교육의 내용과 목표 영역별 4단계 모형을 제시해 보면 다음과 같다

1단계는 우리 인간의 삶이 우리를 둘러싼 자연과 환경에 어떤 영향을 주고 있는가 그리고 그 환경의 변화가 우리 인간에게 어떠한 영향을 미치는가 등 인간과 자연 그리고 환경과의 상호작용을 통하여 환경문제를 인식하는 단계이다.

2단계는 우리 인간이 대량생산, 대량소비, 대량폐기로 상징되는 경제활동과 소비구조를 이대로 계속 유지할 경우, 미래 우리 인간의 생활과 환경이 어떻게 변화될지를 환경과 생명 간의 상호관계를 통

하여 환경현상을 이해하고 분석하는 단계이다.

　3단계는 지속가능한 생활을 영위하기 위해서는 개인의 생활양식과 가치관, 사회·경제적 구조를 변혁하는 것이 필요하다는 것을 인식하고, 환경친화적인 행동양식을 선택하고 실천하는 단계이다.

　4단계는 자연과 환경이 인간의 생존에 절대 불가결하다는 인식을 바탕으로, 생태학적 양식에 따른 도덕적 판단 기준을 생명에 두고 환경친화적 태도를 내면화함으로써 생태중심 생명가치관을 확립하는 단계이다.

　이를 블룸(B. S. Bloom)[110]과 킵러(R. J. Kibler) 등[111]이 제시한 교육목표분류에 따라 인지적 영역(Cognitive domain)과 정의적 영역(Affective domain) 그리고 심리운동적(심동적) 영역(Psychomotor domain)으로 나누어 제시해 보면 <그림 Ⅵ-1>과 같다.

단계	내용	인지적 영역	정의적 영역	심동적 영역
Ⅳ단계	생태중심 생명가치관 확립	종합 / 평가	인격화	
Ⅲ단계	환경친화적 행동 양식의 선택과 실천	적용	가치화 / 조직화	동작표현
Ⅱ단계	환경과 생명간의 상호 관계(환경현상) 이해, 분석	이해 / 분석	반응	적응능력
Ⅰ단계	인간, 자연, 환경과의 상호작용(환경문제) 인식	지식	감수 / 주의	반응 / 지각

〈그림 Ⅵ-1〉 환경윤리교육의 내용 및 목표 영역별 4단계 모형

위의 모형에서 제시한 바와 같이, 환경윤리교육은 인지적 영역뿐만 정의적 영역, 심동적 영역이 모두 고려되어야 한다. 그리고 이 중에서도 특히 정의적 영역이 강조되어야 한다.[112)

왜냐하면 환경윤리교육의 핵심은 환경에 대한 올바른 인식과 행동을 배워서 이것을 실천에 옮기도록 하는 것이기 때문에 지식이 갖는 가치를 결코 무시하여서도 안되지만, 환경문제 그 자체에 대한 이론적 지식보다는 그러한 지식과 이해에 기초하여 문제를 해결하는 활동에 능동적이고 적극적으로 참여하는 정의적 영역의 특성들, 즉 가치, 신념, 태도 등을 갖추게 하는 데 보다 중점을 두어야 한다. 이는 환경윤리교육이 궁극적으로 도덕적·태도적 실천으로 이어져야 함을 의미한다.

환경윤리교육의 궁극적인 목표가 삶의 질과 환경의 질을 높이기 위한 행동에 참여할 수 있는 지식과 기능 그리고 태도를 길러 생태 중심 생명가치관을 지닌 인간을 육성하는 데 있기 때문에 환경윤리교육은 인류로 하여금 지리적, 생물학적, 물리적, 사회적, 경제적 및 문화적 요소들 간의 복잡한 상호관련성을 이해하게 하고, 동시에 환경문제를 발견하고 해결하며, 환경의 질을 관리할 수 있는 지식, 기능 및 가치관과 태도를 갖추고 이를 실천하는 방향으로 나아가야 한다.

이를 종합하여 환경윤리교육에서 가장 중요한 정의적 영역을 중심으로 교수-학습 활동에 적용해 볼 수 있는 체계적인 환경윤리교육 과정의 모형을 제시해 보면 <그림 VI-2>와 같다.

단 계	과 정	내 용	교수-학습활동
제V단계	심화과정 ▲	반성 / 평가	새로운 행동수행을 위한 반성 및 평가
제IV단계	확인과정 ▲	내면화	생태중심 생명가치관 확립
제III단계	참여과정 ▲	현장 체험학습	환경친화적 행동양식의 선택과 실천
제II단계	명료화(분석)과정 ▲	계획착수	환경과 생명 간의 상호관계(환경현상) 이해, 분석
제I단계	수립과정	계획협의	인간, 자연, 환경과의 상호작용(환경문제) 인식

〈그림 VI-2〉 환경윤리교육과정의 모형

여기에서 제시하는 환경윤리교육과정의 모형은 제V장 (4) 환경윤리교육의 방법에서 언급한 바 있는 가치분석적 접근모형을 토대로 하여 환경윤리교육의 가치화 과정을 한 단계 발전시킨 것으로, 교육현장에서 일반적으로 적용해 볼 수 있는 환경윤리교육과정의 모형이라고 할 수 있다.

특히 여기서도 가장 강조되어야 할 단계는 제3단계인 '참여과정'과 제4단계인 '확인과정'으로, 이 단계에서는 학생들의 '현장체험학습'을 중시하기 때문에 학생들 스스로 환경친화적 행동양식을 선택하고 참여할 수 있는 실천의 장을 마련해 주는 데 그 주안점을 두어야 한다. 그다음 학생들로 하여금 환경친화적 태도를 내면화함으로써 생태중심 생명가치관을 확립할 수 있도록 지도하면서 마지막 심화과정을 통하여 새로운 행동수행을 위한 반성(feedback)과 평가(evaluation)가 반드시 이루어져야 한다.

4. 새로운 환경윤리교육 모형 개발의 과제와 방향

본 장에서는 우리가 직면한 생태학적 위기를 교육적으로 극복하기 위해서 앞에서 논의된 환경윤리교육의 모형을 바탕으로 앞으로 새로운 환경윤리교육의 모형을 개발하기 위한 과제와 방향을 제시해 보고자 한다.

1) 인성교육으로서의 환경윤리교육

루소는 "교육의 목적은 기계를 만드는 데에 있지 않고 인간을 만드는 데 있다."라고 하였다. 그러나 오늘날 우리 교육이 과연 인간을 만드는 교육에 충실한가 반성해 봐야 한다. 앞으로 21세기 교육은 '사람'을 만드는 데에서 더 나아가지 않으면 안 된다. 그러기 위해서는 우리는 환경윤리교육을 통하여 환경 그 자체와 환경을 구성하고 있는 여러 요소들 간의 관련성과 상호영향에 대한 인식 그리고 인간의 환경에 대한 올바른 태도와 가치관을 갖도록 하는 '인성교육'으로 나아가야 한다.

최초의 국제환경교육학회(1977)에서는 환경교육의 기본 목적을 모든 사람이 다양한 형태의 자연환경과 인위적으로 이룩한 환경, 즉 사회적, 경제적 및 문화적 환경 간의 복잡한 상호관련성을 인식하게 하는 데 두었다. 그러므로 자연, 인간 및 문화 환경의 상호관련성을 이해하고 인간과 자연의 생명을 존중할 줄 아는 태도와 가치관을 기르는 환경윤리교육은 바로 인성교육과 그 맥을 같이한다.

이와 같이 환경윤리교육은 생태학적 환경위기의 문제가 더욱 심각해지는 산업사회에서 인간다운 삶에 대한 욕구를 충족시켜 주는 생존을 위한 교육, 삶의 질을 높이는 교육이면서 현재 생태학적 환경위기 문제와 미래에 도래할 환경문제를 해결하고자 하는 미래지향적, 목표지향적, 가치지향적, 행동지향적인 '전인교육(全人敎育)'의 일환이라고 할 수 있다.

교육에서 추구하는 목표가 인간다운 삶과 인간의 삶의 질 향상에 기여하는 바람직한 민주시민을 길러 내는 데 있다면, 이는 인간과 자연 그리고 환경과의 역동적 상호관계성에 대한 올바른 이해와 환경친화적 태도와 가치관을 길러 이를 행동으로 옮김으로써 인간의 삶의 질과 환경의 질 향상에 기여하는 바람직한 인간을 길러 내고자 하는 환경교육의 목표와도 부합된다고 볼 수 있다. 특히 이러한 목표는 우리나라 제7차 교육과정에서 추구하는 다섯 가지 인간상[113] 가운데 '민주 시민 의식을 기초로 공동체 발전에 공헌하는 사람'을 기르는 목표와도 관련이 깊다고 할 수 있다.

환경윤리교육은 궁극적으로 '환경에 대한 교육, 환경 내에서의 교육'에서 '환경을 위한 교육'을 지향하는 것으로, 교육을 통하여 현재의 세대뿐만 아니라 다음 세대에게 환경에 대한 올바른 인식과 가치관을 갖게 함으로써 그들의 건전한 인격 형성은 물론, 우리가 당면한 현재의 생태학적 환경위기 문제를 극복하고 미연에 방지하여 환경과 삶의 질을 높이도록 하는 데 있다. 따라서 민주 시민 의식의 형식(formality)에 환경에 대한 올바른 인식과 가치관을 내용(contents)으로 하고, 공동체의 발전의 의미를 사회에서 생태계로 확대하여 이에 공헌하는 사람을 길러 내는 것이 환경윤리교육을 통해 기대하는 인간상이라고 할 수 있다.

환경윤리교육은 환경과 생명문제의 심각성을 깨닫게 하고 인간과 환경 그리고 자연과의 상호작용을 인식하고 인간과 자연 그리고 환경과 생명에 대한 올바른 태도와 가치관을 갖게 하여 궁극적으로는 인간성을 회복하는 차원으로 끌어올려야 한다. 다시 말하면 지금까지 전개되어 온 환경교육의 범위를 넓혀 환경과 생명을 바라보는 시각을 단순한 환경보호나 환경보전의 차원을 넘어 '인간과 자연이 공존하는 삶'의 차원으로 끌어올려야 한다.

교육은 삶을 살리는 일이다. 또한 교육은 기본적으로 삶의 조화를 배우게 하는 것이다. 하지만 오늘날 우리 교육은 삶을 살리기보다는 오히려 삶을 황폐화시키는 경쟁만을 강조하고 있다. 경쟁의 논리가 판을 치는 현 사회에서는 결코 진정한 삶의 양식, 즉 생명을 존중하는 삶의 양식을 찾을 수 없다. 따라서 '죽음과 죽임의 반생명 문화'로부터 '살림의 문화', 살아 있는 모든 생명과의 조화를 이루는 문화

를 지향하는 인간관이 선행되어야 한다.[114]

우리는 모든 생명체가 자연과 상생관계에 있음을 알고 인간과 자연의 관계가 동반자적 협력관계, 연대공동체임을 깨달아야 한다. 다시 말하면 있는 그대로의 모습과 살아 있는 모든 것을 축으로 하는 생태학적인 삶에 중점을 두고 그 영역을 좁게는 나를 포함해서 넓게는 자연, 지구 더 나아가 우주 전체에 관심을 두어야 한다. 레오폴드(A. Leopold)[115]가 그의 저서 『대지윤리(The Land Ethics)』에서 주장하듯이 인간의 윤리적 책임은 인간에서 벗어나 땅 위에 있는 모든 것에로 확대되어야 할 것이며, 만물의 공생(symbioses)을 도모해야 할 것이다. 이것이 바로 생태학적 윤리학의 출발점이며, 삶을 살리는 인성교육이며, 인간교육이라고 할 수 있다. 따라서 우리는 환경윤리교육을 통해 인간성을 회복시키는 인성교육으로 나아가야 할 것이다.

2) 생명교육으로서의 환경윤리교육

그간 우리는 '환경' 또는 '생명'을 인간중심적으로 사고해 왔다. 우리는 흔히 인간, 동물, 식물, 비생물 간에 질적 차이가 있다고 생각하지만, 이들 간의 차이는 사실 아주 작을 뿐만 아니라 그 차이를 판정하는 기준은 매우 주관적이라고 할 수 있다. 하지만 주체와 객체를 서로 분리하지 않고 모두가 '하나'라는 유기체적인 사고로 환경과 생명을 파악할 필요가 있다. 우리는 서양의 근세 사상의 주관과 객관, 자연과 인간, 정신과 육체의 이분법적 사고로부터 벗어나 우리 인간도 자연의 일부분이라는 것을 환경윤리교육을 통해 배워야 한다.

우리는 모든 생명체와 자연은 인간을 위한 도구로서만 의미 있는 것이 아니라, 그 자체의 고유한 가치와 존재 이유를 충분히 가지고 있다는 것을 인정해야 하며, 우리 인간의 책임은 동물보호뿐만 아니라 식물과 비생물에 이르기까지 그 범위를 확대해야 한다. 슈바이처는 '생명보전'[116]에 대해 "윤리학은 살아 있는 모든 것에 대해 무한 책임을 지는 것을 가르친다."[117]라고 하였다. 우리 인간이 다른 생명체의 희생으로 살아갈 수밖에 없다면 인간도 다른 생명체를 위해 자신의 불이익과 희생을 감수해야 한다. 우리는 절제할 줄 아는 삶 속에서 우리를 살리고 자연을 살리고 생명을 소중히 여기는 법을 환경윤리교육을 통해서 배우고 실천해야 한다.

"우리는 인간 아닌 존재들이 어떤 권리를 가지고 있는가를 확인할 방법은 모르지만 의식을 상실한 사람, 죽은 사람, 아직 태어나지 않은 사람들의 생명권을 존중해야 한다고 생각하듯이, 비인간적인 존재의 생존권도 존중할 줄 알아야 하며 이에 대해 책임을 질 줄 아는 것을 가르치는 것이야말로 생명교육의 핵심이라고 할 수 있다. 이러한 교육은 인간의 삶의 편리를 위한 것이 아니라 자연에 대한 외경심과 자연에 존재하는 모든 생명을 내재적 가치를 가진 존재로 간주하는 '자연존중(respect for nature)'의 태도를 채택하는 것을 의미한다."[118] 그러므로 우리는 생태학적 환경위기 문제에 대응하고 이를 극복하기 위해서 환경윤리교육을 통하여 자라나는 세대들에게 환경과 생명문제의 심각성을 일깨우고 나아가 환경과 생명과의 상호관련성을 이해시켜 환경친화적 태도와 가치관을 심어 주는 생명교육을 지향해야 한다.

생명교육은 환경과 생명에 '대한' 지식 전달과정에서 그치지 않고 환경과 생명을 '위한' 의식을 높이고, 행동으로 실천하고, 더 나아가서는 '환경적인', 아니 더 정확하게는 '생태학적인' 새로운 삶의 방식을 찾아 익히는 교육이라고 할 수 있다. 이러한 생명교육을 통해서 환경과 생명이라는 주제의 구조적 이해뿐만 아니라 그 극복을 위한 실천이 자라나는 아이들의 삶의 한복판, 나날의 삶의 모든 구석구석에서 시작될 수 있도록 해야 한다. 또한 그 교육방법도 어떤 새로운 정보나 내용을 머릿속에 넣어 주는 주입식 방식이 아니라, 관계적 사고(relation thinking)를 할 수 있는 연관교육(connection education)을 통해 가슴과 손발이 함께 따르는 실천으로 이어지도록 해야 한다.[119] 그리고 생명교육의 모든 과정이 구체적인 '삶'의 자리에서 이루어지되 '사람'끼리는 물론, 자연과 인간의 진정한 공동체, 즉 '상생의 공동체'를 지향하는 만남과 사귐, 곧 '되살림'의 과정으로 진행되어야 한다.

한 예로 최근 우리나라에서 생태적 교육이념을 표방하면서 1999년 문을 연 푸른꿈고등학교[120]는 교육의 위기에 대한 대안을 찾는 학교로, 자연과 인간이 화해하고 생명의 존엄성을 회복하는 일에 헌신하는 인간을 기르는 생명교육을 실천하는 대표적 사례라고 할 수 있다. 푸른꿈고등학교에서 지향하는 교육은 생명의 가치를 일깨우는 교육, 즉 생명현상에서 삶의 원리를 깨우치고, 자연계의 모든 생명의 소중함을 발견하며, 나아가 모든 인간의 평등함을 배우고, 자연과 인

320

간, 인간과 인간이 공동체임을 인식하여 생태계가 함께 살아갈 수 있는 교육을 실현하고자 한다. 비록 대안학교의 한 형태를 띠고 있지만 앞으로 이러한 교육이념은 인류가 처한 생태학적 위기를 극복할 수 있도록 학생들로 하여금 자연과 인간, 사회와 역사를 바라보는 시각을 생태적으로 전환시켜 생명가치관과 그에 맞는 삶의 태도와 양식을 길러 낼 것으로 기대된다.

3) 생태학적 감수성과 상상력을 함양하는 교육으로서의 환경윤리 교육

근대 철학은 인간의 이성이 합리적 문화를 가능케 할 것이라는 믿음을 가지며 이성을 중시하였다. 여기서 '이성'이라 함은 감성과 분리 혹은 대립되는 것으로 파악하고 있는 이성이며, 인간의 '이성적 능력'이라 함은 머리로 판단하는, 머리로 인식하는 이성인 것이다. 그러나 인간이 세계를 판단, 인식, 수용할 수 있는 길은 머리를 통한 것만이 아니다. 인간의 이성과 감성, 감각은 몸 전체로의 지각과 판단의 통합적 작용으로 함께 작용할 때 비로소 온전한 것이라고 할 수 있다. 즉 이는 칸트의 도식에 따라 볼 때, 진위를 분별·판단하는 오성, 실천도덕을 판단하는 이성, 아름다움을 판단하는 미적 판단력이 함께 작동하고 기능할 때 비로소 온전한 것이라는 것이다. 따라서 이제는 머리로서의 세계를 인식할 뿐만 아니라 그동안 경시되어 왔던 몸 전체로의 지각능력인 오감을 계발하고 감각적 인식[121]

을 중시해야 한다.[122]

그리고 "새로운 생태적 사회를 위해서는 인간과 자연, 인간과 사회, 인간 자신, 지구의 모든 생명체와 비생명체에 이르기까지 이들의 상호연관성과 관계에 대한 생태학적 사고[123]가 필요하다. 이러한 생태학적 사고는 환경문제에 대해서 단지 지식적으로 아는 것뿐만 아니라 태도 및 가치관에 영향을 끼칠 수 있는 생태학적 감수성과 상상력에서 나온다."[124]

패스모어(J. Passmore)는 근대문화를 지배하는 탐욕과 물질주의를 극복하기 위한 하나의 장치로 '감수성(sensitivity)'을 강조한 바 있다. 그는 "소비중심사회의 물질적 탐욕을 한탄하면서 세계에 대한 새로운 감수성 있는 태도가 필요하며, 환경위기에 의해 요구되는 '새로운 윤리'에서는 심미적 가치가 중요한 역할을 담당해야 한다."[125]라고 하였다.

또한 데이비드 오어(D. W. Orr)는 "앞으로의 교육은 지금보다도 훨씬 많이 생태학적 상상력을 갖추고, 생태적 가능성에 대한 그들의 개념을 넓혀 줄 새로운 비전을 갖출 필요가 있다."라고 역설하였다. 그는 "우리 자신에 대한 좀 더 깊은 생태적 시각을 통하여 우리의 감각을 넓히고, 생태적으로 지속가능하고 공정한 공동체와 사회와 세계 질서를 세우기 위하여 젊은이들이 수행해야 할 일을 준비시켜 주는 교육이어야 한다."[126]라고 하였다.

우리는 자연의 아름다움을 누릴 줄 알아야 한다. 자연의 아름다움을 완성하면서 생명의 신비를 느끼며, 생명의 존귀함을 배우며, 우리의 생존을 감사하게 생각하고 안식을 찾는다. 자연을 우러러 볼 줄 아는 이는 생명을 사랑하고 자연을 감히 훼손시키지 못한다. 그러므로 미학적 감상능력의 배양이야말로 생명에 대한 외경심을 길러 주며, 생명보전의 지름길이라고 할 수 있다. 특히 종교적 차원에서 본다면, 인간은 모든 생명체를 살게 해 주시는 하느님의 창조사업의 조력자이며 착한 목자로서 자연의 파수꾼 역할을 하는 자이다. 인간은 자연의 한 부분이며, 자연은 인간을 구성하고 있는 인간 존재의 한 부분으로 인간 자신의 실존적 완성의 한 요소이기도 하다. 따라서 "우리는 생명보전을 위해서도 이러한 미학적 감상능력의 배양을 통해 생명의 터전인 자연을 온전하게 보전하지 않으면 안 된다."[127)

우리는 그간 오랜 역사를 통해 샤머니즘의 전통과 문화 속에서 살아오면서 점차 물질문명과 합리주의의 흐름 속에서 분명한 것들만 추구하게 되었고, 이로 인해 불분명하거나 합리적이지 않은 것들은 그 가지들을 잘라 버림으로써 오늘에 이르게 되었다. 하지만 이렇게 분명한 것들만 추구하는 삶의 양식은 결국 자연과 생명에 대한 우리의 풍부한 상상력을 축소시켜 온 결과를 가져왔으며, 이러한 상상력의 축소는 곧 자연에 존재하는 모든 생명에 대한 외경심을 동시에 축소시키는 결과를 가져왔다고 본다.

이러한 관점에서 볼 때, 오늘날 우리의 환경교육 역시 여전히 '환경문맹(eco-illiteracy)'의 테두리에서 크게 벗어나지 못하고 있다. 일반석으로 환경오염과 같은 부정적 측면이나 무엇이 잘못되었는가를 깨닫게 하는 인지적 측면의 교육은 어느 정도 이루어져 왔지만 환경윤리교육의 핵심적 목표라고 할 수 있는 정의적 목표, 다시 말하면 자연의 아름다움이나 경외감에 대한 교육[128)은 아직도 미흡하다고 할 수 있다.

지금까지의 환경교육은 '뒤를 쫓아가며 설명하는 식'의 교수법이나 합성세제를 푼 물에 물고기를 넣어 죽어 가는 모습을 관찰하는 식의 '모순된 충격요법식' 교육이었다면, 앞으로의 환경윤리교육은 자연의 아름다움과 생명의 신비함, 자연과 인간과의 관계 그리고 인간 자신이 생명을 파괴하면서 만들어 낸 인공적 환경과의 관계까지도 알게 하는 교육이어야 한다. 그리고 인간의 형성과정과 함께 생명윤리적 경외감에 토대를 둔 자연체험 학습 등으로 환경교육의 범위를 재구성해야 한다. 그러기 위해서는 지구의 역사 속에서 지구의 주인은 우리가 아니라 살아 있는 모든 생명체임을 깨닫게 하는 생태주의적 환경윤리교육이 반드시 전제되어 한다. 생태주의적 환경윤리교육은 그 실천에 있어 이제까지의 교육의 틀을 깨는 새로운 시도로서 행해져야 하며, 지금까지의 인지주의중심의 주입식 교육에서 벗어나 생태계의 위기의식을 느끼고 책임성과 윤리의식을 갖는 '생태학적 상상력과 도덕적 감수성을 높이는 교육'이어야 한다.

4) 생태적 각성과 영성 회복을 위한
교육으로서의 환경윤리교육

오늘날 생태학적 위기는 자연을 파괴한 인간에 대해 새로운 가치관으로의 변화, 즉 생태학적 각성을 요구하고 있다. 이러한 생태학적 각성은 철저한 자기수련과 깨달음, 다시 말하면 종교를 통한 영성 회복[129]을 통해서 가능할 것이다. 특히 "영적인 경건과 탐욕에 대한 절제, 선택한 가난, 주체적인 청빈 그리고 천박한 유물주의로부터 탈피는 그대로 종교성을 의미한다고 볼 수 있다."[130] 따라서 종교가 가지고 있는 보다 철저한 자기수련과 경건, 절제와 신앙심은 오늘날 생태적 각성과 함께 영성을 회복하는 데 매우 중요한 모티브를 제공해 준다고 할 수 있다.

에리히 프롬(E. Fromm)[131]은 그의 『정신분석과 종교』에서 종교의 원천을 인간 실존 그 자체의 특이성에서 찾고 있다. 세계의 모든 존재들 가운데서 인간만이 존재할 뿐만 아니라 스스로의 존재를 의식하는 존재이다. 그럼으로써 인간은 다른 존재들에게서 찾아보기 어려운 존재와 의식의 괴리라는 현상을 경험한다. 인간은 자연의 일부이지만 동시에 의식을 통해 자연을 벗어나는 존재이다. 인간만이 자연과의 조화 혹은 평형상태(equilibrium)로부터 이탈하는 존재라는 것이다. 이것은 인간의 특권이자 저주이기도 하다. 프롬에 의하면 이것이 인간 실존이 지니고 있는 최대의 문제이며, 종교는 바로 이 문제를 해결하려는 시도라고 본다. 종교의 모든 노력은 궁극적으로 이 깨어진 평형상태, 잃어버린 고향을 되찾기 위한 끊임없는 노력, 아니면 그 결손을 메워 보려는 노력이며 새로운 통합을 이룬 온전한 존재가 되려는 노력이라는 것이다.

진헌호는 "참된 삶을 찾는 것은 히느님이 계심을 받아들이는 것에서 그리고 그분이 모든 가치척도와 관계의 중심임을 인정하는 것에서부터 시작해야 한다."[132]라고 하였다. 이 시대를 구제할 수 있는 것은 하느님과 생생한 관계를 계속 유지하고 있는 양심을 갖춘 사람에 의해서이다. 인간의 정신을 산만하게 하고 겉치레에만 시간과 에너지를 소모하는 이 시대의 경향을 극복하는 데는 수덕적(修德的)[133] 영성(靈性)[134]이 큰 역할을 할 수 있다.

여기에서 '영성(혹은 성령, spirituality)'[135]이란 생명인 동시에 생명이 충만한 길이며 영으로 충만한 삶의 길이라고 할 수 있다. 이 길은 우리 중의 어느 특정한 이에게 속해 있지 않고 우리 모두에게 속해 있으며, 우리 모두가 이를 공유하고 있다.[136] "영성은 우리를 내세적인 사람으로 만들지 않고 우리를 더욱 충만히 살아 움직이게 한다. 영성의 길은 표면에서 심연으로, '외연적인 사람'에서 '내면적인 사람'으로, 사적이고 개인적인 것에서 철저하게 공동체적인 것으로 나아가는 길"[137]이라고 할 수 있다.

그런데 오늘날 소위 자연환경의 파괴로 그 모습을 드러내기 시작한 생태학적 위기는 곧 생태계 내의 인간의 삶의 위기이며, 삶의 존재방식 자체의 변화를 촉구하는 생명의 위기, 영성의 위기로 인식되기 시작하였다. 이러한 위기는 우리에게 세계관, 가치, 삶의 태도 등에 대한 철저한 반성적 성찰을 요구하고 있다. 다시 말하면 인간에게 주어진 정신에 대한 책임과 자연에 대한 지나침과 잘못 사용에 대한 생태적 각성과 영성 회복을 촉구하고 있다.

여기서 우리는 생태학적 위기를 극복할 수 있는 방안으로 생태적 각성과 영성 회복을 위한 자기수련(修行 혹은 修德, askese)을 제안해 볼 수 있다.[138] '자기수련(自己修鍊)'이란 인간이 되기를 결정하는 것이다. 자기수련은 인간의 본능을 나쁜 것이라고 규정짓는 것이 아니라 본능의 질서를 바로잡는 것을 의미한다. '인간 본능' 자체는 생명의 힘으로서 중립적인 것이고 좋은 것이다. 이때 '수련(혹은 수행)'이란 인간의 본능을 거슬러 싸우는 것을 의미하는 것이 아니라 본능이 매일의 다양한 생활에서 순간마다 질서 있게 활동하도록 하는 것을 의미한다.

수련은 우리로 하여금 몸을 건강하게 하는 만큼 정신도 건강하게 한다. 수련을 하면서 몸과 정신이 하나라는 것은 이론이 아니라 체험으로 증명된다.[139] 이런 면에서 수련은 신비주의가 아닌 철저한 경험적 증명주의라고 할 수 있다. 그리고 "수련은 나눔의 문화를 향하며 합리적으로 나누고 더불어 살 수 있는 능력을 증진시켜 준다. 수련에서 말하는 건강은 개인의 육체적 건강과 정신적 건강 그리고 사회적 건강의 어우러짐을 말한다. 이는 내 안에 타자, 온 우주가 들어와 있기에 나를 둘러싼 외부세계의 아픔이 더 이상 나와 상관없는 남의 아픔만은 아님을 의미한다."[140] 따라서 우리는 수련을 통하여 인간과 자연이 상생하며 공생·공영하는 새로운 삶의 방식으로 나아갈 수 있다는 가능성을 발견하게 된다.

'영성'이란 '깨친 마음'을 의미한다. 그러므로 생명의 감수성, 모든 존재에 대한 생명 연대의 감수성을 회복하면서 인간과 자연의 일체를 자각하는 생태적 각성이야말로 수련을 통한 영성 회복의 첫걸음이 될 수 있다. 그리고 이러한 수련이 생명 연대의 감수성이 살아 있는 속에서의 자타에 대한 객관적 성찰을 수반하는 행위라면 영성 회복을 위한 수행은 곧 지행합일(知行合一)을 의미한다. 바로 이러한 점에서 수련은 생명의 감수성을 회복하고 생명을 중심으로 인간과 자연이 함께 어우러짐을 깨달아 서로 상생하는 삶의 방식을 배우고 실천하는 것이라고 할 수 있다. 그러므로 우리는 자기수련을 통한 생태적 각성과 깨달음, 즉 자기수련을 통한 영성 회복을 위한 환경윤리교육은 생태학적 위기 극복을 위한 근본적인 '사유의 전환'을 통해 철학적, 종교적 문제로 접근해 나감으로써 모든 존재자들이 우주적 생명체계 내에서 서로 상생하고, 의존하는 유기적인 관계망을 형성하고 있다는 '영성적 자각의 길로 안내하는 교육'이라고 할 수 있다.

지금까지 제시된 새로운 환경윤리교육 모형 개발을 위한 과제와 방향을 종합적으로 정리해 보면 다음과 같다.

첫째 환경윤리교육은 새로운 교육이념으로서 인간성의 회복, 자연과 인간과의 관계를 회복하는 '인간다운 생존을 위한 교육', 즉 '인성교육'을 지향해야 한다.

둘째, 환경윤리교육은 모든 생명체와 자연의 고유한 가치를 인정하는 인성교육을 지향하면서 인간의 윤리적 책임 범위를 확대해서 자연을 생명의 터전으로 끌어들이는 '생명교육'으로 나아가야 한다.

셋째, 환경윤리교육은 생태학적 사고를 통하여 자연의 아름다움과 생명에 대한 경외감을 일깨워 주는 생태학적 감수성과 상상력을 길러 주는 교육이어야 한다.

넷째, 환경윤리교육은 생태적 각성을 통한 깨달음, 즉 자기수련을 통해 영성을 회복하는 교육이어야 한다.

이러한 교육은 상호 유기적으로 관련성을 유지하면서 통합적으로 접근할 필요가 있다. 이를 새로운 환경윤리교육 모형 개발을 위한 네 가지 과제와 방향으로 나타내면 <그림 Ⅵ-3>과 같다.

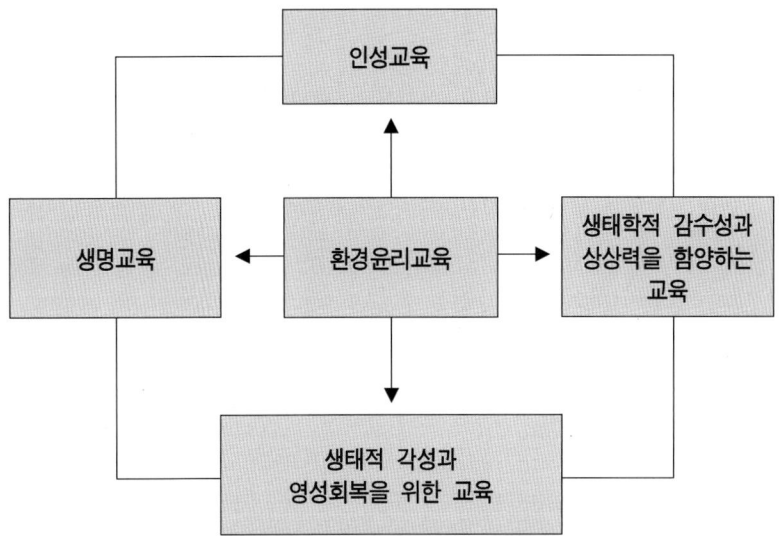

〈그림 Ⅵ-3〉 새로운 환경윤리교육 모형 개발의 과제와 방향

1) 환경윤리에 관한 대표적인 연구들을 열거하면, A. Leopold, *A Sand County Almanac*(1966); A. Naess, *The Shallow and Deep, Long-Range Ecology Movement.*(1973); R. Routley, *"Is There a Need for a New, an Environmental, Ethic?"*(1973); A. Cahn, *A Search for Environmental Ethics* (1978); W. K. Frankena, *Ethics and environment*(1979); J. Passmore, *Man's Responsibility for Nature*(1980); D. Birnbacher, *A Priority Rule for Environmental Ethics*(1982); R. Attfield, *The Ethics of Environmental Concern*(1983); H. J. McCloskey, *Ecological Ethics and Politics*(1983); P. Taylor, *Respect for Nature*(1986); *P.* Wenz, *Environmental justice*(1988); E. C. Hargrove, *Foundations of Environmental Ethics*(1989); J. B. Callicott, *In Defense of the Land Ethics*(1989); P. E. O'sullivan, *Environmental Science and Environmental Philosophy*(1991); S. Sterling, *Towards an ecological world view*(1992); J. R. DesJardins, *Environmental Ethics*(1993); R. Elliot, *Environmental Ethics*(1993); D. R. Joseph, *Environmental Ethics*(1993); A. Naess, *Ecology, Community, and Lifestyle* (1993); Zimmerman et al., *Environmental Philosophy*(1993); R. A. Young, Healing The Earth: *A Theocentric Perspective on Environmental Problems and Their Solutions*(1994); G. Session, *Deep Ecology for 21th Century* (1995); E. C. Hargrove, *Is Environmental Ethic Radical or Traditional?* (1998); J. B. Callicott, Beyond the Land Ethic: More Essays in Environmental Philosophy(1999) 등을 들 수 있다.

2) 우리나라에서 환경윤리를 연구하는 학자들로는 진교훈(1989), 김준호(1992), 추병완(1992), 박이문(1994), 황경식(1994), 심성보(1995), 구승회(1995, 1997), 김명식(1995, 1999), 장회익(1995), 김동규(1996), 문종길(1996), 최근덕(1996), 이종관(1996), 유승국(1996), 이진우(1996), 정화열(1996), 한면희(1997), 양명수(1997), 이인재(1997), 김인호(1998), 정수복(1998), 허재윤(1998), 장춘익(1999), 배영기(1999), 신덕룡(1999), 김양현(1999), 최문기(1999), 유정길(2000), 이규선(2000), 이동환(2000) 등을 들 수 있다.

3) 현재 전국 환경교육과가 설치 운영되는 곳은 한국교원대, 공주대, 순천대, 대구대 등 4곳이며, 환경관련학과(학과명에 '환경'을 포함하고 있는 모든 학과)의 수는 1999년 기준으로 2년제 대학은 116개, 4년제 대학은

237개이며, 교육대학원의 환경교육전공이 설치된 곳은 15개교에 이른다. 최석진, 우리나라 환경교육의 현황과 발전, 대구환경교육센터 창립기념 자료집, 2001, p.18.

4) 한국교원대, 공주대, 순천대 등 환경교육과 학부 교육과정의 경우, 환경 윤리 및 철학과목이 교과영역 필수로 지정되어 있으며, 서울대 대학원 환경교육전공 교과과정에는 환경교육세미나에서 환경윤리와 환경문제를 다루고 있다.

5) 제7차 교육과정에 따르면, '환경윤리' 영역으로 환경관, 생물윤리, 환경 에 대한 감수성 등 내용이 포함되어 있다. 국어과의 경우, 전 학년에 걸 쳐 환경윤리에 대한 글을 읽고 쓰는 활동을 중요하게 제시하고 있다. 도 덕과의 경우에는 사회성원으로서의 윤리의식을 강조하면서 환경윤리에 대한 내용을 다루고 있다. 그리고 과학과의 경우, 자연의 관찰을 통해 자연환경의 다양성과 아름다움, 신비로움 등 감수성을 키우는 활동이 많 이 제시되고 있다. 실과에서는 임신과 출산, 육아에 이르기까지 생명체 의 탄생과 성장을 다루면서 환경에의 감수성과 윤리적 측면의 접근을 시도하고 있다. 또한 미술과에서도 자연의 색이나 아름다운 풍경 등을 활동으로 부각하여 환경에의 감수성을 키우는 측면으로 접근하고 있다. 최석진 외 3인, 「학교환경교육의 체계적 접근방안」, 『환경교육』, 제12권 1호, 한국환경교육학회, 1999, p.36.

6) 1997년 12월에 한 환경단체가 서울시 초중고 교사 140명을 대상으로 실 시한 환경교육과 관련된 설문조사에 따르면, 현재 일부 학교에서 실시 중 인 환경교육은 환경실습교육(56.4%)과 환경윤리철학(37.9%) 등을 강조하 는 방향으로 개선되어야 한다고 응답했다. 최병두, 앞의 책, pp.387-388.

7) 추병완 외, 『윤리학과 도덕교육』(서울: 인간사랑, 2000), p.394.

8) 추병완 외, 위의 책, pp.375-376.

9) 생태마르크스주의에 대한 전체적인 소개는 J. O'conner, *Capitalism, Nature, Socialism: A Theoretical Introduction*, A Journal of Socialist Ecology, vol.1, 1989, pp.11-39. 참조.

10) P. W. Taylor, 앞의 책, p.3.

11) H. Jonas, 이진우 역, 『책임의 원칙: 기술 시대의 생태학적 원리』(서울: 서광사, 1994), p.374.

12) 북친의 '에코 아나키즘'에 대한 보다 자세한 설명과 평가는 구승회, 『에

코필로소피』(서울: 새길, 1996) 참조 바람.

13) 추병완 외, 앞의 책, p.377. 참조.

14) 박이문, 앞의 책, pp.182-183.

15) 그가 주장하는 '생태학적 세계관'은 동양의 전통적 세계관과 서양의 근대적 세계관이 통합된 세계관을 지칭한다. 그는 지금까지 대립된 것으로 생각해 왔던 동·서양의 전통적 세계관을 포괄하는 생태학적 세계관이 바람직하다고 주장한다. 이에 대한 구체적인 내용 및 특징에 대해서는 박이문, 위의 책, pp.96-104. 참조.

16) '동도서기(東道西器)'에 관한 그의 결론적 언급에 대해서는 위의 책, pp.204-206. 참조.

17) 추병완 외, 앞의 책, pp.378-381. 참조.

18) 진교훈, 『환경윤리-동서양의 자연보전과 생명존중』(서울: 민음사, 1998), pp.18-23.

19) 진교훈, 위의 책, p.226.

20) 추병완 외, 앞의 책, pp.380-381.

21) 레이첼 카슨(R. Carson)은 『침묵의 봄(Silent Spring)』(1962)에서 "우리에게는 좀 더 고매한 정신과 깊은 통찰력이 필요하다. '생명'이란 이해력을 초월한 기적이며, 우리가 비록 이 생명과 투쟁을 벌일지라도 그 생명에 대한 외경심을 가져야 한다."라고 하였다. R. Carson, *Silent Spring*, 정대수 역, 『봄의 침묵』(서울: 넥서스, 1995), p.294.

22) 생명중심주의자로 분류되는 레오폴드(A. Leopold), 폴 테일러(P. Taylor), 애트필드(R. Attfield), 캘리콧(J. B. Callicott), 고트하르트 토이취(G. M. Teutsch) 등은 사안에 따라 각기 상이한 입장을 보이고 있음에도 '생명'은 자연환경을 도덕적으로 고려함에 있어서 중요한 기준점이 된다는 기본원칙에는 동의한다. 이때 '기준'이란 '도덕적 배려의 범위'를 말하는 것이지, '도덕적 중요성의 범위'를 말하는 것은 아니다. 구승회, 앞의 글, p.107.

23) 심광현, 「문화생태학 구성을 위한 시론」, 『20세기 딛고 뛰어넘기』(서울: 나남출판, 2000), p.118. 그는 이러한 사회를 '문화사회'라고 지칭하면서 '문화생태학'의 지향점으로 보았다.

24) 여기서 특히 생명의 영속성, 생명의 계속성, 생명의 순환성이 강조되어

야 한다. 왜냐하면 환경을 오염시키게 되면 나의 세대는 간신히 위기를 모면하여 살아갈 수 있을지는 모르나 나의 후대에 가서는 돌이킬 수 없는 생명위기에 처하게 된다는 각성이 이루어져야 하기 때문이다.

25) 환경윤리학의 중심적 관점은 환경문제에 대한 윤리적 관심을 가지고 도덕적 규준을 세우는 등 도덕적 윤리적 논의를 한다. 이런 점에서 우리는 '자연중심주의 윤리'(김명식, 「자연중심환경윤리의 가능성」, 『인간다운 삶과 철학의 역할』, 한민족철학자 대회보, 1995.) 또는 '녹색윤리'(박이문, 「녹색윤리」, 앞의 책 참조.)라고 부를 수 있다.

26) 심성보, 『전환시대의 교육사상』(서울: 학지사, 1995), p.184.

27) 환경문제는 생명윤리의 중요한 한 영역이며, 이미 학문적으로 다루어지고 있다. 예를 들면 G. H. Kieffer의 생명윤리(Bioethics)를 비롯하여, N. Myers의 GAIA: *An Atlas of Planet Management*, R. Repetto의 *The Global Possible*, The World Commission on Environment and Development의 *Our Common Future* 등을 들 수 있다.

28) 특히 인공유산, 장기이식, 안락사, 유전자 조작, 인간복제 그리고 최근의 완성된 게놈(Genome)프로젝트 등에 대한 윤리적 각성이 절실히 요구되고 있다.

29) 배영기, 「생명윤리에 관한 생태문화적 고찰」, 앞의 책, pp.132-151. 참조.

30) '윤리'가 가치 실천과 관련된 규범 학문이라고 할 때, 윤리적 측면에서 환경에로의 접근은 환경 또는 자연에 대한 사람의 가치판단을 전제로 한다. 전통적 윤리에서는 사람과 사람 간의 관계에 관심을 둔 반면에 '환경윤리'는 사람과 자연과의 관계에까지 그 범위를 확대시켜 다룬다고 할 수 있다.

31) 장회익, 위의 책, pp.315-317. 참조.

32) A. Schweitzer, A. B. Lemke(tr.), *Out of My Life and Thought*, New York: Holt, 1990, p.131.

33) 진교훈, 위의 책, p.106.

34) 한면희, 「생물중심주의 환경윤리와 가이아 환경윤리」, 『환경윤리와 생명가치』, 한국불교환경교육원, 2000, pp.94-95.

35) H. Bergson, 이광래 역, 『사유와 운동』(서울; 문예출판사, 1994); 베르그송(H. Bergson)은 "광물은 생명이 완전히 잠든 상태며, 식물은 반쯤 잠든 상태이며, 동물은 생명이 잠을 깬 상태"라고 말했으며, 불교에서 말

하는 만법유식론(萬法唯識論)도 이와 같은 맥락에서 고려해 볼 수 있다. 생명의 가치와 범위에 대한 논의는 본서 제Ⅱ장, '4. 생태윤리와 환경윤리', 제Ⅲ장, '3. 환경윤리학 연구의 접근 유형'에서 보다 자세히 다루고 있다.

36) 생명은 절대가치이고 여타의 것은 상대가치이다. 생명은 보이는 것과 보이지 않는 것의 통합이며 생성변화이다. 생명은 작게 보면 대립·갈등하는 것 같지만 크게 보면 상호보완, 의존한다. 특히 생명의 토대인 지구생명공동체-하늘, 땅, 물, 온갖 풀과 나무, 동물과 벌레, 미생물, 무기물 등-와 함께 살기 위해 나, 너, 환경, 생태계, 자연을 모두 아우르는 중용의 삶은 우리 조상들이 희구하던 천지인(天地人) 일체의 세상, 즉 사람 안에 천지가 통합되어 있는(人中天地人) 세상이기도 하다. 정성헌, 「상생(相生)의 공동체를 향하여」, 『20세기 딛고 뛰어넘기』, 앞의 책, p.30. 참조.

37) 예컨대 동양의 정신은 한마디로 광대화해(廣大和諧)의 도(道)로 특징지어질 수 있는데, "도와 하나가 된 이 세계의 모든 인류와 생명은 모두 정이 통하는 통일체(sympathic unity) 속에 일원으로 들어와서 여기서 그들은 다 같이 안녕과 평화를 누릴 수 있다는 것이다."(方東美); 진교훈, 앞의 책, p.110. 재인용.

38) 여기에서 '사고의 전환'은 철학적 과제로 노·장 사상에서 본다면 죽은 사고, 즉 기계론적 사고나 이원론적 사고로부터 살아 있는 마음의 사고, 즉 우주론적 사고로의 전환을 의미한다.

39) 송항룡, 「노·장의 자연관-환경과 생태계 문제와 관련하여」, 앞의 책, p.155.

40) 배영기, 앞의 글, p.135.

41) 생명에는 인식의 대상이 될 수 있는 측면도 있고 그렇지 않은 측면도 있다. 따라서 생명이 밖으로 드러나는 현상은 설명(erklären)될 수 있으나, 생명의 본질은 설명될 수 없고 다만 이해(verstehen)될 수 있을 뿐이다. 우리는 실제로 생명의 깊은 뜻을 은유적이거나 비유적인 표현을 통하여 이해할 수 있을 뿐이다. 진교훈, 앞의 책, pp.104-105.

42) A. Schweitzer, *Kultur und Ethik*, München, 1960, S. 302 f. 재인용.

43) 역사적으로 보면 이보다 앞서 성 프란치스코는 하느님에 대한 사랑, 인간에 대한 사랑, 존재하는 삼라만상에 대한 사랑을 단일한 생명의 흐름 속에 일치시켜 보았다. 그는 태양과 달, 불과 물, 꽃과 초목, 들짐승과

새들을 형제자매라고 불렀다.

44) 최제우는 삼경(三敬), 즉 인경(人敬), 물경(物敬), 천경(天敬)으로 설명한
다. 그는 이것을 잘 알고 실행해야만 인간답게 살 수 있으며, 그래야
인류사회를 도덕사회로 만들 수 있다는 것이다. 한국불교환경교육원,『동
양사상과 환경문제』(서울: 모색, 1996), p.189.

45) P. Tillich, *Systematic Theology III*, Chicago: UCP, 1963.

46) 이를테면 카르마(karma: 業)나 윤회사상(samsara)은 개별 생명을 단순히 지
각되는 현상으로서가 아니라 통시적(通時的)이며 상호 연기적(緣起的)
인 것으로 파악한다.

47) 중국인의 도(道)의 개념은『도덕경』제42장에 다음과 같이 그 전개 과
정이 설명되어 있다. 즉 도(道)는 하나를 낳고, 하나는 둘을 낳고, 둘은
셋을 낳고, 셋은 만물을 낳고, 만물은 음(陰)을 지고 양(陽)을 품어서
하늘과 땅 사이의 잘 조화된 기운을 낸다. 여기서 일(一)은 무(無) 또는
태극(太極)을 이르며, 이(二)는 음과 양을 나타내며, 삼(三)은 천인지(天
人地)의 화기(和氣) 또는 조화(造化)를 가리킨다.

48) 천(天)을 이(理)라고 규정하고, 이(理)는 성(性)으로 규정한 후, 이 둘이
예(禮)에서 합쳐질 때 천인합일(天人合一)의 생명(氣)이 인륜의 도덕규
범과 천륜의 자연법칙에 알맞게 발휘된다는 것이다. 이에 의하면 이러
한 천인합일(天人合一)의 생명에서만 인간의 존엄성과 평등성이 드러난
다고 한다.『도덕경』제5장 참조.

49) 여기서 앞의 '생(生)'은 생명(生命)을 가리키며, 뒤의 '생(生)'은 생활(生
活)을 의미하는데, 그는 생명(life)과 생활(live)을 하나로 보면서 '생명을
살리는 것'을 역(易)이라고 하였다.

50) '고요함'은 근본으로 돌아가는 것이며 생명으로 복귀하는 것이다. 또한
생명으로 복귀한 상태를 상(常)이라 하는데, 이 상(常)을 아는 것이 명
(明)이요, 이 상(常)을 모르고 제멋대로 행하면 흉(凶)한다고 하였다.

51) 배영기, 앞의 글, p.138.

52) '생태중심주의(ecocentrism)'은 생태계 전체를 문제삼는 '생태중심적 전
체론'에 해당되며, 이러한 생태중심적-전체론적 접근은 자연 전체뿐만
아니라 개별적인 자연존재에 대해서도 내재적 가치를 인정한다.

53) 옥치상, 앞의 책, pp.100-101. 참조.

54) '생태중심주의 윤리'는 자연물들 간의 '관계'뿐만 아니라 종과 생태계

등과 같은 생태적 '전체'에도 직접적인 도덕적 지위를 부여한다. 즉 개별 유기체에 관심을 갖기보다는 상호의존성에 기반을 둔 생태공동체에 관심을 갖는다는 점에서 '개체주의' 윤리라기보다는 '전체주의' 윤리라고 할 수 있다.

55) 개별적인 자연물의 경우 '자연중심주의'라고 부를 수 있고, 생태계 전체를 문제 삼을 경우 '생태중심적 전체론'이라고 부를 수 있는 '자연중심주의'나 '생태중심주의'는 내재적 가치를 일정한 미적, 구조적, 역사적 특징과 연결한 것에 대해 보다 신중할 필요가 있다. 즉 개별적인 자연물의 집합 혹은 생물, 생태계, 자연경관 등 자연물의 집합이 이런 특징에 속하는데, 자연과 인간의 관계를 연관시켜 볼 때 오직 인간만이 행위와 책임의 주체라고 주장하는 것을 경계할 필요는 없다. 왜냐하면 인간만이 자신의 '대상'을 방법론적으로 탐지할 수 있는 인식의 주체이며, 생명과 연관해서 내재적 가치를 접근하면 생명은 도덕적으로 중요하다는 접근이 가능하기 때문이다. 따라서 인간과 동식물 관계에서 윤리적으로 의미 있는 요소만 인지하면 될 것이다. 그렇지 않을 경우 종(種)의 무한 평등론은 자칫 인간의 '염세적' 삶의 태도로 보일 위험이 있다.

56) R. Elliot, 앞의 책, p.288.

57) J. Huckle, *Environmental Education*: *Teaching for a Sustainable Future*, B. Dufour(ed.), *The New Social Curriculum*: *A Guide to Cross−Curricular Issues*, Cambridge University Press, 1990. p.152.

58) 정화열, 앞의 글, p.23.

59) '타자중심의 보살핌의 책임윤리'에 대해서는 제Ⅲ장, '환경윤리학 연구의 과제와 방향'에서 다룬 바 있음.

60) '땅'은 때때로 집합적 생명체, 생명공동체(biotic community), 대지공동체로 표현되는 '생태계(ecosystem)'라고 할 수 있으며, 그러한 요구에 응답하는 학문이 '생태학(ecology)'이라고 할 수 있다. Naess는 생태계의 생명 조건에 의해 영향을 받는 철학적 세계관이나 철학적 체계를 '생태철학(ecosophy)'이라고 명명하였다.

61) 구승회, 앞의 책, p.60.

62) 이득연, 「환경과 사회가치체계의 변화」, 『환경의 이해』, 시민환경연구소 편, 환경운동연합출판부, 1993, pp.156−159. 참조.

63) 종종 사람들은 '전 지구적으로 보편타당한 환경윤리학'을 기대하는 경우

가 있다. 그런 환경윤리학이 가능하겠는지도 의문이지만, 설령 그런 환경윤리학이 세워졌다 해도 그것은 아무런 유용한 목적도 갖지 못하게 될 것이다. 왜냐하면 지구상의 모든 사람들에게 기본이 되는 자연에 대한, 환경에 대한 직관을 포착하는 일은 사실상 불가능하기 때문이다. 구승회, 「환경문제의 윤리학적 근거지움: 환경문제가 왜 윤리학적인 문제인가?」, 앞의 글, pp.109-110.

64) Apel, K. O. *Diskurs und Verantwortung Das Problem des Übergangs zur postkonventionellen Moral*, Frankfurt, 1988.

65) J. R. DesJardins, 김명식 역, 앞의 책, pp.310-311.

66) '자기일체화(identification) 과정'은 자기의 잊음과 동시에 잊는 행위를 통해 '대아실현(Self-realization)'을 구현한다. 이는 나와 다른 생명체 그리고 나와 전체가 하나가 될 수 있다는, 즉 "모든 생명은 하나이다." 라는 언명과 통하는 것으로 불교적 열반의 개념에 가깝다(A. Naess, *Ecology, Community, and Lifestyle*, 앞의 책, p.9.). 또한 인간과 자연이 소외되는 루소의 자연주의 교육사상과 도교의 무위자연 사상과도 맥락이 통한다.(안관수, 「노자의 무위자연과 환경교육과의 관련성에 관한 연구」, 『교육학연구』, 32(5), 1994, pp.255-273. 참조.)

67) 심성보, 앞의 책, p.191.

68) 유정길, 「생태위기 극복을 위한 전일적 사고」, 『생태적 각성을 위한 수행과 깨달음·영성』(서울: 한국불교환경교육원, 2000)에서 인용, 재구성하였음.

69) '온생명' 이론을 주장하는 장회익은 "오늘날 지대한 중요성을 가지고 있는 문제 가운데 하나는 생명의 세계 안에서 인간 존재가 지니는 위치와 역할을 올바로 구명하는 일"이라고 보면서 인간이 암세포의 역할을 하면서 생명의 세계, 즉 '온생명'의 신체를 파괴하는 역할을 중지하고, 온생명의 존속과 번영을 위해 각종 정보를 처리하는 신경세포의 기능을 할 것을 주장한다. 장회익, 「생명의 세계 속에서의 인간」, 서울올림픽 국제학술회의 후기산업시대의 세계공동체 제5권, 『환경』(서울: 우석출판사, 1989), p.141, pp.152-153. 참조. 그는 온생명 속에서 발생한 인간생명 현상을 인간 몸의 유기체 구성요소와 비유적으로 대비하여 지구 온생명체 전체 속에서 인간이라는 생물종은 온생명의 '중추신경계'에 해당되는 것이라고 사실적 상징으로 설명하고 있다. '온생명중심의 가치관'에 대한 보다 자세한 내용은 장회익, 「새로운 생명가치관의

모색」, 『생명가치와 환경윤리: 학제간 연구』, 앞의 책, pp.321-345. 참조.

70) 그는 '가이아 가설'이 여기에 해당되며, '생태중심주의'도 유기체 전일론에 해당되는 경향을 보인다고 하였다. 한면희, 「21세기 자연친화 문명과 환경윤리」, 『20세기 딛고 뛰어넘기』, 앞의 책, p.86.

71) 생태학에서 간혹 쓰는 용어인 '생명에너지(biotic energy)'는 현대과학의 개념체계가 서양적이어서 실체로 보지 않기 때문에 생태계의 먹이사슬 체계를 설명하는 과정에서 단지 은유적으로만 쓰인다.

72) 예컨대 한의학에서 인체를 기(氣) 흐름의 통로인 경락체계에 의해 진단하고 처방한다. 그런데 인체에 사기(邪氣)가 들어 병이 나고 적절하게 기를 보강하지 못하면 죽음에 이르기도 한다. 이와 마찬가지로 생기가 들끓던 자연생태계에 인간의 산업활동에 따른 사기가 침투하면 그 지역은 병들고 심하면 죽어 간다. 물론 이 과정에서 그 생태계에 서식하거나 거주하는 동식물이나 인간도 같은 운명에 처하게 된다. 이것이 동양적으로 푼 환경문제의 핵심이라고 할 수 있다.

73) 한면희, 위의 책, pp.86-87.

74) 특히 불교와 노장사상은 인간만의 고유한 특성을 인정하지 않고, 모든 생물들을 동등한 입장에서 다루고 있다는 점에서 생태학적 위기의 새로운 대안으로 제시되고 있다.

75) 동양에서는 인간, 동물, 식물 심지어는 돌과 강물도 영혼을 가지고 있다고 보았다. 따라서 생태주의자들은 서구문명이 자연이나 다른 존재형태들을 억압해 왔다고 비난하며, 종종 동양의 사상이나 원시적인 삶을 사는 종교적 태도에서 해답을 찾고자 한다. W. Rueckert, 앞의 책, p.384.

76) 생태주의자들은 이러한 맥락에서 제국주의를 비판하고 있다. 인간에 의한 자연의 지배가 정당화되는 논리 중의 하나는 인간이 다른 어떤 존재보다 우월하다는 인식인데, 이러한 논리를 확장시키면 문명화된 인간들은 그렇지 못한 인간들에 비해 더 나은 존재라는 결론에 도달하게 된다. 따라서 발달된 문명을 소유하고 있는 인간들이 원시적인 삶을 사는 인간을 문명의 세계로 이끄는 것은 정당한 행위로 인정된다. 이와 같은 제국주의자들의 논리는 정신생태계를 파괴하는 요인으로 비판받는다. 박이문, 「녹색의 윤리」, 『녹색평론』, 1994년 3-4월호 통권 제15호, p.43.

77) 박혜경, 「생태학과 러시아 문학」, 앞의 책, pp.292-293. 참조.

78) 이러한 움직임은 1970년대까지는 별로 널리 알려지지 않았다가 1980년

대에 이르러 지구 생물권과 생태계 전체의 위기가 인류의 미래와 직결
되어 있다는 인식이 점차 부각되면서 새로운 환경보전의 가치관으로
자리잡게 되었다. 특히 생태주의자들은 반(反)성장주의를 주장한다. 더
이상의 경제성장은 필연적으로 자연과 생태계에 파국을 초래할 것이기
때문에 여기서 경제성장을 멈추어야 한다는 것이다. 이를 위해서는 모
든 사람들이 자연과 인간과의 관계를 새롭게 설정하고 그 바탕에서 새
로운 문화를 만들어 나가야 한다는 것이다.

79) 오그로스(R. Augros)에 의하면 환경과 생명문제에 대한 문명사적 패러
다임의 전환의 요체는 새로운 생명모델의 정립으로 보았는데, 그는 이
제까지 서구중심으로 전개되어 온 데카르트, 다윈, 뉴턴식의 약육강식,
적자생존, 자연도태 이론 등이 지닌 생태론적 접근의 한계를 지적하면
서 생물의 생명적 틀의 전환이 필요하다는 사실을 강조하였다. 이를 동
양식으로 표현하자면, 상생(相生), 화해, 공존, 삼경(三敬), 해원(解怨)
등으로 표현되는 물아일체론(物我一體論)적 모델로의 접근을 의미한다.

80) 동양의 자연주의적 '영성생명관'이 최근 서양에서는 '심층생태학(Deep
Ecology)'이라는 표현으로 대두되면서 그 표현 양식이 보다 환경친화감
을 더해 주는 논리를 성립시키고 있다.

81) 김지하는 『생명과 자치』(서울: 솔, 1996)에서 생명은 살아 있음의 과정
으로 설명하면서 생명과정은 인간과 우주자연, 인간과 인간, 인간과 자
기 자신, 상호 간의 관계성, 다양성, 순환성과 영성을 특징으로 하는데,
특히 관계성, 다양성, 순환성이 단위 생명체들이 만들어 내는 세계 전
체에 초점을 둔 생명과정의 특성이라면, 네 번째 영성은 생명체 한 단
위의 포괄적 통일성과 세계와의 연관을 함축한 것이며, 이 네 가지 특
성은 생명과정에서 서로 분리될 수 없다고 하였다.

82) 이른바 '영성생명론(靈性生命論)'으로 환경을 환경으로 보지 말고 생명
으로 보아야 하며, 생명은 모두 영성(spirituality)을 지니고 있다고 보는
생명의 범재론(凡在論)이라고 할 수 있다. 이는 생태학적 생명관에서
한 단계 발전적으로 도약한 사상이라고 할 수 있다.

83) 이러한 '영성적 공동체'는 초기 사회주의의 이상과 유사한 유토피아라
고도 할 수 있다. 신덕룡, 앞의 책, p.45. 일부 학자들은 이에 대해 다
소 추상적 개념의 환경론이라고 비판하고 있지만 이러한 비판은 경제
적 이해를 생명의 상생성(相生性)보다 우선시하는 발상에서 출발하고
있기 때문에 인간의 만족한 생활을 극대화할 뿐 인간 밖의 생명은 소

홀히 해도 된다는 반생명적 사고에 기초해 있다는 점에서 문제가 있다고 할 수 있다.

84) 이러한 가치관의 전환을 위해서 인간의 문화와 자연의 질서를 합일시키면서도 동시에 문화와 자연을 분별할 줄 아는 동아시아적 지혜를 터득하는 것은 오늘날 생태학적 환경위기와 생명위기를 극복할 수 있는 방법으로 매우 주목할 만한 일이라고 생각한다. 이에 대한 연구는 별도로 보다 심층적으로 다룰 필요가 있다.

85) 인간은 근본적으로 자연과 독립해 있는 것이 아니라 자연의 일부이며, 인간의 본성은 자연으로부터 분리될 수 없다는 이해 방식이다.

86) 심성보, 앞의 책, pp.187-188.

87) '지속가능한 생활방식'을 준비하고 형성하는 교육은 미래 세대에도 지속적으로 살아갈 권리가 있으며 또한 그 미래 사회는 보다 바람직한 사회이어야 하며, 현세대는 그 실현을 위한 책임감을 길러 주는 교육이라고 할 수 있다. 고병헌, 「환경교육의 개념과 위상 정립에 관한 논의」, 한국교육연구소 심포지엄발표 미발표 논문, 1993, p.9.

88) 이때 '문해력(literacy)'이란 읽고, 쓰고, 해석하고 비판할 수 있는 능력을 말한다. '생태학적 문해력을 함양하기 위한 교육'은 오늘날의 사회적 문제들을 인식하고 해결하기 위한 1980년대 후반의 '새로운 사회운동들(new social movement)', 즉 평화운동, 여성운동, 인종평등운동, 환경운동, 인권과 시민적 자유를 위한 운동, 제3세계의 정의와 개발을 위한 운동, 건강보전을 위한 운동 등을 교육과정에 과감히 도입하고 실천하자는 '새로운 사회적 교육과정(new social curriculum)'으로 나타나고 있다. J. Huckle, 앞의 책, pp.151-153, B. Dufour, 앞의 책, pp.1-11. 참조.

89) 정유성, 「생태주의 환경교육」, 『사람, 삶, 되살림』, 한울, 1994, p.116.

90) '환경적 문해력(environmental literacy)'이란 사람들로 하여금 환경의 복잡한 성격을 이해할 수 있도록 하자는 것이다. 즉 개인들과 지역사회로 하여금 생물학적, 물리학적, 사회적, 문화적 측면들이 시간과 공간 속에서 나타내는 상호의존성을 해석할 수 있는 도구를 소유하도록 하고, 그럼으로써 그들로 하여금 환경 속에서의 자신들의 위치에 대하여 인식하도록 하며, 나아가 현재와 미래 인류의 물질적, 정신적인 요구들을 만족시키기 위하여 지구의 자원을 이용할 때 사려 깊고 신중하도록 하려는 것이다. 남상준 외, 『환경교육의 원리와 실제』(서울: 원미사, 1999), p.20.

91) 남상준, 「우리나라 학교환경교육의 올바른 방향 모색」, 인천교대신문, 1993
년 8월 23일자.

92) 여기에서 '생태학적 지속가능성(ecological substantiality)'은 '기술공학적
지속가능성(technological substantiality)'과는 구별된다. 다시 말하면 기
술공학주의의 자연과 인간의 이분법적 발상으로는 오늘날 우리 앞에
닥친 생태학적 위기를 극복할 수 없다. 그러므로 자연과의 공생, 조화
를 추구하는 태도의 채택은 생태학적 환경위기를 극복하는 전제가 된
다. 송상용, 「환경위기의 뿌리」, 앞의 책, pp.33 - 35. 참조.

93) M. S. Prakash, *Ecological Literacy for Moral Virtue: Orr on moral
education for postmodern sustainability*, Journal of Moral Education,
vol.24, No.1, 1995, p.1, pp.3 - 18. 참조.

94) 한면희, 「환경철학의 세계관과 윤리 - 인간중심주의대 생태중심주의」, 『철
학연구』, 제36집, 철학연구회 편, 1995, p.339.

95) '전형태적 사고(gestalt thinking)' 또는 '지속가능한 총체적 사고(sustainable
gestalt thinking)'란 하나의 개념을 파악할 때 그 개념을 고립시켜 이해
한다면 도저히 그 개념의 의미를 이해할 수 없고, 그 개념의 이해는 다
른 개념들과의 관계 방식을 통해 이해될 때 유기적인 통일성을 갖고
있는 관계의 망으로서의 전체를 인식하게 된다. 이러한 사고를 위한 교
육을 하려면 연관교육(connective education)의 성격을 가져야 하며, 연
관교육은 관계적 사고(relation thinking)를 통해서 할 수 있다. A. Naess,
앞의 책, p.160, p.6. 참조.

96) A. Naess, 위의 책, p.160, p.66.

97) 관계의 총체로서의 전체를 내세우고, 나의 존재가 '전체 안의 개체'라
는 사실을 인식하는 새로운 존재론적 개념임. 심성보, 『교육윤리학 입
문』, 내일을 여는 책, 1995, pp.197 - 199. 참조.

98) '생태주의적 환경윤리교육'을 위해서는 기존의 교육체계 속에서 근대화
의 기획을 가지면서 생태학적 논의가 이루어지는 '환경교육'이나 산업
주의로부터 개념적인 단절하려는 자연회귀적인 '생태교육'의 위험으로
부터 벗어나야 한다. 안관수, 앞의 글, p.267.

99) C. A. Bowers, *Toward an Ecological Perspective, Critical Conversations
in Philosophy of Education*, Wendy Kohli(ed.), *Critical conversations in
philosophy of Education*, Routledge, 1995, pp.310 - 323. 참조.

100) D. W. Orr, 앞의 책, p.86.

101) 정유성, 앞의 책, pp.116-117.

102) Huckle, 앞의 책, pp.153-155. 고병헌, 앞의 글, pp.6-8. 정유성, 앞의 책, pp.106-107. 참조.

103) '지속가능한 생태학적인 삶의 방식'을 찾아 익히고 실천하는 환경윤리교육은 산업사회의 소비지향적인 인간이 아니라 생태학적 전망을 가진 시민을 양성하는 교육이며, 심층생태주의를 실천하는 환경파수꾼을 양성하는 교육이다. C. A. Bowers, *Education, Culture Myths, and Ecological Crisis*; *Toward Deep Changes*, State University of New York Press, Albany, 1993, pp.15-16.

104) 추병완 외, 앞의 책, p.395.

105) 박길용, 앞의 글, p.30.

106) 추병완 외, 앞의 책, p.396.

107) 통합적인 환경윤리교육을 행할 수 있는 토대로 다음과 같은 여섯 가지 사실을 유념해야 한다. 1) 모든 교육은 환경교육이다. 2) 환경적 이슈는 복잡하고, 단일한 교과에 머물 수 없다. 3) 거주자를 위한 교육은 부분적으로 장소와의 대화로서 일어나며, 그곳에서 좋은 대화의 특징을 갖는다. 4) 교육이 일어나는 통로는 내용만큼이나 중요하다. 5) 자연세계에서의 경험은 환경을 이해하는 데 본질적인 부분이고, 좋은 사고를 하는 데 있어 이바지한다. 6) 지속가능한 사회를 건설하는 데 적합한 교육은 자연체제를 대하는 학습자의 능력을 고양시킬 것이다. D. W. Orr, 앞의 책, pp.89-92. 참조.

108) 이러한 점에 대해서 쇼우(W. H. Show, 1991)는 모든 생물과 비생물을 포함하는 자연의 가치를 존중하는 '생태주의적 생명가치관'을 갖추어야 비로소 생태학적 위기를 극복할 수 있다고 하였다.

109) 최석진 외 3인, 앞의 글, p.23.

110) B. S. Bloom, D. R. Krathwohl, and B. B. Masia, *Taxonomy of Educational Objectives-The Classification of Educational Goals, Handbook II: Affective Domain*, New York: David McKay Company, Inc., 1964.

111) R. J. Kibler, L. L. Barker, and D. T. Miles, *Behavioral Objectives and Instruction*, Boston: Allyn and Bacon, Inc., 1970.

112) 환경교육에 있어서 환경에 대한 지적인 이해만이 아니라 태도 형성이 무척 중요하다. 가령, 교과지도를 통해 환경을 보전하는 태도, 생명을 존중하는 태도, 환경에 대한 윤리관의 확립, 자연보호 및 환경운동에 적극 참여하려는 의욕, 사실을 중시하며 실증적으로 생각하는 태도, 사물의 관찰을 객관적으로 보는 태도 등 교과목 특성에 따라 내용과 관련해서 이러한 태도를 형성시켜 실천적인 행동력을 몸에 익히게 하는 것이 중요하다. 따라서 교과지도를 통해 관심, 의욕, 태도 등 정의적 측면을 중시하는 교육이 무엇보다도 요구된다고 하겠다.

113) 제7차 교육과정 교육기본법 제2조에 따르면, '홍익인간'의 교육이념을 바탕으로 '가. 전인적 성장의 기반 위에 개성을 추구하는 사람, 나. 기초 능력을 토대로 창의적인 능력을 발휘하는 사람, 다. 폭넓은 교양을 바탕으로 진로를 개척하는 사람, 라. 우리 문화에 대한 이해의 토대 위에 새로운 가치를 창조하는 사람, 마. 민주 시민 의식을 기초로 공동체 발전에 공헌하는 사람'을 추구하는 인간상을 제시하고 있다. 교육부, 『제7차 교육과정 – 총론 및 각 교과』, 대한교과서주식회사, 1997.

114) 조용개, 앞의 책, pp.24 – 33. 참조.

115) A. Leopold, 송명규 역, 『모래군(郡)의 열두 달』(A Sand County Almanac) (서울: 따님, 2000), p.246.

116) 여기서 '보전'(保全)이라 함은 주어진 상태 그대로 유지하는 소극적인 의미의 '보존'(保存)이 아닌 보다 적극적인 의미로 주어진 상태를 더욱 풍성하게 함을 의미한다. 한편 '보호'(保護)란 인간의 의지, 욕구, 희망에 따라 주어진 상태를 증식, 감소하도록 적극적으로 개입하는 것이라고 할 수 있다. R. Attfield, *The Ethics of Environmental Concern*, 구승회 역, 『환경윤리학의 제문제』(서울 따님, 1997), p.318.

117) A. Schweitzer, 앞의 책, 재인용.

118) J. R. DesJardins, 김명식 역, 앞의 책, p.217.

119) 네스(A. Naess)와 오어(D. W Orr)는 관계적 사고(relation thinking)를 할 수 있는 연관교육(connection education)을 통하여 동물과 인간, 동물과 자연, 자연과 인간 등 상호 밀접한 공존을 위한 생명교육을 수상한다. 그들은 이러한 교육을 통하여 분절된 인지주의적 교과전문주의와 전문적 능력, 주입식 교육을 극복하고자 한다. A. Naess, 앞의 책, p.6. D. W Orr, 앞의 책, p.137. 이러한 연관교육은 하버마스가 강조한 의사소통적 능력(communication competence)을 갖게 하는 교육이라고 할

수 있다. C. A. Bowers, 앞의 책, pp.179−183. 참조.

120) 푸른꿈고등학교는 전북 무주군 안성면 진도리에 소재하고 있으며, 일반 학생을 대상으로 인성교육과 생태교육을 표방하며 1999년 3월에 개교한 특성화(대안) 학교의 하나이다.

121) 소위 몸을 통한 인식, 즉 온전한 인식을 통해 의사소통을 회복하고자 하는 것이다. 이는 감각적 인지체계의 중시로 새로운 사유체계의 형성을 의미한다. 다양한 감각의 계발은 우리의 인식을 다양화, 다층화하며 생태적 감수성을 고양시킨다. 생태사회를 지향한다는 것은 온전한 전체를 회복하는 것이며 생태적 감수성의 확장을 통해 가능하다. 이혜경, 「생태적 감수성 회복과 문화사회를 지향하며」, 『20세기 딛고 뛰어넘기』, 위의 책, pp.282−284.

122) 이혜경, 위의 책, pp.279−281. 참조.

123) 동물과 자연 그리고 인간이 서로 분절된 존재로서 의미를 가지는 것이 아니라 상호연관된 전체 속에서 공존하고 있다는 사실을 발견할 수 있는 안목을 갖게 하는 것이 '지속가능한 생태학적 사고'라고 할 수 있다. A. Naess, 앞의 책, p.67.

124) 김인호, 앞의 글, p.13.

125) J. Passmore, 앞의 책, p.189.

126) 데이비드 오어(D. W. Orr), 「교육의 녹색화」, 『녹색평론』, 1995년 7−8월호 통권 제23호, pp.37−38.

127) 진교훈, 앞의 책, p.113.

128) 환경에 대한 감수성은 환경에 대한 감정이입(empathy)의 느낌 또는 환경을 감정이입적 시각으로 보는 개인이 결과하는 일련의 구성 개념이나 정의적 속성으로, 정서적 감수성을 위한 교육은 사회적 문제해결 능력을 풍부하게 해 주고 건전한 사회적 적응에 매우 중요한 정의적 목표의 교육이 된다. D. Sivek, *The Analysis of Selected Predictors of Environmental Behavior of Three Conservation Organization*, Unpublished Ph. D. Dissertation, Southern Illinois University at Carbondale, 1988.

129) 이전의 기계론적 세계관을 넘어서 생태주의자들이 주장하는 것처럼 우주 안에 있는 모든 것이 상호 연결되어 있다는 생태학적 세계관으로 사고의 틀을 전환하는 것으로, 이는 이기주의를 극복하고 지구 안에 있는 모든 생명이 함께 살 수 있는 상생의 길을 가는 것을 의미한다.

다시 말하면 인류 한 사람 한 사람이 환경문제의 심각함과 그 근본 원인을 파악해서 스스로의 사고와 생활규범을 바꾸는 것이다. 이를 종교적인 용어로 표현하면 영성의 각성, 즉 영성회복이라고 할 수 있는데, 김지하는 이를 '생명운동'이라고 하였다.

130) 유정길, 앞의 책, p.27.

131) E. Fromm, *Psychoanalysis and Religion*, New Haven: Yale University Press, 1950, pp.22－24.

132) 전헌호, 앞의 책, p.356. 영성회복을 위한 환경윤리교육이 되기 위해서는 이 세상 창조주를 인정하고 알아야 하는 교육이어야 한다. 창조주로서의 신을 인정하고 안다는 것은 이 우주와 자연의 섭리를 이해하고 따른다는 것이다.

133) '수덕(修德, Aszese / Askese)'에 대해서 『독일어 대사전』에서는 "윤리적인 그리고 종교적인 이상을 실현하기 위한 강한 절욕(節慾)적인 그리고 인종(忍從)적인 삶의 방법"으로 기술하고 있으며, 좀 더 자세하게 "탐욕을 죽이고 삶에서 오는 무거운 짐을 극복하기 위한 속죄의 훈련"이라고 표현하고 있다. 수덕에 대한 이러한 이해는 포기, 절제를 전면에 내세우고 있다. J. Weismayer, *Leben in fülle*, 전헌호 역, 『넉넉함 가운데서의 삶』(경북: 분도출판사, 1996), p.288.

134) 오늘날 새롭게 발굴되고 있는 '영성(靈性, spirituality)'이란 단어는 라틴어 형용사 'spirit(u)alis'에서 유래한 것으로 이미 초세기부터 그리스도인으로서의 존재함의 핵심을 표시하는 데 사용된 그리스도교적 단어이다. 영성은 하나의 살아가는 과정을 의미하는 것으로, 하느님의 성령으로부터 일깨워지고 선물로 주어진 삶, 즉 '영적 삶'이라고 할 수 있다. 전헌호, 위의 책, pp.28－30.

135) 김지하는 '영성'이란 기이하고 신비로운 어떤 것이 아니라 자기 안에 우주 생명이 살아 있고 모든 사람 안에 우주 생명이 살아 있음을 인정함으로써 서로 공경하며 동식물과 무기물도 우주 삼라만상 전체의, 눈에 보이지는 않으나 광활한 적막 속에서 끊임없이 창조적으로 활동하는 하나의 큰 생명 테두리 속에, 영겁의 한 흐름 속에 일치되고 있다는 이 믿음을 각성하고 실천할 때, 바로 그것이 '영성'이며, '영적 인간'이라고 하였다. 김지하, 「개벽과 생명운동」, 『환경과 종교』(서울: 민음사, 1997), pp255－256. 참조.

136) "영적인 모든 길에 공통적으로 스며 있는 것은 분명 숨결이자 생명이

며 에너지의 성령이다. 따라서 모든 참된 길은 본질적으로 하나의 길로 통한다. 왜냐하면 우주에는 하나의 성령, 하나의 숨결, 하나의 생명 그리고 하나의 에너지만 있기 때문이다." M. Fox, *Original Blessing*, 홍성정 역, 『창조영성』(대구: 푸른평화, 1994), p.25.

137) M. Fox, *Original Blessing*, 홍성정 역, 위의 책, pp.24 – 25.

138) 최근 자기 체험적인 수련이 유행처럼 번지고 있는데, 여기에서 말하는 수련과 최근 우려할 만한 수련풍조, 즉 수련의 도구화나 상품화, 샤머니즘화 등 일련의 수련풍조와는 동일시하지 않기로 한다. 본서에서는 자기수련을 통하여 육체적, 정신적 건강을 회복하고 사고방식의 변화로 인해 생활의 변화를 추구하는 긍정적 측면에서 수련의 주목적인 나눔의 문화, 상생의 삶으로 나아가게 하는 수련에 대해서 언급하고자 한다.

139) 한의학에서 '통즉불통(痛卽不通)'이라는 말을 쓴다. 이는 곧 기의 원활한 흐름이 막혀 있는 경락, 혈이 뚫리는 그만큼 건강해지고, 신체기능이 민활하게 기능하는 만큼 객관적인 사고력도 증대된다는 것이다. 이러한 증대되는 사고력, 객관적 사고력은 수련에서는 우선 자기를 객관적으로 돌아보는 성찰력의 신장으로 체험된다.

140) 김정희, 「수련과 21세기 세상 만들기」, 『20세기 딛고 뛰어넘기』, 앞의 책, p.325.

생태주의적 환경윤리교육을 지향하며

1. 새로운 생태학적 삶의 방식을 추구하는 교육으로

오늘날 우리는 소위 '생태학적 위기(ecological crisis)'로 불리는 시대에 살면서 심각한 환경 및 생태문제에 직면하게 되었다. 이러한 생태학적 환경위기 문제를 극복하기 위해서는 무엇보다도 인간과 자연의 관계를 재정립해 볼 필요가 있다. 그리고 오늘날 환경문제가 총체적이고 복합적인 요인이 얽혀 생겨난 문제인 만큼 단순한 정책적 처방이 아닌 인간의 의식 체계의 변화와 가치체계의 정립을 통해서 생태학적 환경위기를 극복해 나가야 한다. 이를 위해서는 먼저 생태학적 위기의 원인을 '인간'에 두어야 한다. 그리고 생태학적 지식을 토대로 인간중심적 사고에서 탈피하여 인간과 인간 또는 인간과 사회 간 관계에만 국한해 왔던 윤리적 문제의 폭을 자연에까지 확대하여 인간과 자연이 서로 도움을 주고받는 대등한 파트너로 인정하는 생태중심적 사고로 전환하여야 한다. 이는 곧 새로운 패러다임의 전환, 즉 생태학적 세계관으로의 전환을 의미한다.

생태주의자들에 따르면, 생태학적 위기를 극복하기 위해서는 무엇보다도 인간중심적 패러다임에서 생태중심적 패러다임으로의 이동을 통해서 기존의 사회체계를 전면적으로 재구성할 것을 주장한다. 특히 심층생태주의자들은 현재의 지배적 세계관(Dominant worldview)에서 새로운 세계관, 즉 심층생태주의(Deep ecology)로의 전환을 주장한다.

이는 '기계적 세계관(Mechanistic World View)'에서 '생태학적 세계관(Ecological World View)'으로의 이동을 의미하며, '지배적인 사회적 패러다임(Dominant Social Paradigm: DSP)'에서 '새로운 생태적 패러다임(New Ecological Paradigm: NEP)'으로 전환을 의미한다. 이러한 새로운 생태적 패러다임으로 전환은 지금까지 유지된 인간과 자연과의 관계를 근본적으로 변화시킬 철학적 작업을 필요로 하는데, 이러한 철학적 작업은 '환경윤리학(environmental ethics)'을 통한 '윤리가치에 의한 방법'으로 이루어져야 한다.

'환경윤리학'은 인간의 자연에 대한 윤리적인 가치판단을 탐구하는 학문으로, 환경문제에 대한 우리의 관점과 이해를 확대하고 변화시켜 일반적인 사유 방식에 함축되어 있는 한계를 벗어나게 함으로써 생태학적 위기 극복을 위한 가장 근원적이고 본질적인 해결 방향을 제시하는 데 중요한 함의와 방향을 제공해 준다.

체계론적 관점에서 본다면 생태학적 환경위기에 대한 체계적 분석과 이에 따른 환경윤리의 체계적 접근을 통하여 자연적 체계와 사회적 체계 그리고 정신적 체계들 간의 균형적 상호작용을 회복하기 위한 생태학적 패러다임으로 나아가야 함을 의미한다. 다시 말하면 생명관계가 단절된 지배적 패러다임이 아니라, 자연적 존재들이 생명유지 관계가 반영되는 패러다임, 즉 분리를 넘어선 공생적 패러다임이어야 한다. 따라서 21세기 생태학적 패러다임은 현재 지구에 거주하는 인간을 비롯한 모든 생명체의 생명을 유지하고 보전할 '호혜주의 공생 패러다임'으로 나아가야 할 것이다.

오늘날의 생태학적 위기를 인간 자신의 내면의 위기, 즉 우리의 사고와 자각과 사상과 모든 판단의 위기로 볼 때, 이러한 위기는 그간 개인주의적이고 경쟁적이며, 반자연적, 비인간적 교육을 수행해 온 교육의 위기라고도 할 수 있다. 이러한 생태학적 위기와 함께 교육의 위기를 슬기롭게 극복하기 위해서는 생태학적 관점에서 교육과정을 구성하는 이른바 '생태적 교육과정(ecological curriculum)'으로 재편성되어야 하며, 기존의 교육에 대한 반성을 통해 인간과 자연과의 조화와 관계 회복을 위한 '인간다운 생존을 위한 환경교육'을 지향해야 한다. 이러한 환경교육은 자연의 생명적 질서인 다양성, 순환성, 공생성, 관계성을 존중하는 '전일적(holistic) 세계관'에 바탕을 둔 환경윤리교육에 중점을 두어야 한다.

환경윤리교육은 환경을 위한 인식과 태도를 변화시켜 환경문제 해결에 접근하려는 교육이라고 할 수 있다. 이러한 환경윤리교육은 환경과 윤리의 교량적 역할에 기여하며 인간과 자연에 대한 올바른 인식과 환경친화적 가치관을 내면화하여 환경문제 해결에 자발적으로 행동하고 실천하는 데 역점을 둔다.

우리 앞에 닥친 생태학적 위기를 극복하기 위해서는 과학기술 및 사회체제에 의한 방법도 필요하지만 '윤리가치에 의한 교육적 방법', 즉 환경윤리교육을 통한 근원적 해결책을 모색하는 것이 무엇보다도 중요하다. 환경윤리교육은 단순한 환경위기를 관리적 차원의 '기술적 수준의 환경교육'을 넘어 생태학적 위기 극복 및 대안 창출에 이바지할 수 있는 새로운 '생태주의적 환경교육(ecological environmental education)'이어야 한다. 그리고 '환경에 대한(about the environment)' 지식의 전달과정이나 '환경으로부터(from the environment)' 배우는 환경윤리적인 덕성을 기르는 교육뿐만이 아니라 '환경을 위한(for the environment)' 의식을 북돋아 '생태학적인 새로운 삶의 방식을 익히는 교육'을 지향하는 보다 체계적이고 목표지향적이며 미래지향적인 교육이어야 한다.

이러한 환경윤리교육은 단순한 행동변화가 아니라 가치관, 사고 및 태도 등의 변화를 지향하는 이른바 '생태학적 문해교육(ecological literacy education)'으로 모든 생명의 가치를 중시하고, 인간과 자연의 통일적 구조를 갖는 '생태주의적 환경윤리교육(ecological environmental ethics education)'이라고 할 수 있다. 그러므로 생태주의적 환경윤리교육은 인간을 생태적 공동체의 상호의존적인 성원으로 입문시키며, 생태학적 공동체를 도덕적, 윤리적 공동체와 연관시키는 포괄적인 교육이라고 하겠다. 이러한 생태주의적 환경윤리교육은 인간중심적인 피상적 생태학에 머물지 않고, 좀 더 심층적이고 생태중심적인 교육을 통해 미래 세대에 대한 도덕적, 윤리적 의무와 가치관을 바탕으로 올바른 가치관을 확립하는 체계적인 교육이 되어야 한다.

이러한 체계적인 환경윤리교육을 위해서 본서에서는 환경교육의 체계화 방안으로 서구중심적 환경윤리의 한계를 극복하면서 우리 실정에 맞는 환경윤리교육의 모형을 정립해 보고자 하였다. 이를 위한 새로운 가치관으로 생태중심주의 윤리에 입각한 전체론적 가치관이라고 할 수 있는 '생태중심 생명가치관(eco-centred life values)'을 제안하였으며, '생태학적 양식(ecological conscience)'에 따른 도덕적 가치판단의 기준을 '생명'에 두고, 인간, 자연, 환경을 동시에 배려하는 생태중심 생명가치관을 확립하는 체계적인 환경윤리교육 모형을 정립해 보았다.

본서에서 제시된 환경윤리교육의 모형의 5단계는 다음과 같다. 제1단계는 인간, 자연, 환경과의 상호작용을 인식하는 단계이며, 제2단계는 환경과 생명 간의 상호관계를 이해하고 분석하는 단계이며, 제3단계는 환경친화적 태도 및 행동양식의 선택과 실천하는 단계이며, 제4단계는 생태중심 생명가치관을 확립하는 단계이며, 제5단계는 새로운 행동 수행을 위한 반성 및 평가의 단계이다.

본서를 통해 제시된 생태주의적 환경윤리교육과정의 모형을 기초로 앞으로 다양한 환경윤리교육 모형이 체계적으로 정립되고 새로운 환경윤리교육 모형 개발을 위한 후속 연구가 계속 이루어지기를 기대한다. 이러한 후속 연구를 위한 환경윤리교육 모형의 개발 과제와 발전 방향을 제안하면 다음과 같다.

첫째, 앞으로 연구·개발될 환경윤리교육 프로그램과 여러 대안들의 성과를 통하여 새로운 교육이념으로서 인간성 회복 그리고 인간과 자연과의 관계 회복을 위한 '인간다운 생존을 위한 생태주의적 환경윤리교육'을 지향해야 한다.

둘째, 생태학적 위기 문제에 대응하고 이를 극복하기 위해서는 환경과 생명문제의 심각성을 일깨우고, 나아가 인간과 자연 그리고 환경과의 상호관련성을 이해시켜 '환경과 생명에 대한 바람직한 태도와 가치관을 심어 주는 생명교육'을 지향해야 한다.

셋째, 생태주의적 환경윤리교육은 그 실천에 있어 이제까지의 교육의 틀을 깨는 새로운 시도로서 행해져야 한다. 인지주의중심의 주입식 교육에서 벗어나 생태계의 위기의식을 깨달아 책임감과 윤리의식을 갖는 '생태학적 상상력과 도덕적 감수성을 높이는 교육'을 지향해야 한다.

넷째, 생태학적 위기 극복을 위한 근본적인 '사유의 전환'을 통해 환경문제를 철학적, 종교적, 생명윤리적 문제로 접근해 나감으로써 모든 존재자들이 우주적 생명체계 내에서 서로 상생하고 의존하는 유기적인 관계망을 형성하고 있다는 '생태적 각성과 영성 회복을 위한 교육'을 지향해야 한다.

생태학적으로 훌륭한 인격을 갖춘 사람은 아는 것(생태학적 지식), 느끼는 것(생태학적 감수성과 상상력), 행동하는 것(생태학적 생활)이 상호 융합된 삶을 사는 통합된 인간이라고 할 수 있다. 환경윤리교육은 바로 이러한 인간을 길러 내는 데 있다.

이러한 환경윤리교육은 환경과 생명이라는 주제의 구조적 이해뿐만 아니라 그 극복을 위한 실천이 자라나는 아이들의 삶의 한복판에서 시작될 수 있어야 하며, 모든 교육과정은 구체적인 '삶'의 자리에서 이루어지되 '사람'끼리는 물론, 인간과 자연의 상생적 공동체를 지향하는 만남과 사귐, 곧 '되살림'의 과정으로 진행되어야 한다. 그리고 어떤 새로운 정보나 내용을 머릿속에 넣어 주는 주입식 방식이 아닌 가슴과 손발이 함께 따르는 실천교육으로 나아가야 한다. 이러한 생태주의적 환경윤리교육이야말로 '생태학적인 새로운 삶의 방식을 찾아 익히는 교육'이라고 할 수 있다.

2. 지속가능한 생태 사회 실현을 위하여

디쉬(R. Disch)와 칸(A. Cahn)이 지적한 것처럼, 인간의 자연에 대한 태도가 생태학적 양식(ecological conscience)에 따라 '선악(善惡)'의 판별기준으로 삼았던 시대를 넘어서서 '생사(生死)'의 판별기준에 놓여 있는 시점에 도달하였다고 볼 수 있다.[1] 오늘날 지구환경의 파괴와 생태학적 위기는 '21세기 살아남기'를 위한 가장 중요한 과제가 되었다.[2] 현대인들의 삶을 보면, 모두가 생태계의 파괴, 환경오염에 대해 걱정은 하면서도 행동과 태도에 있어서는 전혀 그렇지 못하다. 이성적 판단에 의해 가장 합리적인 행동을 하는 듯하지만, 목전의 이익에 눈이 멀고 타인과 다른 생물체를 배려하지 않는 이기적 태도로 인하여 지금 우리는 '공유지의 비극(the tragedy of commons)'[3]을 서로가 부추기는 형국에 휩싸여 있다.

현대사회를 살아가고 있는 우리 인간은 '환경과의 공존의 룰(rule)'을 깨고 무자비하게 환경을 오염시키고 생태계를 파괴하고 있기 때문에 전 지구적인 '생태학적 위기' 속에서 '인간 존재의 한계'를 느끼고 있다. 물론 이것은 환경오염의 주범이 바로 '우리 인간'이기 때문에 더욱 심각한 문제가 아닐 수 없다. 만약 현재와 같은 추세로 나간다면 21세기에는 돌이킬 수 없는 최악의 상태가 될 것이고, 인류는 파멸의 운명을 맞이하게 될지도 모른다는 우려를 지울 수가 없다.

따라서 우리는 무엇보다도 첫째, '생태학적 양식(ecological conscience)'에 따른 도덕적 가치판단의 기준을 '생명'에 두고 생명에 대한 도덕적 배려를 인간과 인간 이외의 모든 존재들과의 관계까지 포괄하는 동반자적 환경윤리관을 확립해야 할 것이다. 이러한 환경윤리관은 생태학적 위기에 직면한 인류를 이 지구상에서 살아남게 할 수 있을 것이며, 또한 환경에 대한 우리 인간의 도리도 회복시킬 수 있게 될 것이다. 이것이 바로 우리 인간이 노력해야 될 환경윤리의 실천과제라고 할 수 있을 것이다.

이러한 과제를 실천하기 위해서는 인간과 자연이 상생한다는 '생존윤리'로서의 '환경윤리'가 절실히 필요하다. 환경윤리는 인간이 자연환경을 대함에 있어 생태적 양심에 따라 선악을 구분하고 실천하도록 유도해 준다. 이제는 우리 인간 모두가 누리고 있는 물·공기·토양을 포함한 모든 환경이 우리 인간들만이 아니라 모든 만물의 공유물이라는 것과 진보와 발전을 지향하는 데 있어서도 생태계를 파괴하지 않고 최소한에 그쳐야만 한다는 윤리적인 양심과 환경윤리의 실천이 무엇보다도 필요하다.

둘째, 환경문제는 자연환경의 문제로 국한된 것이 아니며, 또한 단지 인간사회의 문제만인 것도 아니다. 달리 말해서, 환경문제는 주어진 자연환경에서 부존자원의 한정과 자정능력의 한계를 초월함으로써 발생하지만 이를 초월하도록 하는 원인은 자연 그 자체에 있는 것이 아니라 인간사회의 왜곡된 의식과 구조적 모순에 기인한다고 볼 수 있다. 이와 같이 오늘날 생태학적 환경위기는 자연환경-인간사회의 총체적 문제로 인해 발생한 것인 만큼, 이러한 총체적 환경문제에 대응하기 위해서는 무엇보다도 관련 학문 분야들 간에 통합적, 즉 학제적(interdisciplinary)으로 접근할 수 있는 틀이 마련되어야 할 것이다.

총체적 환경문제에 대응하기 위한 학제적 연구는 환경문제의 발생 원인을 복합적으로 규명함으로써 이에 대한 종합적 처방이 가능하도록 해야 하며, 특정 환경문제의 발생에서도 가능한 여러 가지 원인들을 동시에 고려함으로써 어떤 원인이 결정적으로 작용했는가를 밝히고 이에 대처할 수 있는 대안을 마련할 수 있어야 한다.

앞으로 21세기 인류 사회의 존망이 환경과 생명문제에 있다는 관점에서 볼 때, 이는 생태학, 환경학 등 관련 학문 영역만의 관심의 대상이 아니라 정치학, 사회학, 철학, 종교학, 윤리학 등 모든 학문 영역 및 운동적 차원에서 범세계적으로 연대·협력하여 소위 바이오토피아(Biotopia)[4]를 이룩하기 위해 노력하지 않으면 우리 인류는 결코 '희망의 삶'을 보장받을 수 없다는 사실을 명심해야 할 것이다.

셋째, 그동안 환경윤리에 관한 논의가 거의 대부분 서구인들의 환경의식과 전통을 배경으로 하는 서양의 환경윤리학에 기초해서 이루어져 왔다는 점을 지적하지 않을 수 없다.

사실 그간 환경윤리에 관한 국내의 논의는 주로 미국을 중심으로 한 서양의 담론 체계에 근거한 것이었다. 따라서 우리에게 필요한 것은 우리에게 소개된 서구 유럽의 환경윤리의 논의들을 통해서 서양 사회 간의 민족적, 문화적 차이를 이해하고, 이를 모델로 해서 동양과 서양의 환경적 가치관의 차이를 설명하고, 나아가 우리에게 적합한 환경적 가치관을 토대로 하는 환경윤리학을 다양한 '환경윤리학틀' 속에 포함시키는 일이라고 생각한다.

이를 위해서 우리는 환경윤리학의 보편성을 잃지 않으면서도 기본

적인 출발점을 동양적 세계관과 우리의 전통 사상 속에서 찾는 작업[5]
이 이루어져야 할 것이다. 이러한 작업의 일환으로 최근에 새로운 환
경윤리의 패러다임으로 자리잡고 있는 '온생명중심 가치관'[6]과 '타자
중심의 보살핌의 책임윤리',[7] '기(氣)중심적 환경론'[8] 등은 오늘날
우리가 처한 생태학적 환경위기와 생명위기를 극복할 수 있는 대안
적 패러다임으로 주목할 만하다고 하겠다. 그리고 최근에 21세기 생
태사회를 실현하기 위해 양성평등과 젠더(gender, 性)[9]구조의 재편성
이 불가피하다는 생태여성주의(eco-feminism)의 주장[10]에도 귀를 기
울여야 할 것이다.

넷째, 본서에서 제시한 생태중심 생명가치관을 확립하기 위한 체
계적인 환경윤리교육의 모형은 지금까지 체계화된 환경윤리교육 모
형이 제대로 개발·정립되지 않은 상황에서 시도된 일련의 대안적
모형이라고 할 수 있다. 그리고 본서에 제시된 모형은 환경윤리교육
에서 가장 중요시하게 다루어야 할 정의적 영역을 중심으로 교수-학
습활동에 적용해 볼 수 있도록 정립해 보았다. 그러므로 본 연구를
기초로 하여 교과별로 적용되는 모형 그리고 인지적 영역, 정의적
영역, 심동적 영역을 모두 고려하여 적용될 수 있는 통합적인 모형
개발에 관한 연구가 후속적으로 이루어져야 할 것이다.

끝으로, 저자가 제언하고자 하는 것은 생태학적 위기와 교육의 위
기를 극복하기 위해서는 무엇보다도 인간의 생각이 달라져야 하고,
세계관이 달라져야 하며, 살아가는 삶의 방식 또한 달라지지 않으면
안 된다는 것이다. 물론 구조도 바뀌어야 하고, 구조를 바꿀 사람을
기르는 교육도 바뀌어야 한다. 그러기 위해서 우리는 생태주의적 환

경윤리교육을 통해 함께 살아가기 위한 '상생의 교육', 소유가 아니라 존재, 생존이 아니라 생활을 일깨우는 교육을 지향해야 하며, 물질로 계량화, 수치화하는 교육이 아니라 측정할 수 없는 비물질적 가치, 정신적 가치를 존중하는 삶을 살며, 인간성을 회복하는 교육으로 나아가야 한다. 이러한 교육의 밑바탕에는 반드시 '생명(life)'을 중심으로 하는 '생태주의적 환경윤리교육(ecological environmental ethics education)'이 이루어질 때 그 가능성의 폭은 더욱 넓어질 것이다.

오늘날 우리가 직면한 생태학적 환경위기를 극복하기 위한 21세기 교육적 대안은 '생태중심 생명가치관'을 확립하는 '생태주의적 환경윤리교육'이어야 한다. 자연이 파괴되고 생명이 경시되는 오늘날, 자연과 인간을 화해시키고, 생명의 존엄성을 회복하는 일에 헌신하는 인간을 기르는 '생태학적 문해교육으로서 생태중심 생명가치관을 확립하는 생태주의적 환경윤리교육(ecological environmental ethics education establishing eco-centred life values as an ecological literacy education)'이야말로 생태학적 위기 극복을 위한 여러 수단 중의 하나가 아니라 지속가능한 생태사회의 실현을 위한 기본 대안이 될 것이다.

1) 칸(A. Cahn)은 지구환경에 살고 있는 모든 생물종을 아끼고 사랑하며 다른 생물을 직·간접적으로 해치지 않는 것을 '선(善)'이라고 해석하였다. 칸의 표현을 바꾸어 표현하면 생물종을 사랑하지 않고 직·간접적으로 해치는 것은 '악(惡)'이 아니라 '죽음(死)'을 뜻한다고 할 수 있다.

2) 환경운동연합 21세기 위원회에서 발표한 「21세기 살아남기 위한 16개의 아젠다」 중 첫 번째 내용과 열두 번째 내용 pp.19-24. 참조.

3) G. Hardin, *The Tragedy of the Commons*, Science 162, 1968, pp.1243-1248. 참조.

4) 참고로, 바이오토피아(Biotopia)를 유지하려는 '생체삼강오륜'은 동양적인 사유에 기반을 둔 생명의 조화를 잘 설명하고 있다. 즉 생명의 속성에 다른 생체의 삼강(三綱)은 '그리움의 원리', '어울림의 원리', '헤어짐의 원리'이며, 오륜(五倫)은 '순서의 아름다움', '분자의 지조', '안분의 도', '협동의 묘', '화생의 덕'이다. 이러한 덕목들은 인간 생명과 인간 도덕률이 모두 하나의 자연법칙에 의하여 운용되고 있음을 가르쳐 주고 있다. 그러므로 서양의 과학주의적 환경문제 해결방안은 이미 한계에 도달하였으며, 동양의 자연주의적 생명의 틀에 미래의 바이오토피아를 바로 인식할 수 있는 키워드를 제공하는 바탕이 될 수 있다는 관점이 중요하다. 그러나 그렇다고 해서 과학주의적 방법에 의한 환경·생명문제에 대한 접근도 결코 소홀히 해서도 안 된다는 점도 강조해야 할 것이다. 배영기, 「생명윤리에 관한 생태문화적 고찰」, 앞의 책, pp.150-151. 참조.

5) 이러한 작업 가운데 이동환의 「환경·생태문제와 晦齋의 '仁' 思想」(녹색평론, 2000년 3-4월호, 통권 51호, pp.16-33)은 동양의 지적·사상적 전통을 통하여 오늘날 기계론적 세계관에 대응하는 생기론적(生氣論的) 세계관을 모색해 보았다는 점에서 매우 주목할 만하다.

6) '온생명중심 가치관'에 대한 보다 자세한 내용은 장회익, 「생명을 어떻게 보아야 할 것인가?」, 『해방 50년의 한국철학』(서울: 철학과 현실사, 1996). 「새로운 생명가치관의 모색」, 『생명가치와 환경윤리 학제간 연구』, 한국환경정책·평가연구원, 1997. 「온생명과 현대문명」, 『과학사상』 1995년 12월호 참조.

7) '타자중심의 보살핌의 책임윤리'에 대한 자세한 내용은 정화열, 「생태철

학과 보살핌의 윤리」, 『녹색평론』, 1996년 7 - 8월호 참조.

8) '기(氣)중심적 환경론'에 대한 자세한 내용은 한면희, 「동양의 기중심적 환경윤리와 자연의 온가치」, 『환경윤리와 생명가치』(한국불교환경교육원, 2000), pp.163 - 193. 또는 「생명가치를 위한 패러다임 전환과 한반도 녹색공동체의 이념」, 위의 책, pp.197 - 237. 참조.

9) 여기서 성(性)은 젠더(gender), 즉 사회적 성을 의미한다. 이 용어는 생물학적인 성, 즉 sex에 대비되는 것으로서 사회적으로 규정되는 여성 및 남성의 역할과 책임을 말한다.

10) 생태여성주의자들에 따르면, 우리는 여성, 자연, 신성의 하나 됨을 알고 경배해야 한다는 것이다. 그들은 신을 지구로, 여성을 이해하는 고대의 종교에 주목하면서 여신이 자연 안에 영원히 존재하고 자연세계에서 신성함을 드러낸다고 본다. 그래서 지구는 신성한 존재로 경배되고, 지구를 사랑하거나 돌보는 것은 생태적 책임일 뿐만 아니라 영성적이라고 주장한다. '생태여성주의(eco - feminism)'에 대해서 보다 자세한 내용은 『생태주의와 에코페미니즘』(한국불교환경교육원, 2000) 참조.

참고문헌

고병헌(1993). 환경교육의 개념과 위상 정립에 관한 논의, 한국교육연구
   소 심포지엄 미발표 논문.

고병헌(1994). 평화교육의 성격에 관한 연구, 고려대학교 대학원 박사학
   위논문.

교육부(1997). 제7차 교육과정 – 총론 및 각 교과, 대한교과서주식회사.

구승회 역(1997). 환경윤리학의 제문제, 따님.

구승회(1995). 머레이 북친의 사회생태주의와 생태윤리, 세계정치경제,
   세계정치경제연구소.

구승회(1995). 에코필로소피: 생태·환경의 위기와 철학의 책임, 새길.

구승회(1996). 머레이 북친의 사회생태론과 에코아나키즘, 사회과학연구,
   제3집, 동국대학교.

구승회(1996). 환경윤리의 학문적 성격과 성립가능성, 한국사회윤리학회
   월례 발표회(1996. 5) 논문.

구승회(1997). 생태계 위기와 환경윤리, 생명가치와 환경윤리 학제간 연
   구, 한국환경정책·평가연구원.

구승회(1997). 환경문제의 윤리학적 근거지움: 환경문제가 왜 윤리학적
   문제인가?, 국민윤리연구, 제36호, 한국국민윤리학회.

김경재(1997). 문화신학담론, 대한기독교서회.

김귀곤 역(1995). 환경교육철학에 관한 몇 가지 고찰, 환경교육의 세계
   적 동향, 배영사.

김균진 역(1986). 창조안에 계신 하나님, 한국신학연구소.

김대희(1997). 환경친화적 가치관에 따른 환경교육의 발전방향에 관한 연구, 서울대 박사학위논문.

김도중(1997), 환경과 철학, 원광대학교출판국.

김동규(1996). 디프·에콜로지와 한국의 환경교육, 환경교육, 제9권, 한국환경교육학회.

김동민 외(1998). 환경학 개론, 양서각.

김명식 역(1999). 환경윤리－환경윤리의 이론과 쟁점, 자작나무.

김명식 역(1999). 환경윤리의 이론과 전망, 자작아카데미.

김명식(1995). 자연중심환경윤리의 가능성, 인간다운 삶과 철학의 역할, 한민족철학자대회보.

김명자(1995). 동서양의 과학전통과 환경운동: 인류의 미래를 위한 환경보고서, 동아출판사.

김명자(1997). 생명가치·과학기술·환경윤리, 생명가치와 환경윤리 학제간 연구, 한국환경정책·평가연구원.

김범철 외 역(1992). 지구환경보고서, 따님.

김성진(1999). 철학적 인간학과 생태학적 과제, 생태문제와 인문학적 상상력, 나남출판.

김양현(1999). 현대 환경윤리학의 논의 방향과 쟁점들, 서강대학교 철학연구소 월례발표회(1999. 12) 논문.

김용정 외(1997). 환경과 종교, 민음사.

김용정(1995), 과학과 윤리, 과학사상, 봄호.

김용정·김동광 역(1998). 생명의 그물, 범양사.

김인호(1998). 환경교육과 환경철학·윤리, 생태학적 감수성과 상상력을 위한 환경교육, 환경교육정보센터.

김일방 역(1997). 환경윤리란 무엇인가, 중문출판사.

김재희 역(1995). 신과학 산책, 김영사.

김정욱(2000). 환경위기와 생존대안, 푸른미디어.

김정호(1997). 환경교육에서 과학적 지식과 윤리적 가치의 관계, 환경교육, 제10권.

김정희(2000). 수련과 21세기 세상 만들기, 20세기 딛고 뛰어넘기, 나남출판.

김종철(1992), 인간, 흙, 상상력, 녹색평론, 3-4월호 통권 제3호.

김준호(1992). 자연의 복원에 이바지하는 생태윤리, 과학사상, 창간호.

김지하(1996). 생명과 자치, 솔.

김지하(1997). 개벽과 생명운동, 환경과 종교, 민음사.

김태현 외 3인(1997). 생태학적 관점에 입각한 환경 교육과정 개발 연구, 환경교육, 제10권 2호, 한국환경교육학회.

김형철 역(1994). 환경윤리학, 철학과 현실사.

김호기(1995). 환경사상과 환경운동의 흐름 및 쟁점, 창작과 비평, 제23권 제4호.

김훈기(1994). 지속가능한 개발과 환경기술, 환경논의의 쟁점들, 나라사랑.

남상준 외(1999). 삶의 맥락적인 경험과 감수성 함양, 환경교육의 원리와 실제, 원미사.

남상준(1992). 환경가치관 교육의 전략, 교육월보, 9월호.

남상준(1993). 우리나라 학교환경교육의 올바른 방향 모색, 인천교대신문(8월 23일자).

데이비드 오어(1995). 교육의 녹색화, 녹색평론, 7-8월호 통권 제23호.

문순홍 역(1997). 사회생태론의 철학, 솔.

문순홍(1992). 생태위기와 녹색의 대안, 나라사랑.

문종길(1996). 생태 위기 극복을 위한 환경윤리, 고려대학교 석사학위논문.

박길용(1998). 우리나라 '환경' 관련 학문분야에 대한 도전과 전망, 환경논총, 제36권, 서울대학교 환경대학원.

박봉규 외(1994). 생태적 조화를 이루는 인간환경, 동성사.

박상만(1994). 환경보전을 위한 환경가치교육 교수-학습방법 탐색, 한국교원대학교 석사학위논문.

박이문(1994). 녹색윤리, 자비의 윤리학, 철학과 현실사.

박이문(1994). 녹색의 윤리, 녹색평론, 3-4월호 통권 제15호.

박이문(1996). 문명의 위기와 문화의 전환-생태학적 세계관을 위하여, 민음사.

박이문(1996). 환경·생태계·자연의 올바른 개념과 세계관의 전환, 환경과 생명, 여름·가을호(통권10호).

박이문(1997). 문명의 미래와 생태학적 세계관, 당대.

박이문(1997). 상황과 선택, 서울대학교 출판부.

박혜경(1999). 생태학과 러시아 문학, 생태문제와 인문학적 상상력, 나남출판.

방영준(1991). 생명공동체 사상의 윤리적 정초, 민주화 논총, 통권 제12호, 민주문화아카데미.

배영기(1999). 생명윤리에 관한 생태문화적 고찰, 환경과 생명, 8월호.

배지현 역(1988). 작은 것이 아름답다, 전망사.

백낙청, 백영경 역(1999). 유토피스틱스-21세기의 시련과 역사적 선택, 창작과 비평사.

서강식(1999). 도덕·윤리과 수업 모형, 양서원.

송명규 역(2000). 모래군(郡)의 열두 달(A Sand County Almanac), 뜨님.

송상용 역(1980). 원은 닫혀져야 한다, 전파과학사.

송상용 외(1999). 생태문제와 인문학적 상상력, 나남출판.

송상용(1990). 환경위기의 뿌리, 철학과 현실, 봄호.

송항룡(1997). 노·장의 자연관-환경과 생태계 문제와 관련하여, 환경과 종교, 민음사.

신덕룡(1999). 환경위기와 생태학적 상상력, 실천문학.

심광현(2000). 문화생태학 구성을 위한 시론, 20세기 딛고 뛰어넘기, 나남출판.

심상태(1993). 물리적 환경과 생명, 생명문화연구소 제1회 세미나 자료집.

심성보(1995). 교육윤리학 입문, 내일을 여는 책.

심성보(1995). 전환시대의 교육사상, 학지사.

심성보(1999). 도덕교육의 담론, 학지사.

안관수(1994). 노자의 무위자연과 환경교육과의 관련성에 관한 연구, 교육학연구, 32(5).

안기희 외(1998). 환경학 개론, 학문사.

안기희(1999). 새 천년을 맞이하는 21세기 환경교육, 환경교육, 제12권 제1호, 한국환경교육학회.

양명수(1997). 녹색윤리, 서광사.

오미환(1999). 21세기 철학의 화두 '생태주의', 한국일보, 2월 7일자.

옥치상(1998). 환경문제-환경운동, 대학서림.

월드워치연구소(2001). 지구환경보고서 2001, 도요새.

유승국(1996). 동양사상에서의 환경의식, 동양사상과 환경문제, 도서출판 모색.

유성길(2000). 생태위기 극복을 위한 전일적 사고, 생태적 각성을 위한 수행과 깨달음·영성, 한국불교환경교육원.

유정복(1997). 환경권 향유증대를 위한 환경윤리교육 모형개발에 관한 연구, 국민윤리연구, 제36호, 한국국민윤리학회.

윤오섭(1999). 최신 환경학, 세진사.

윤현진(1999). 도덕과 교육에서의 환경교육, 환경교육, 제12권 제1호, 한국환경교육학회.

이광래 역(1994). 사유와 운동, 문예출판사.

이규선, 문종길 편저(2000). 환경윤리와 환경윤리교육, 인간사랑.

이도원 역(1992). 생태학, 동화기술.

이동환(2000). 환경·생태문제와 晦齋의 '仁' 思想, 녹색평론, 3-4월호, 통권51호.

이득연(1993). 환경과 사회가치체계의 변화, 환경의 이해, 시민환경연구소 편, 환경운동연합출판부.

이명우 외 역(1989). 현대환경론, 한길사.

이선경(1997). 학교환경교육의 실태와 과제, 환경과 생명, 제12호.

이성범·구윤서 역(1985). 새로운 과학과 문명의 전환, 범양출판사.

이소영 외(2000). 자연, 여성, 환경 - 에코페미니즘의 이론과 실제, 한신문화사.

이시재(2000). 21세기 선택으로서의 생태주의, 20세기 딛고 뛰어넘기, 나남출판.

이인재(1997). 생태학적 위기 극복을 위한 환경윤리교육의 방향, 국민윤리연구, 제37호, 한국국민윤리학회.

이종관(1996). 자연의 적: 인간중심주의? - 목적론적 자연관에 대한 비판과 환경친화적 인간중심주의 윤리학의 가능성, 제9회 한국 철학자 연합학술대회 대회보.

이진우 역(1994). 책임의 원칙: 기술 시대의 생태학적 원리, 서광사.

이진우(1991). 한스 요나스의 생태학적 윤리학, 철학과 현실, 겨울호.

이진우(1996). 녹색사유와 에코토피아, 문예출판사.

이혜경(2000). 생태적 감수성 회복과 문화사회를 지향하며, 20세기 딛고 뛰어넘기, 나남출판.

임길진(2000). 21세기 환경유토피아를 위하여, 20세기 딛고 뛰어넘기, 나남출판.

임형택(1992). 한국교육과정 학문공동체의 학문활동 분석, 연이출판사.

장춘익(1999). 생태철학, 생태문제와 인문학적 상상력, 나남출판.

장회익(1989). 생명의 세계 속에서의 인간, 서울올림픽 국제학술회의 후
　　　　기산업시대의 세계공동체 제5권, 환경, 우석출판사.

장회익(1995). 온생명과 현대문명, 과학사상, 12월호.

장회익(1996). 생명을 어떻게 보아야 할 것인가?, 해방 50년의 한국철학,
　　　　철학과 현실사.

장회익(1997). 새로운 생명가치관의 모색, 생명가치와 환경윤리 학제간
　　　　연구, 한국환경정책·평가연구원.

전헌호 역(1996). 넉넉함 가운데서의 삶, 분도출판사.

전헌호(1998). 자연환경, 인간환경, 성바오로출판사.

정　용(1996). 한국의 환경 전문인력 양성 교육, 한국의 환경교육, 한국환
　　　　경교육학회편.

정　용, 옥치상 공저(1994). 인간과 환경, 지구문화사.

정대수 역(1995). 봄의 침묵, 넥서스.

정문화 역(1984). 생태학: 인간 회복을 위하여, 한마당.

정성헌(2000). 상생(相生)의 공동체를 향하여, 20세기 딛고 뛰어넘기, 나
　　　　남출판.

정수복(1996). 녹색 대안을 찾는 생태학적 상상력, 문학과 지성사.

정수복(1997). 생명가치와 대안적 사회체계, 생명가치와 환경윤리 학제
　　　　간 연구, 한국환경정책·평가연구원.

정수복(1998). 21세기 대안사회의 구성원리와 패러다임 전환, 환경과 생
　　　　명, 통권 제16호.

정영홍(2000). 환경위기에 맞서는 교육철학, 녹색평론, 3-4월호.

정영환 역(1993). 에코에티카, 솔.

정유성(1991). 환경교육 이론 정립을 위한 고찰: 새로운 교육이념으로서

　　의 인간다운 생존을 위한 환경교육, 환경교육, 제2권, 한국환경
　　교육학회.

정유성(1994). 생태주의 환경교육, 사람, 삶, 되살림, 한울.

정재식(1992). 환경을 유지할 수 있는 발전－새로운 세계윤리의 지표,
　　과학사상, 가을호.

정진홍(1975). 자연과 종교, 기독교 사상, 206호.

정화열(1996). 생태철학과 보살핌의 윤리, 녹색평론, 7－8월호, 통권 제
　　29호, 녹색평론사.

조용개(1997). 선생님, 환경사랑, 생명사랑이 뭐예요?, 내일을 여는 책.

진교훈(1989). 생태학적 위기와 윤리학의 상관성에 관한 연구, 사회와
　　사상, 제10집, 서울대 대학원 국민윤리교육과.

진교훈(1990). 생태학적 위기 극복과 환경윤리학의 과제, 한국의 환경교
　　육, 한국환경교육학회편, 교학사.

진교훈(1998). 환경윤리－동서양의 자연보전과 생명존중, 민음사.

최근덕(1996). 한국의 전통 속에 나타난 환경윤리, 동양사상과 환경문제,
　　모색.

최돈형(1996). 한국 환경교육의 교수－학습방안, 한국의 환경교육, 교육
　　과학사, 한국환경교육학회.

최문기(1998). 환경윤리의 접근 유형과 전개, 인문과학연구, 제7호, 서원
　　대학교 인문과학연구소.

최문기(1999). 환경윤리의 체계론적 접근, 국민윤리연구, 제41호, 한국국
　　민윤리학회.

최병두(1994). 총체적 환경문제와 학제적 환경연구, 환경리포트, 통권11호.

최병두(1999). 녹색사회를 위한 비평, 한울.

최석진 외 3인(1999). 학교환경교육의 체계적 접근방안, 환경교육, 제12
　　권 1호, 한국환경교육학회.

최용현 외(1999). 현대사회의 윤리와 사상, 형설출판사.

추병완 외(2000). 윤리학과 도덕교육, 인간사랑.

추병완(1992). 환경윤리 함양을 위한 지도방법의 모색, 교육개발, 제14권 제2호.

한국국민윤리학회(1994). 사상과 윤리, 형설출판사.

한국불교환경교육원(1996). 동양사상과 환경문제, 모색.

한국불교환경교육원(2000). 생태주의와 에코페미니즘, 생명운동 아카데미, 제10맥.

한국환경교육학회(1991). W. de Haan, 동구의 경험과 개발도상국의 환경교육 촉진가능성, 초·중등학교 교육과정에서의 환경교육 강화 방안.

한면희(1997). 환경윤리 - 자연의 가치와 인간의 의무, 철학과 현실사.

한면희(1998). 생명가치 패러다임과 한반도 녹색공동체의 이념, 제11회 한국철학자연합학술대회 대회보.

한면희(2000). 21세기 자연친화 문명과 환경윤리, 20세기 딛고 뛰어넘기, 나남출판.

한면희(2000). 동양의 기중심적 환경윤리와 자연의 온가치, 환경윤리와 생명가치, 한국불교환경교육원.

한면희(2000). 생물중심주의 환경윤리와 가이아 환경윤리, 환경윤리와 생명가치, 한국불교환경교육원.

한상훈(1999). 새로운 교육의 모색, 녹색교육, 봄호, 환경을 생각하는 전국교사모임.

한준상(1987). 사회교육론: 교육사회적인 이해, 상아출판사.

허재윤(1998). 오늘날의 환경문제의 철학적 이해, 환경연구, 제17권 제2호, 영남대학교 환경문제연구소.

홍성정 역(1994). 창조영성, 푸른평화.

홍욱희 역(1990). 가이아: 생명체로서의 지구, 범양사.

환경운동연합 21세기위원회 편(2000). 21세기 살아남기 위한 16개의 아젠다, 20세기 딛고 뛰어넘기(시민판: 21세기 구상), 나남출판.

황경식(1994). 환경윤리학이란 무엇인가? – 인간중심주의인가, 자연중심주의인가?, 철학과 현실, 여름호.

황경식(1995). 과학시대의 윤리적 반성: 환경윤리와 생의 윤리, 과학사상, 제12호.

황경식, 김상득 역(1995). 환경윤리와 환경정책 – 생태학적 접근, 법영사.

Apel, K. O.(1988). *Diskurs und Verantwortung Das Problem des Übergangs zur postkonventionellen Moral*, Frankfurt.

Attfield, R.(1983). *The Ethics of Environmental Concern*, 2nd, Athens: The University of Georgia Press.

Banathy, B. H.(1996). Designing Social Systems in A Changing World, New York: Plenum Press.

Bayertz, K.(1988). *Oekosophie Ethik*, Muenchen.

Beer, W. & de Haan(1985). *Ökopädagogik, Aufstehehn gegen den Untergang der Natur*, Weinheim / Basel.

Birnbacher, D.(1982). *A Priority Rule for Environmental Ethics*, in: Environmental Ethics 4.

Birnbacher, D.(1991). *Mensch und Natur, Grundz ge der kologischen Ethik*, in: K. Bayertz(Hrsg.), *Praktische Philosophie, Grundorientierunger angewandter Ethik*, Hamburg.

Blackstone, W. T.(1974). *Ethics and Ecology*, W. T. Blackstone, ed., *Philosophy and Environmental Crisis*: University of Georgia Press.

Bloom, B. S., Krathwohl, D. R. and Masia, B. B.(1964). *Taxonomy of*

Educational Objectives – The Classification of Educational Goals, Handbook Ⅱ: Affective Domain, New York: David McKay Company, Inc.

Bookchin, M.(1980). *Toward Ecological Society*, Montreal.

Bookchin, M.(1982). *The Ecology of Freedom*, California.

Bookchin, M.(1988). *Social Ecology Versus Deep Ecology*, Burlington, VT: Green Program Project.

Bower, C. A.(1993). *Education, Culture Myths, and Ecological Crisis; Toward Deep Changes*, State University of New York Press, Albany.

Bowers, C. A.(1995). *Toward an Ecological Perspective, Critical Conversations in Philosophy of Education*, Wendy Kohli(ed.), *Critical conversations in philosophy of Education*, Routledge.

Buck, G.(1984) *Rückwege aus der Entfremdung, Studien zur Entwicklung der deutschen humanistischen Bildungsphilosophie*, Paderborn / München.

Caduto, M. J.(1985). *A Guide on Environmental Values Education*, UNESCO – UNEP Series, 13.

Cahn, A.(1978). *Footprints on the Planet, A Search for Environmental Ethics*, Universe Books, N.Y.

Callicott, J. B.(1971). *Elements of an Environmental Ethics: Moral Considerability and the Biotic Community*, Environmental Ethics 1.

Callicott, J. B.(1989). *In Defense of the Land Ethics*: Essays in Philosophy, Albany, N.Y.: State University of New York Press.

Capra, F.(1996). *The Future of New Physics*.

Carson R.(1962). *Silent Spring*, Greenwich(Conn.), Fawcett.

Cheong, Y. S.(1990). *Ein Beitrag zur Friedenserziehung aus der Sicht der Dritten Welt*(unveröffentlichte Magisterarbeit), München.

Clark, Jr. T.(1991). Edward, *Environmental Education as an Integrative Study*, In Ron Miller(ed.), *New Directions in Education*, Holistic Education Press.

Dach, M. C.(1993). *Fundamental of Ecology*, New Delhi: Tata McGraw — Hill Publishing Co. Lit.

DesJardins, J. R.(1993). *Environmental Ethics: An Introduction to Environmental Philosophy*, Belmont, CA,: Wadsworth Publishing Company.

Disch, R.(1970). *The Ecological Conscience: Values for Survival*, Englewood Cliffs, N.J., Prentice Hall.

Dubos, R.(1970). *Man, Medicine and Environment*, Harmondworth: Penguin.

Ebenreck, S.(1996). *Opening Pandora's Box: Imagination's Role in Environmental Ethics*, in Environmental Ethics.

Elliot, R.(1993). *Environmental Ethics, A companion to ethics*, Peter Singer(ed), Oxford: Blackwell.

Frankena, W. K.(1979). *Ethics and environment*, in Kenneth E. Goodpaster / Kenneth M. Sayre (Hrsg.), *Ethics and Problem of the 21st Century*, Notre Dame (Ind.).

Fromm, E.(1950). *Psychoanalysis and Religion*, New Haven: Yale University Press.

Goldsmith, E.(1988). *The Ecological World — View*, The Ecologist, Vol.18, no.4 / 5.

Goodwin, R.(1992). *Green political Theory*, Cambridge: Polity Press.

Gorz, A.(1994). *Capital, Socialism, Ecology*, London, New York: Verso.

Hardin, G.(1968). *The Tragedy of the Commons*, Science 162.

Hardin, G.(1975). *Living in the Environment*, <Foreword>, ed. Tyler, G.

Miller, Belmont, Mass: Wadsworth.

Hargrove, E. C.(1989). *Foundations of Environmental Ethics*, Englewood Cliffs, N.J., Prentice Hall.

Heydorn, H. J.(1979). *Über den Widerspruch von Bildung und Herrschaft, Bildungstheoretische Schriften Bd. Ⅱ*, Frankfurt am Main.

Hodgson, P. C.(1994). *Winds of the Spirit: A Constructive Christian Theology*, Louisville, Kenturky: Westminister John Knox Press.

Holmes Rolston, Ⅲ(1986). *Philosophy Gone Wild: Essays in Environmental Ethics*, Buffalo: Prometheus Books.

Hooker, C. A.(1992). *Responsibility, Ethics and Nature*, D. E. Cooper & J. A. Palmer, ed., *The Environment in Question: Ethics and Global Issues*, New York: Routledge.

Huckle, J.(1990). *Environmental Education: Teaching for a Sustainable Future*, B. Dufour(ed.), *The New Social Curriculum: A Guide to Cross−Curricular Issues*, Cambridge University Press.

Hungerford, H. R., Peyton, B. and Wilke, R.(1990). *Goals for curriculum development in environmental education*, The Journal of Environmental Education, 11(3).

Iozzi, L. A.(1989). *What Research Says to the Educator−Part One: Environmental Education & the Affective Domain*, The Journal of Environmental Education, 20(3).

Iozzi, L. A., Laveault, D. and Marcinkowski, T.(1990). *Assessment of learning outcomes in environmental education*(draft copy), Paris, France: UNESCO.

Irgang, B.(1990). *Hat die Natur ein Eigenrecht auf Existenz?*, Philosophisches Jahrbuch(97−2).

Jonas, H.(1984). *Das Prinzip Veantwortung: Versuch Einer Ethik fur die technologische Zivilisation,* Frankfurt(Insel Verlag), 5, Auflage.

Joseph, D. R.(1993). *Environmental Ethics: an introduction to environmental philosophy,* U.S.: Wadsworth Publishing Company.

Julian, J.(1977). *Social Problems,* Englewood Cliffs, New Jersey: Prentice − Hall.

Kenneth, A. D. et al.(1985). *Environmental and the Global Arena: Actors, Values, Polities, and Futures,* Durham: Duck University Press.

Kibler, R. J., Barker, L. L. and Miles, D. T.(1970). *Behavioral Objectives and Instruction,* Boston: Allyn and Bacon, Inc.

Kinzelbach, R. K.(1989). *Okologie, Naturschutz, Umweltschutz,* Darmstadt.

Kuhn, T.(1970). *The Structure of Scientific Revolutions,* Chicago: University of Chicago Press(2nd ed.).

Lane, J., Wilke, R., Champeau, R. and Sivek, D.(1995). *Strengths and weaknesses of teacher environmental education preparation in Wisconsin,* The Journal of Environmental Education, 27(1).

Laszlo, E.(1994). Vision 2020: Reordering Chaos for Global Survival, New York: Gordon and Breach.

Laszlo, E.(1996). *Moral Behavior on a Small Planet: Groundwork for a Biospheric Systems Ethics,* Presidential Address in 49th Anniversary Meeting of International Society for the Systems Science, Budapest.

Leopold, A. C.(1966). *Sand Country Almanac,* New York: Oxford University Press.

Maas, S.(1994). *A Critical Analysis of Environmental Ethics,* Proceedings of the 38th Annual Meeting of ISSS on New Systems Thinking and Action for A New Century, B. Brady & L. Peeno, ed.

McCloskey, H. J.(1983). *Ecological Ethics and Politics,* New Jersey: Rowman and Littlefield.

Meinberg, E.(1995). *Homo Oecologicus: Das Menschenbild im Zeichen der Öcologischen Krise,* Darmstadt.

Milbrath, L.(1989). *Envisioning A Sustainable Society,* Albany: State University of New York Press.

Morrison, J. F.(1974). *Man, Organization, and Environment,* In Man and the Environment, ed., H. G. T. Van Raay and A. E. Lugo, The Hague: Rotterdam University Press.

NAAEE(1996). Preliminary Review Draft for the Report to Congress on the Status of Environmental in the United States, Washington, D.C.

Naess, A.(1973). *The Shallow and Deep, Long—Range Ecology Movement:* A Summary, Inquiry 16.

Naess, A.(1993). *Ecology, Community, and Lifestyle,* Cambridge. England: Cambridge University Press.

O'conner, J.(1989). *Capitalism, Nature, Socialism: A Theoretical Introduction,* A Journal of Socialist Ecology, vol.1.

O'sullivan, P. E.(1991). *Environmental Science and Environmental Philosophy: Part 2 Environmental Science and the Coming Social Paradigm,* J. Rose, ed., *Environmental Concepts, Policies and Strategies,* Philadelphia: Gordon and Breach Science Publishers.

Orr, D. W.(1992). *Ecological Literacy—Education and the Transition to a Postmodern World,* State University of New York Press, Albany.

Pagano, D. N.(1995). *Ecoarchaeology: Ethics, Human Systems Design and Action in the 21st Century,* proceedings of the 38th Annual Meeting of ISSS on New Systems Thinking and Action for A

New Century.

Palmer, J. A.(1992). *Towards a Sustainable Future*, Cooper, D. E. & Palmer, J. A. ed., *The Environment in Question*: *Ethics and Global Issues*, New York: Routledge.

Palmer, J. A.(1998). *Environmental Education in the 21th Century*, Routledge, London.

Passmore, J.(1980). *Man's Responsibility for Nature,* London: Duckworth.

Prakash, M. S.(1995). *Ecological Literacy for Moral Virtue*: *Orr on moral education for postmodern sustainability*, Journal of Moral Education, 24(1).

Rolston, Ⅲ, H.(1975). *Is There an Ecological Ethic?*, Ethics 85.

Routley, R. and Routley, V.(1980). *Human Chauvinism and Environmental Philosophy,* In Environmental Philosophy, ed Mannison, D. S., McRobbie, M. A. and Routley, R., Canterer: Australian National University.

Routley, R.(1973). *"Is There a Need for a New, an Environmental, Ethic?"*, Bulgarian Organizing Committee, *Proceedings of the XV World Congress of Philosophy,* Sophia: Sophia Press.

Rueckert, W.(1996). *Literature and Ecology*: *An Experiment in Ecocriticism, in The Ecocriticism Reader*: *Landmarks in Litertacy Ecology*(Eds. Cheryll Glotfelty & Harold Fromm), Athens, The Univ. of Georgia Press.

Sachsse, H.(1972) *Technik und Verantwortung. Probleme der Ethik im technischen Zeitalter,* Freiburg.

Schopenhauer, A.(1988). *Grundlage der Moral*(1841), In: *Samtliche Werke,* Bd. 4 (4. Auflage) Mannheim.

Schweitzer, A.(1960). *Kultur und Ethik*, München.

Schweitzer, A., Lemke(tr.), A. B.(1990). *Out of My Life and Thought*, New York: Holt.

Session, G.(1995). *Deep Ecology for 21th Century*, Shambhala, Boston.

Singer, P.(1978). *Not for Humans Only*, in: Goodpaster; Sayre(ed.).

Sivek, D.(1988). *The Analysis of Selected Predictors of Environmental Behavior of Three Conservation Organization*, Unpublished Ph. D. Dissertation, Southern Illinois University at Carbondale.

Stedman, B. J. & Teresa, H.(1992). *Introduction to the Special Issue: Perspectives on Sustainable Development*, Environmental Impact Assessment Review, vol.12.

Sterling, S.(1992). *Towards an ecological world view*, Engel, J. R. and Engel, J. G.(ed), *Ethics of Environment and Development,* Arizona: The University of Arizona Press.

Tamir, P.(1990 / 1991). *Factors associated with the relationship between formal, informal and nonformal science learning*, The Journal of Environmental Education 22(2).

Taylor, P.(1986). *Respect for Nature: A Theory of Environmental Ethics*, Princeton Univ. Press.

Teutsch, G. M.(1988). *Schoepfung ist mehr als Umwelt*, K. Bayertz(Hrg.).

Tillich, P.(1963). *Systematic Theology III*, Chicago: UCP.

Udo Schuklenk(1988). *Umweltethik, Gruenepespektive.*

Wals, Arjen. E. J.(1990). *Caretakers of the Environment: A Global Network of Teachers and Students to Save the Earth*, Journal of Environmental Education, 21(3).

Wenz, P.(1988). *Environmental justice*, Albany(N.Y.).

White, L.(1967). *The Historical Roots of Our Ecological Crisis*, Science, March.

Young, R. A.(1994). Healing The Earth: *A Theocentric Perspective on Environmental Problems and Their Solutions*, Nashville, Tennessee: Broadman & Holman.

Zembath, J. S.(1992). Preface to Ch.11, *The Environment*, T. A. Mappes & J. S. Zembath, *Social Ethics*: *Morality and Social Policy*, 4th ed., New York: McGraw−Hill, Inc.

Zimmerman et al.(1993). *Environmental Philosophy*, Englewood Cliffs, N. J.: Prentice Hall.

• 저자 •

조용개   •약 력•

경북대학교 교육학과 졸업, 동 대학원 교육학 석사
대구가톨릭대학교 대학원 환경철학 박사
경북대학교 대학원 교육공학 박사
대구효성여자중학교 교사
미국 University of North Texas 환경철학연구소 연구원
경북대학교, 대구한의대학교, 대구대학교 출강
순천향대학교, 강원대학교 교수학습개발센터 전임연구원
(현) 대구가톨릭대학교 교수학습개발센터 연구교수
한국환경교육학회 이사

•주요논저•

「연구논문」

「생태중심 생명가치관 확립을 위한 환경윤리교육 모형 개발에 관한 연구」
(환경교육, 2001)
「환경윤리교육의 교수-학습 체계화 모형 개발에 관한 연구」(교육과정평가연
구, 2001)
「생태주의적 환경윤리교육의 방향 설정을 위한 논의」(교육철학, 2002)
「새로운 생태학적 패러다임으로서의 생명가치관 모색-환경윤리를 중심으로」
(국민윤리연구, 2002)
「생태학적 환경위기 극복을 위한 철학적 대안 모색-환경윤리의 교육적 함의」
(교육철학, 2003) 등

『저서』

『선생님, 환경사랑·생명사랑이 뭐예요?』(내일을 여는 책, 1997)
『환경철학의 이해 — 환경윤리와 환경윤리이론』(동화기술, 2003)
『성공적인 대학생활을 위한 학습전략/포트폴리오』(학지사, 2007)
『대학교육의 새로운 도전 — 교육과정과 수업혁신』(경북대학교 출판부, 2007)
『생태문화와 철학』(한국환경철학회, 2007)

외 다수

생태학적 삶을 위한

환경윤리와 교육

· 초판 인쇄   2008년 4월 23일
· 초판 발행   2008년 4월 23일

· 지 은 이   조용개
· 펴 낸 이   채종준
· 펴 낸 곳   한국학술정보㈜
          경기도 파주시 교하읍 문발리 513-5
          파주출판문화정보산업단지
          전화 031) 908-3181(대표)·팩스 031) 908-3189
          홈페이지 http://www.kstudy.com
          e-mail(출판사업부) publish@kstudy.com
· 등   록   제일산-115호(2000. 6. 19)
· 가   격   35,000원

ISBN   978-89-534-8672-0 93530 (Paper Book)
        978-89-534-8673-7 98530 (e-Book)